普通高等教育市场营销专业“十二五”规划教材

网络营销

主　编　魏兆连　刘占军

副主编　姜作鹏　杨文红

机械工业出版社

本书从实用的角度出发，系统介绍了网络营销的基础理论、操作方法和营销策略等内容，体系完整，内容翔实、新颖，具有可操作性和实战性。本书共分为12章，主要内容包括网络营销的理论基础知识、常用方法和工具、网络营销导向的企业网站研究、搜索引擎优化技巧、网络营销策略等。从培养学生网络营销的动手能力出发，还安排了大量的实训项目，均在互联网平台上实现。同时，强调理论与实践相结合、方法和工具相结合，有利于对学生进行基本理论和实际操作能力的培养。

本书可作为高等院校市场营销及电子商务专业教材，也可作为经济与管理学科相关专业网络化、信息化的教材，同时对希望开展网络营销的企业从业人员也具有参考价值。

图书在版编目（CIP）数据

网络营销/魏兆连，刘占军主编. —北京：机械工业出版社，2010.10
普通高等教育市场营销专业“十二五”规划教材
ISBN 978-7-111-32014-2

Ⅰ.①网… Ⅱ.①魏… ②刘… Ⅲ.①电子商务-市场营销学-高等学校-教材 Ⅳ.①F713.36

中国版本图书馆CIP数据核字（2010）第187024号

机械工业出版社（北京市百万庄大街22号 邮政编码 100037）
策划编辑：曹俊玲 责任编辑：罗子超 版式设计：张世琴
责任校对：薛 娜 封面设计：张 静 责任印制：乔 宇
北京瑞德印刷有限公司印刷（三河市胜利装订厂装订）
2011年1月第1版第1次印刷
184mm×260mm · 16.25印张 · 401千字
标准书号：ISBN 978-7-111-32014-2
定价：30.00元

凡购本书，如有缺页、倒页、脱页，由本社发行部调换

电话服务
社服务中心：（010）88361066
销 售 一 部：（010）68326294
销 售 二 部：（010）88379649
读者服务部：（010）68993821

网络服务
门户网：http：//www.cmpbook.com
教材网：http：//www.cmpedu.com

前 言

网络不仅改变了人们的观念、生活方式和工作方式，而且也在改变和影响着企业的管理观念、生产方式和经营方式。网络营销是互联网技术发展的必然产物。

网络与经济的紧密结合，推动着市场营销走入崭新的营销理念和营销模式。网络营销是用信息化技术进行的营销活动，是连接传统营销，引领和改造传统营销的一种可取形式和有效方法。它已不再是互联网企业的专利，而被很多企业广泛运用。然而，由于网络营销是一种新型的营销手段，企业在实施的过程中，难免出现诸多误区，造成投入与产出的效果未能如愿。这种现象也说明，企业对网络营销的运用还缺乏有效的指导。

网络营销是广大企业、营销组织，特别是中小企业提升网络经营能力，开展电子商务的切入点；是企业进入跨国营销市场，参与国际竞争的便捷、快速的渠道；是企业最大范围获取网上商机，开辟客户资源，建立庞大的网上客户群的有利形式；是广大创业者进行群体性创业活动，尽快崛起的最好平台和载体。

结合网络营销快速发展的特点，为满足我国高等院校“网络营销”课程的教学需要，我们编写了本书。本书全面介绍了网络营销的整体框架，使读者对网络营销理论和方法有一个清晰、完整的了解；详细介绍了开展网络营销活动的具体技术和操作方法，网络营销常用的方法、工具，网络营销导向的企业网站建设，搜索引擎优化，网络市场调研等；对开展网络营销活动的营销策略也作了具体说明，第12章安排了大量的基于互联网平台的实训项目。

本书由魏兆连、刘占军任主编，姜作鹏、杨文红任副主编，参加编写工作的还有管殿柱、李文秋、宋一兵、王献红、张轩、田绪东和宋琦。

网络营销是一门实践性很强的学问，本书在完善网络营销理论体系的基础上，突出了实用性，注重读者通过实践深化对理论的理解，使全书更具应用性，并体现网络营销的最新发展。

在本书的编写过程中，参阅了国内外许多相关用书和资料，在此谨向这些图书和资料的作者致谢。

由于编者水平有限，书中不足之处在所难免，敬请读者批评指正。

编 者

目　录

前言

第 1 章　网络营销概述 …… 1
1.1　网络营销的产生和发展状况 …… 1
1.2　网络营销的内涵 …… 9
1.3　网络营销系统 …… 15
1.4　网络营销的理论基础 …… 18
思考题 …… 23

第 2 章　网络营销常用方法 …… 25
2.1　无站点网络营销方法 …… 25
2.2　基于企业网站的网络营销方法 …… 27
思考题 …… 30

第 3 章　网络营销常用工具 …… 31
3.1　企业网站 …… 31
3.2　搜索引擎营销 …… 32
3.3　许可 E-mail 营销 …… 45
3.4　Web 2.0 与网络营销 …… 54
思考题 …… 71

第 4 章　网络营销导向的企业网站研究 …… 72
4.1　企业网站的一般特征 …… 72
4.2　企业网站的类型 …… 73
4.3　网站的基本要素 …… 74
4.4　企业网站的规划与建设 …… 81
思考题 …… 90

第 5 章　搜索引擎优化 …… 91
5.1　正确认识 SEO …… 91
5.2　选择搜索引擎喜欢的域名 …… 92
5.3　选择搜索引擎喜欢的空间 …… 95
5.4　关键词与 SEO …… 96
5.5　链接与 SEO …… 104

5.6 Meta 标签优化 …… 109
5.7 SEO 作弊与惩罚 …… 111
5.8 网站常用的10个SEO操作法则 …… 113
思考题 …… 113

第6章 网络市场与网络消费者 …… 114
6.1 网络市场 …… 114
6.2 网络消费者 …… 116
思考题 …… 134

第7章 网络市场调查 …… 135
7.1 市场调查的误区 …… 135
7.2 市场调查的科学基础及价值 …… 137
7.3 定性调查与定量调查 …… 137
7.4 利用搜索引擎进行市场调查 …… 141
思考题 …… 150

第8章 网络营销产品策略 …… 151
8.1 网络营销产品概述 …… 151
8.2 网络营销产品选择策略 …… 153
8.3 网络营销服务策略 …… 156
思考题 …… 162

第9章 网络营销价格策略 …… 163
9.1 网络营销价格概述 …… 163
9.2 网络营销定价策略 …… 167
9.3 免费价格策略 …… 169
思考题 …… 171

第10章 网络分销渠道策略 …… 173
10.1 网络分销渠道概述 …… 173
10.2 网络直销 …… 175
10.3 网络间接销售 …… 177
10.4 双道法 …… 184
思考题 …… 184

第11章 网络营销促销策略 …… 185
11.1 网络促销概述 …… 185
11.2 网络促销的形式 …… 189

11.3 网络广告……………………………………………………………196
思考题……………………………………………………………………205

第12章 网络营销实训 ……………………………………………………207
实训一 在淘宝网开设个人网店…………………………………………207
实训二 网上商店的管理…………………………………………………212
实训三 网络市场调研实训………………………………………………217
实训四 网络商务信息整理与发布………………………………………222
实训五 网络广告文案策划………………………………………………226
实训六 网络广告发布……………………………………………………229
实训七 搜索引擎营销……………………………………………………230
实训八 邮件列表营销……………………………………………………231
实训九 网络会员制营销…………………………………………………235
实训十 博客营销…………………………………………………………237
实训十一 RSS营销………………………………………………………240
实训十二 网络公关与管理………………………………………………242
实训十三 搜索引擎优化分析……………………………………………245
实训十四 制订网站推广计划……………………………………………247
实训十五 营销导向的企业网站规划……………………………………250

参考文献 …………………………………………………………………253

第1章　网络营销概述

【本章要点】

- 网络营销产生的基础与发展阶段
- 网络营销的基本概念
- 网络营销系统的组成与开发
- 网络营销理论基础

网络营销是以互联网为主要手段的一种新型营销手段，尽管历史较短，但已经在企业经营策略中发挥着越来越重要的作用，网络营销的价值也为越来越多的实践应用所证实。本章主要介绍网络营销的基础理论知识，包括网络营销的产生与发展、网络营销的概念以及网络营销的理论基础等内容。

1.1　网络营销的产生和发展状况

1.1.1　网络营销产生的基础

在互联网高速发展的今天，网络已不仅仅是一种工具，而已经成为人们生活、工作中密不可分的伙伴，为此利用网络进行商务活动的网络营销应运而生。网络营销的产生有其特定的基础，综合来看，它是由科学技术的发展、消费者价值观念的变革和商业竞争等因素促成的。

1. 技术基础——现代电子技术和通信技术的应用与发展

20世纪90年代初，网络技术得以广泛应用与发展，并对各个行业产生了重要的影响，在一定程度上改变了人们的生活、工作、学习方式，也极大地改变了人类社会信息交流的方式和商业运作的模式。互联网的出现与飞速发展，以及带来的现实和潜在效益，促使企业积极利用新技术来变革企业经营理念、经营方式和营销方法，网络技术为企业实施网络营销奠定了坚实的技术基础。

2. 观念基础——消费者价值观变革

当今企业正面临着前所未有的激烈竞争，市场正由卖方垄断向买方垄断演变，消费者主导的营销时代已经来临。面对更为纷繁复杂的商品和品牌，消费者心理与以往相比呈现出新的特点和趋势，表现在以下几个方面：

1）个性化消费正在回归，心理上的认同感已成为消费者作出购买产品或服务决策的先决条件。消费者不仅要自主选择产品或服务，而且更希望拥有最符合自己需求的个性化产品。

2）现代社会不确定性因素的增加和人类追求心理稳定和平衡的欲望，促使消费者的主动性逐渐增强，消费者主动通过各种可能途径获取与商品有关的信息并进行比较分析。

3）由于新生事物不断涌现，消费者心理转换速度趋向与社会发展同步，消费行为表现为经常更换产品或品牌，消费者忠诚度下降，产品生命周期不断缩短。

这些变化客观上促使企业必须采用新的、更有效的营销方式来维持和发展顾客，而网络营销的实时性、交互性正好满足了企业的这种需要。

3. 现实基础——日益激烈的商业竞争

随着市场竞争的日益激烈，企业为了在竞争中占据优势，都想方设法吸引顾客。一些传统营销手段即使在一段时间内能够吸引顾客，但难以长久使企业增加赢利。经营者迫切需要营销变革，以尽可能降低商品从生产到销售整个供应链上所占用的成本和费用的比例，缩短运作周期。而网络营销使产品销售成本降低，企业经营规模不受场地的限制，便于采集客户信息等，这些都使得企业的经营成本和费用降低，运作周期缩短，从根本上增强了企业的竞争优势。

由此可见，在网络技术发展的推动下，在消费者观念变化的引导下，在商业竞争的刺激下，网络营销应运而生。

1.1.2 网络营销的诞生及其演变

20 世纪 90 年代初，互联网的飞速发展在全球范围内掀起了互联网应用热，世界各大公司纷纷利用因特网提供信息服务和拓展公司的业务范围，网络营销成为了企业常用的营销方式之一，它与人们的日常工作和生活密不可分。现在，人们可以方便地通过网站购买自己需要的物品，当某个产品在使用过程中遇到问题时，可以随时到服务商网站上获取相关信息，如产品使用说明、技术指标、最新的产品行情、查询本地售后服务部门的联系信息，或者与厂商在线服务人员进行实时交流。如果用户在某个网站上订阅了自己感兴趣的信息，当有最新的商品上市时，很快便可以通过电子邮件了解到有关信息，还可以获得服务商提供的特别优惠服务，如在线优惠券、特别折扣、免费送货上门服务等。这些都是厂商开展网络营销为消费者带来的便利。当然，厂商在为顾客提供这些服务的同时，也比传统营销方式降低了成本，增加了收益。可见，网络营销对厂商和消费者双方都有价值。

网络营销信息已经与各种广告信息一样对消费者发生了很大影响。例如，当我们打开一个大型门户网站的，会看到各种各样的网络广告；当使用搜索引擎检索信息时，除了可以看到许多企业和产品的信息外，在搜索结果中还会出现一些相关的文字广告；检索某个商品信息时，可能会出现许多同类产品的厂商信息；当打开电子邮箱时，同样会收到很多推广产品的邮件。这些现象说明，现在的网络营销信息非常丰富，网络营销自诞生至今，只有十多年的历史，而网络营销在企业获得广泛应用并表现出卓越的成效，则是近几年的事情。

网络营销是随着互联网进入商业应用而逐渐产生发展起来的，尤其是万维网（WWW）、电子邮件（E－mail）、搜索引擎等得到广泛应用后，网络营销才得到越来越多企业的重视。电子邮件虽然在 1971 年就已经诞生，但在互联网普及应用之前，并没有被应用于经济领域和企业营销活动中。1994 年 10 月，美国《Wired》杂志网络版首次出现了 AT&T 公司等 14 家客户的旗标广告，开创了网络广告的先河。

1994 年被认为是网络营销诞生的“元年”，因为网络广告诞生的同时，基于互联网的知名搜索引擎 Yahoo!、Webcrawler、Infoseek、Lycos 等也相继于这一年诞生。从这些事实来看，可以认为网络营销诞生于1994年，其标志性事件是1994年10月诞生的网络广告。

另外，由于曾经发生了“第一起利用互联网赚钱”的“律师事件”，促使人们对于E-mail营销开始进行深入思考，也直接促成了网络营销概念的形成。

在E-mail和WWW得到普遍应用之前，新闻组（Newsgroup）是人们获取信息和互相交流的主要方式之一，新闻组也是早期网络营销的主要场所，是E-mail营销得以诞生的摇篮。1994年4月12日，美国亚利桑那州一对从事移民签证咨询服务的律师夫妇Laurence Canter和Martha Siegel把一封“绿卡抽奖”的广告信发到他们可以发现的每个新闻组，这在当时引起了轩然大波，他们的“邮件炸弹”让许多服务商的服务处于瘫痪状态。

有趣的是，两位律师在1996年还合作写了一本书——《网络赚钱术》（How to Make a Fortune on the Internet Superhighway）。书中介绍了他们的这次辉煌经历：通过互联网发布广告信息，只花费20美元的上网通信费就吸引来25 000个客户，赚了10万美元。他们认为，通过互联网进行E-mail营销是前所未有而且几乎无须任何成本的营销方式。当然，他们并没有考虑别人的感受，也没有计算别人因此而遭受的损失。直到现在，很多垃圾邮件发送者还在声称通过定向收集的电子邮件地址开展E-mail营销可以让产品一夜之间家喻户晓，竟然还是和两个律师在10年前的腔调一模一样。由此可见，“律师事件”对于后来网络营销所产生的影响是多么深远。当然，现在的网络营销环境已经发生了很大变化，无论发送多少垃圾邮件，也无法产生任何神奇效果了。

尽管这种未经许可的电子邮件与正规的网络营销思想相去甚远，但由于这次事件所产生的影响，人们才开始认真思考和研究网络营销的有关问题，网络营销的概念也逐渐开始形成。此后，随着企业网站数量和上网人数的日益增加，各种网络营销方法也开始陆续出现，网络营销进入了快速发展的时期。

1.1.3 我国网络营销发展概况

相对于互联网发达的国家，我国的网络营销起步较晚。1994～2003年间，我国的网络营销大致可分为三个发展阶段：传奇阶段、萌芽阶段、应用和发展阶段。自2004年，我国网络营销获得了多方位的快速发展，并且表现出新的特征。

1. 我国网络营销的传奇阶段（1997年之前）

1994年4月20日，中国国际互联网正式开通。网络营销随着互联网的应用而逐渐开始为企业所应用。在1997年之前，我国的网络营销处于一种神秘阶段，并没有清晰的网络营销概念和方法，也很少有企业将网络营销作为主要的营销手段。在早期有关网络营销的文章中，经常会描写某个企业在网上发布商品供应信息，然后接到大量订单的故事，并将互联网的作用人为地加以夸大，给人造成只要上网就有滚滚财源的印象。其实，即使那些故事是真实可信的，也都只是在互联网上信息很不丰富的时代发生的传奇罢了，如果现在随意到网上发布一条产品供应信息，再也不会出现几年前的神奇效果了。这些传奇故事是否存在姑且不论，即使的确如此，别人也无法从那些故事中找出可复制的、一般性的规律。

由于至今仍然无从考证我国企业最早利用互联网开展营销活动的历史资料，我们只能从部分文章中看到一些无法证实的细枝末节，如作为网络营销经典神话的“山东农民网上卖大蒜”。据现在可查到的资料记载，山东陵县西李村支部书记李敬峰上网的时间是1996年5月，所采用的网络营销方法为“注册了自己的域名，把西李村的大蒜、菠菜、胡萝卜等产品信息一股脑儿地搬上互联网，发布到了世界各地”。对这些“网络营销”所取得成效的记载为：“1998 年 7 月，青岛外贸通过网址主动与李敬峰取得了联系，两次出口大蒜 870 吨，销售额 270 万元。初战告捷，李敬峰春风得意，信心十足。”

现在，在搜索引擎中输入“山东 + 西李村 + 大蒜”之类的关键词，除了前面所介绍的一篇文章外，却无法找到其他有关的资料。可以说，在很大程度上，早期的“网络营销”更多地具有神话色彩，与网络营销的实际应用还有很远一段距离。何况当时无论学术界还是企业界，大多数人对网络营销的概念还相当陌生，更不用说将网络营销应用于企业经营了。

在网络营销的传奇阶段，“网络营销”的基本特征为：概念和方法不明确，是否产生效果主要取决于偶然因素，多数企业对于互联网几乎一无所知。

2. 我国网络营销的萌芽阶段（1997 ~ 2000 年）

根据中国互联网络信息中心（CNNIC）发布的《第一次中国互联网络发展状况调查统计报告（1997 年 10 月）》的调查结果，到 1997 年 10 月底，我国上网人数为 62 万人，WWW 站点数约 1 500 个。无论上网人数还是网站数量均微不足道，但发生于 1997 年前后的部分事件标志着我国网络营销进入萌芽阶段，如网络广告和 E - mail 营销在我国的诞生、电子商务的促进、网络服务（域名注册和搜索引擎）的涌现等。到 2000 年底，多种形式的网络营销被应用，网络营销呈现出快速发展的势头并且逐步走向实用。

与我国网络营销密切相关的事件有以下几方面：

（1）网络广告和 E - mail 营销的诞生

1997 年的几个事件为网络营销从概念进入实用发挥了一定的启蒙作用，这也是我国早期网络营销的萌芽。

1）1997 年 2 月，专业 IT 资讯网站 ChinaByte（www. ChinaByte. com）正式开通免费新闻邮件服务，到同年 12 月，新闻邮件订户数接近 3 万。

2）1997 年 3 月，在 ChinaByte 网站上出现了第一个商业性网络广告（广告采用 468 × 60 像素的标准 Banner）。

3）1997 年 11 月，我国首家专业的网络杂志发行商“索易”开始提供第一份免费网络杂志。1998 年 12 月，索易获得第一个邮件赞助商，这标志着我国专业 E - mail 营销服务的诞生。

还有一些外资 E - mail 营销专业服务商，如“现在网”（http：//www. xianzai. com）等，也在 1997 年相继诞生，为 E - mail 营销服务的规范操作发挥了积极作用。

（2）电子商务网站对网络营销的推动

1995 年 4 月，第一家网上中文商业信息站点“中国黄页”（www. chinapages. com）开通，这是我国最早的企业信息发布平台，也让上网的企业了解了最基本的网络营销手段——发布供求信息，这种简易的网络营销方法直到现在仍然为许多企业所采用。在随后的几年中，不断出现各种专业的商贸信息网，既有各个行业的专业门户网站，也有综合性的商业信息供求平台。1999 年，以阿里巴巴为代表的一批 B2B 网站不仅让企业间电子商务的概念热火朝天，而且也为中小企业开展网络营销提供了广阔的空间。电子商务的另一个重要分支——网上零售（B2C、C2C）的发展也为网络营销概念的推广发挥了积极的推动作用。进入 1999 年之后，我国的电子商务开始迅速发展。以网上零售为例，其标志是诞生了以“8848”为代表的一批电子商务网站，风险投资大量投向 B2C 网站，媒体将电子商务吹捧上了天，虽然这并不表明网上零售业当时的真实情况，但在客观上为网络营销概念的传播发挥了一定的作用。

（3）企业网站建设从神话走向现实

在1997年前后，网站建设是一项技术性非常强的工作，非一般企业计算机操作人员所能掌握，即使作为企业建立网站必不可少的域名注册也曾经是我国企业感到困难的事情，不仅费用昂贵而且注册非常麻烦，建立网站服务器的价格更是让一般企业难以承受，同时还存在着网络访问速度慢且接入通信费用高昂的问题。这些客观因素严重制约着网络营销从神话走入现实的步伐。一些企业尝试利用网络服务商提供的免费个人主页空间和免费电子邮箱作为网络营销的基本工具，开展网络营销的方法也无非是到一些免费信息发布平台和网络社区张贴商品信息。这种游击战方式的网络营销很难为企业带来实际的效果，也使得一些企业对早期的网络营销失去了兴趣。随着中国频道、新网、万网等一批域名注册和虚拟主机服务商的诞生及其销售服务体系的建立，企业建站的域名注册和空间租用问题变得简单了，从此基于企业网站的网络营销才逐渐成为网络营销的基本策略。

（4）搜索引擎对网络营销的贡献

在1998年之前，一些网络营销从业人员和研究人员将网络营销主要理解为网址推广，其核心内容是将网站提交到搜索引擎上。当时的一些观点甚至认为，只要将网址登录到雅虎网站（www. yahoo. com）并保持排名比较靠前（根据雅虎网站所列目录的排名或者关键字搜索的结果)，网络营销的任务就算基本完成了。如果可以排名在第一屏幕甚至前五名，那么就意味着网络营销已经取得了成功。在当时网上信息还不很丰富的情况下，雅虎作为第一门户网站，是大多数上网者查找信息的必用工具。企业如果能够在雅虎上占据一席之地，则被用户发现的机会的确很大。这种主要依赖搜索引擎来进行网站推广的时代称为传统网络营销阶段。

1997年前后，除了中文雅虎之外，我国也出现了一批影响力比较大的中文搜索引擎，如搜狐、网易、常青藤、搜索客、北极星、若比邻等，都是这个时期诞生的，并且为企业利用搜索引擎开展网络营销提供了最初的试验园地。后来，随着门户网站的崛起和搜索技术的迅猛发展，尤其是2000年1月百度搜索引擎的出现，使得一些早期的搜索引擎在2000年之后开始日渐衰退甚至销声匿迹，但这些搜索引擎对网络营销的启蒙发挥了重要作用。

（5）互联网泡沫破裂刺激网络营销的应用

到2000年底，我国的网络营销应用已经具备了基本的外部环境，一些新的网络营销方法（如网络会员制营销等）也开始在我国的网站出现，但总体来说网络营销仍处于概念阶段。网络营销应用的戏剧性变化开始于2000年4月，这应该感谢互联网泡沫的破裂。在纳斯达克股票市场剧烈震荡之后，投资人逐渐对新兴的网络公司失去信心。在融资越来越艰难的情况下，“烧钱”的网络公司也不得不考虑赢利之道，从此走上了与传统企业相结合到服务传统企业的道路，各类网络营销服务商相继出现，这也在很大程度上促进了网络营销的应用。而且，包括网络公司在内的企业也开始注重网络营销了。而在此之前，多数网络公司，包括提供网络营销服务的网络公司并不重视网络营销，更多的是采用广告、新闻、公关、免费服务等方式来吸引用户。

2000年，互联网泡沫的破裂，人们对网络公司和网络营销的概念多了一些理性的认识。比如，关于企业建网站和网络公司网站有什么区别，企业建网站是不是电子商务等问题，一些企业对这些曾经模糊的概念有了相对清晰的认识。因此，企业网站建设已经成为进行网络营销的第一需求。从总体上来说，2000 年是网络营销开始走向实际应用的一个重要转折期，为网络营销进入应用和发展阶段打下了一定的基础。

3. 我国网络营销的应用和发展阶段（2001 年至今）

进入 2001 年之后，网络营销已不再是空洞的概念，而是进入了实质性的应用和发展时期，主要特征表现在六个方面：网络营销服务市场初步形成、企业网站建设发展迅速、网络广告形式和应用不断发展、E－mail 营销市场环境亟待改善、搜索引擎营销向深层次发展、网上销售环境日趋完善。

（1）网络营销服务市场初步形成

尽管网络营销服务市场至今仍不完善，但在 2001 年之后，以“企业上网”为主要业务的一批专业服务商开始快速发展，一些公司已经形成了在该领域的优势地位，这种状况也标志着我国的网络营销服务领域逐渐开始走向清晰化。域名注册、虚拟主机和企业网站建设已经比较成熟，成为网络营销服务（实际上是广义的网络营销服务）的基本业务内容。其他比较有代表性的网络营销服务包括：大型门户网站的分类目录登录、专业搜索引擎的关键词广告和竞价排名、供求信息发布等。另外一些比较重要的领域，如专业 E－mail 营销、电子商务平台等，也取得了明显的发展，并出现了一批具有较高知名度的规范的服务商。另一方面，以出售收集邮件地址的软件、贩卖用户邮件地址、发送垃圾邮件等为主要业务的“网络营销公司”也在悄然发展，成为影响网络营销服务健康发展的障碍。

（2）企业网站数量缓慢增长，网站建设专业水平有待提高

根据中国互联网信息中心的统计报告，在 2001 年之后，企业网站数量缓慢增长，反映了网站建设已经成为企业网络营销的基础。企业网站增长相对比较缓慢，反映了前几年企业网站建设发展速度较快，只重视数量而忽视了质量的问题。因为网站专业水平等因素的制约，使得企业网站未能为企业带来明显的效益，从而影响了更多企业建设网站的积极性。

造成企业网站建设专业水平不高的主要因素之一在于，大部分企业的网站建设工作都依赖于网络营销服务商的专业水平，而各个网络营销服务商的水平差别很大，并且由于没有权威的专业性指导规范，不仅网站建设服务商为企业制作的网站没有可遵循的原则，而且各个服务商之间为争夺客户只能陷于低层次的价格竞争。其结果是，为了节省成本，使得企业建设的网站专业性得不到保证，或者因为服务商自身的水平不高，为企业建设的网站根本就没有实用价值。这种状况无论是对于网络营销服务市场的进一步发展，还是对于企业的网络营销都是非常不利的。因此，如何提高企业网站建设的专业水平，已经成为企业信息化进程中值得高度重视的问题。

（3）网上销售环境日趋完善

建设和维护一个完善的电子商务功能的网站并非易事，不仅投资大，而且还涉及网上支付、网络安全、商品配送等一系列复杂问题。随着一些网上商店平台的成功运营，网上销售产品不再那么复杂了，电子商务不再是网络公司和大型企业的特权，而逐渐成为中小企业销售产品的常规渠道。

（4）企业对网络营销的认识程度和需求层次提升

企业对网络营销的需求层次是一个难以量化的指标，通过一些事例分析可以发现，企业对网络营销的认识和需求产生了明显的转变：①企业更希望获得完整的网站推广整体方案，

而不仅仅是购买孤立的网站推广产品；②规范的网站优化思想得到越来越多的认可。

企业对网站推广综合解决方案的需求有明显增加的趋势。经过众多网络营销服务商几年的努力，我国网络营销服务市场逐渐走向成熟，尤其是搜索引擎推广相关的网络营销产品已经为越来越多的企业所了解。随着企业对网站推广效果提升的进一步期望，越来越多的企业购买分散的网站推广产品，如分类目录登录以及搜索引擎竞价广告等。尽管分散的网站推广产品仍然是目前网站推广服务市场的主流，但已经无法满足企业网络营销的需要，向企业提供网站推广的整体方案成为网络营销服务市场的发展趋势之一。这也意味着，众多网络营销服务商将面临如何从产品销售型的网络营销服务1.0时代向顾问型网络营销服务2.0时代的战略升级问题。

网站优化对企业网络营销的价值逐渐为企业所认识。网站优化已经成为网络营销经营策略的必然要求，如果在网站建设中没有体现出网站优化的基本思想，则在网络营销水平普遍提高的网络营销环境中是很难获得竞争优势的。

（5）搜索引擎营销呈现专业化、产业化趋势

搜索引擎营销是目前网络营销中最具活力的领域，经过几年的发展，传统的登录免费搜索引擎等简单初级的推广手段已经不能适应网络营销环境，搜索引擎服务提供商适时地推出诸如关键词竞价广告、内容关联广告等产品（如百度的主题推广和搜狗的搜索联盟等），进一步增加了搜索引擎营销的渠道，并且扩展了搜索引擎广告的投放空间。对于企业营销人员来说，也就意味着开展搜索引擎营销需要掌握的专业知识更加复杂，如对于网站优化设计、关键词策划、竞争状况分析、推广预算控制、用户转化率、搜索引擎营销效果的跟踪管理等，搜索引擎营销已经逐渐发展成为一门专业的网络营销知识体系。

（6）新型网络营销概念和方法受到关注

随着Web 2.0思想逐渐被认识，随之出现了一些新的网络营销概念，如博客营销、RSS营销等，这些新型网络营销方法正逐步为企业所采用。自从2002年“博客”（Blog）的概念在我国出现以来，它已经成为互联网上非常热门的词汇之一。在我国，不仅出现了一批有影响力的中文博客网站，而且利用博客来开展网络营销的实践尝试早已开始，部分博客网站开始提供企业博客服务，为企业网络营销增加了新的模式和新的机会，因而博客在网络营销中的应用也成为令人关注的研究领域。

1.1.4　我国网络营销面临的主要问题

根据中国互联网络信息中心的统计，到2006年6月底，我国已经建立了各种网站将近78.8万个，而且新的网站每天还在不断诞生，其中企业网站超过60%。在网络营销应用方面同样获得了很大发展，网络营销已经成为企业营销策略的重要组成部分。从网络营销教学领域来看，我国有数百所大学开设了电子商务专业，其中网络营销是一门重要的专业基础课，由此可见其在电子商务中的重要地位。同时，也有经济管理类其他专业的学生选修网络营销课程，如果加上各类职业学校和培训班，每年参加网络营销的学习者超过10万人。

因此可以说，2002年之后我国的网络营销进入了一个持续快速的发展时期。但是，如果对企业网络营销的实际应用效果以及网络营销教学水平等方面进行深入研究，不难发现，我国的网络营销总体来说仍然处于比较低的水平，并且现状并不乐观，还有太多的问题需要研究和探索。目前，我国网络营销的问题主要表现在四个方面：网络营销理论研究薄弱、企

业网络营销效果不明显、网络营销专业服务水平较低、网络营销环境不规范造成的影响比较明显。

1. 我国网络营销理论研究的问题

从网络营销理论方面来看，目前国外的网络营销理论研究还不够系统，我国的研究更是比较欠缺。从现有的学术期刊、商业杂志、著作等出版物以及网络媒体中，网络营销相关的话题虽然不少，但真正对网络营销进行系统的理论研究，或者在某些方面有独到研究的内容非常少见，并且往往脱离网络营销的实践应用。造成这种现状的原因是受作者的知识结构和实践经验的影响。编写网络营销教材的作者中有多种专业背景，如管理信息系统、市场营销学、管理学、经济学、计算机类等，真正对网络营销有系统研究并且有实践经验者较少，这在一定程度上影响了网络营销研究和教学与实践应用的结合。

一方面，理论研究不能及时应用于实践；另一方面，一些新出现的网络营销实践不能被提升到理论的高度，表现为某些方面的理论远远落后于实践。网络营销理论与实践就处于这种矛盾之中，这种状况制约着网络营销的理论研究和实际应用水平的提高。因此，充分认识网络营销现阶段所面临的问题，对于理论研究与实践应用均具有重要意义。

2. 企业网络营销效果不明显

从企业应用方面来看，尽管现在很少人会认为网络营销没有用，但在很多企业中网络营销并没有发挥多大作用却是不争的事实。由于缺乏系统的网络营销理论指导，使得网络营销在实践中有一定的盲目性，这也是网络营销使用效果不够明显的重要原因之一。

当然，这并不表明网络营销本身存在错误，主要原因表现在三个方面：①我国网络营销应用环境还不够完善；②由于已经形成的网络营销理论尚未对实践发挥应有的指导作用，企业营销人员对网络营销的规律和方法还缺乏足够的了解，因此在应用中没有发挥出网络营销的真正价值；③网络营销进入细节制胜的阶段，网络营销的专业性需要通过在每个细节上得到体现，每一个网页设计、每一封邮件内容、每一个关键词的选择都可能对网络营销效果产生直接影响，大量细节问题的积累导致网络营销的价值没有被充分体现出来，其背后的根本原因在于缺乏真正专业的网络营销人才。

3. 网络营销专业服务水平有待提升

企业网络营销人员获取有关知识的渠道比较少，通常只是片面的、不系统的，有些网上转载的文章可能是不负责任的空谈，有些可能是过时的、不合规范的，或者介绍的是并不适合企业采用的方法，因此对网络营销应用也产生了一定的误导。网络营销专业服务水平对企业网络营销的整体应用水平的发挥起着至关重要的作用。因此，企业网络营销水平的整体提高，有赖于网络营销服务商专业水平的提升，这个过程可能会比较缓慢。目前，我国的网络营销服务主要集中于网站建设与网站推广的相关方面，尤其是分类目录登录、搜索引擎广告等，这些网络营销手段是网络营销服务的最基本内容，而且可能是不深入、不系统的。尽管我国也出现了一些深层次的网络营销服务，如市场研究、网络顾问咨询等，但其服务的对象往往只是大型企业和网络营销水平已经比较高的电子商务类网站，大多数中小企业还无法获得深度的专业顾问服务。

4. 网络营销环境不规范的现象仍然比较突出

尽管上网人数、网络带宽以及人们对网络营销的认识等环境因素在不断改善，同时新的网络营销产品和服务也在不断出现，但网络营销环境不规范的现象仍然比较突出。比如，垃圾邮件问题、网站建设服务规范问题、搜索引擎营销中的法律问题（如越来越多的点击欺诈纠纷）等。在网络营销环境不够规范的情况下，再加上企业自身的网络营销专业知识有限，其结果必将加大企业的网络营销学习成本，也不可避免地影响网络营销的发展。

总之，现阶段我国网络营销的核心问题是利用专业的网络营销知识提高企业网络营销的应用水平，其中既包括网络营销理论体系的研究，也包括对网络营销实践经验的总结，同时还需要网络营销宏观环境的进一步规范，这是一个相当艰巨的任务。

1.2 网络营销的内涵

1.2.1 网络营销的基本概念

网络营销在国外有许多提法，如 Cyber Marketing、Internet Marketing、Network Marketing、e－Marketing、Online Marketing 等，不同的单词词组有着不同的含义。Cyber Marketing 是指网络营销是在虚拟的计算机空间进行的。Internet Marketing 是指在互联网上开展的营销活动。Network Marketing 是指在网络上开展的营销活动，这里所指的网络不仅仅是互联网，还可以是一些其他类型的网络，如增值网络（VAN）等。

与许多新兴学科一样，“网络营销”同样也没有一个公认的、完善的定义。从广义上说，凡是以互联网为主要手段进行的并为达到一定营销目标的营销活动，都可称为网络营销（或网上营销）。也就是说，网络营销贯穿于企业开展网上经营的整个过程，包括从信息发布、信息收集、网站建设与推广到开展网上交易为主的电子商务阶段，网络营销一直都是一项重要内容。

网络营销往往使人们想到通过网上进行交易活动和以网络作为销售宣传媒体的功能。事实上，目前由于网上银行和电子货币的限制，主要的网上营销活动并不是“在线交易”，而是网上的宣传活动。然而，网络营销却是一个广泛的概念。就物理手段来讲，它包括互联网的信息高速公路、数字电视网、电子货币支付方式等；就所包含的过程来讲，它包括网上信息收集、网上商业宣传、电子交易、网上客户支持服务等。

为了理解网络营销的全貌，我们有必要为网络营销下一个比较合理的定义。

从“营销”的角度出发，将网络营销定义为：“网络营销是企业整体营销战略的一个组成部分，是为实现企业总体经营目标所进行的，以互联网为基本手段营造网上经营环境的各种活动。”这是《网络营销基础与实践》（冯英健．北京：清华大学出版社，2002.）中对网络营销的定义，被各种网络营销教材和网络营销论文广泛引用。

下面对网络营销定义中涉及的一些问题给予必要的说明。

1. 网络营销不是孤立存在的

网络营销是企业整体营销战略的一个组成部分，网络营销活动不可能脱离一般营销环境而独立存在，在很多情况下，网络营销理论是传统营销理论在互联网环境中的应用和发展。对于不同的企业，网络营销所处的地位有所不同。以经营网络服务产品为主的网络公司，更加注重网络营销策略，而在传统的工商企业中，网络营销通常只是处于辅助地位。由此也可以看出，网络营销与传统市场营销策略之间并没有冲突，但由于网络营销依赖互联网应用环境而具有自身的特点，因而有相对独立的理论和方法体系。在企业营销实践中，传统营销和网络营销往往是并存的。

2. 网络营销不等于网上销售

网络营销是为最终实现产品销售、提升品牌形象的目的而进行的活动。网上销售是网络营销发展到一定阶段产生的结果，但并不是唯一结果。因此，网络营销本身并不等于网上销售。这可以从以下三个方面来说明：

1）网络营销的目的并不仅仅是为了促进网上销售，在很多情况下，网络营销活动不一定能实现网上直接销售的目的，但可能会促进网下销售，并且可以增加顾客的忠诚度。

2）网络营销的效果表现在多个方面，如提升企业的品牌价值、加强与客户之间的沟通、拓展对外信息发布的渠道、改善客户服务等。

3）从网络营销的内容来看，网上销售也只是其中的一部分，并且不是必须具备的内容，许多企业网站根本不具备网上销售产品的条件，网站主要是作为企业发布产品信息的一个渠道，通过一定的网站推广手段，实现产品宣传的目的。

3. 网络营销不等于电子商务

网络营销和电子商务是一对紧密相关又具有明显区别的概念，对于初次涉足网络营销领域者对这两个概念很容易混淆。比如，企业建一个普通网站就认为是开展电子商务，或者将网上销售商品称为网络营销等，这些都是不确切的说法。网络营销不等于电子商务，这主要是基于下面两个方面的考虑：

1）网络营销与电子商务研究的范围不同。电子商务的内涵很广，其核心是电子化交易，电子商务强调的是交易方式和交易过程的各个环节，而网络营销注重的是以互联网为主要手段的营销活动。网络营销和电子商务的这种关系也表明，发生在电子交易过程中的网上支付和交易之后的商品配送等问题并不是网络营销所能包含的内容。同样，电子商务体系中所涉及的安全、法律等问题也不适合全部包括在网络营销中。

2）网络营销与电子商务的关注重点不同。网络营销的重点在交易前阶段的宣传和推广，电子商务的标志之一则是实现了电子化交易。网络营销的定义已经表明，网络营销是企业整体营销战略的一个组成部分。可见，无论是传统企业还是基于互联网开展业务的企业，也无论是否具有电子化交易的发生，都需要网络营销；但网络营销本身并不是一个完整的商业交易过程，而是为了促成交易提供支持。因此，它是电子商务中的一个重要环节，尤其在交易发生之前，网络营销发挥着主要的信息传递作用。从这种意义上说，网络营销是电子商务的基础，电子商务可以被看做是网络营销的高级阶段，一个企业在没有完全开展电子商务之前，同样可以开展不同层次的网络营销活动。

4. 网络营销不应被称为“虚拟营销”

“虚拟营销”又称“虚拟经营”，是指企业在组织上突破有形的界限，只保留其中最关键、最核心的功能（如生产、营销、设计、财务等功能），而努力将其他功能虚拟化，即企业内没有完整执行这些功能的组织，而是借助企业外部提供。所以，对于某些已经掌握核心资源或具有核心竞争力的中小企业来说，采用虚拟经营是一个事半功倍的极佳战略。中小企业可以虚拟人员，借企业外部人力资源弥补自已人力资源的不足；也可以虚拟功能，借企业外部力量来改善劣势的部门；还可以虚拟工厂，企业集中资源，专攻附加值最高的设计和营销，其生产则委托人工成本较低的地区的企业加工生产。例如，美国耐克的发展便是“虚拟营销”成功的典范。耐克是一个既无生产车间又无销售网络的企业，只拥有在全球具有核心竞争力的运动设计部门和营销部门，生产和销售全部虚拟化，通过外部组织来完成。

有人说：网络营销是“虚拟营销”，这是错把网络的特点和网络营销的特点等同和混淆起来。我们在开展和进行网络营销的过程中，是在网络的“虚拟”空间进行的。但是营销活动本身都是实实在在的，而且比传统营销方法更容易跟踪和了解消费者的行为。比如，借助网站访问统计软件，可以确切知道网站的访问者来自什么地方，在多长的时间内浏览了哪些网页，企业可以知道用户的 IP，也可以知道企业发出的电子邮件有多少用户打开、有多少用户点击了其中的链接，还可以确切知道下订单的用户的详细资料，利用专用的客户服务工具，甚至可以与访问者进行实时交流，所以每个用户都是实实在在的。因此，我们可以得出这样的结论：网络营销是在虚拟空间进行的现实的商务活动和商务交易，是陆地商务市场的网络化转移和网络化发展。

5. 网络营销是对网上经营环境的营造

网络营销的外部环境和内部条件构成网络营销的基本环境。

影响网络营销的外部环境因素包括上网用户数量及人口统计特征、上网用户对网络营销的行为、上网企业数量及结构、带宽等基础网络服务状况、网络营销专业服务市场状况（如搜索引擎、电子邮箱）等。

影响网络营销的企业内部条件包括企业领导人对待网络营销的态度、基本的上网条件、合适的专业人员、必要的营销预算等。

外部环境为开展网络营销提供了潜在客户、向用户传递了信息的各种手段和渠道，而内部条件为有效营造网上经营环境奠定了基础。

外部环境因素不是一个企业可以决定的，但却影响着企业网络营销的应用状况，而企业的内部条件是可以创造的。因此，网络营销的开展需要内部条件与外部环境的相互作用和协调，对于外部环境要适应和选择，而对内部条件要创造和利用。只有从外部环境和内部条件两个方面来进行网络营销诊断，分别找出其中的关键因素，并采取合理的手段加以改进才会有更好的结果。

例如，搜索引擎在网络营销中具有非常重要的作用，搜索引擎为企业提供了被用户发现的机会，但并非每个企业的网站都能被搜索引擎收录并在搜索结果中位居前列。因此，企业为了推广自己的网站，获得理想的排名效果，就必须研究各个搜索引擎的算法规则、对网站设计的一般要求等，以适应搜索引擎的要求。可见，开展网络营销的过程，就是充分利用内部条件与外部环境因素建立关系的过程，这些关系发展好了，网络营销才能取得成效。

1.2.2　网络营销的特点

市场营销中最重要的是在组织和个人之间进行信息的广泛传播和有效的交换，如果没有信息的交换，那么任何交易都会变成无本之源。互联网技术发展的成熟、联网的方便性和成本的低廉，使得任何企业和个人都可以很容易地将自己的计算机或计算机网络连接到互联网上。遍布全球的各种企业、团体、组织以及个人通过互联网跨时空地连接在一起，使得相互之间信息的交换变得更加有效。因为互联网具有营销所要求的某些特性，这使得网络营销呈现出以下一些特点：

1. 跨时空

通过互联网能够超越时间约束和空间限制进行信息交换，因此使脱离时空限制达成交易成为可能，企业能有更多的时间和在更大的空间中进行营销，每周 7 天，每天 24 小时随时随地地向客户提供全球性的营销服务，以达到尽可能多的占有市场份额的目的。

2. 多媒体

在互联网上可以传输文字、声音、图像等多种形式的信息，从而使为达成交易进行的信息交换可以用多种形式进行，能够充分发挥营销人员的创造性和能动性。

3. 交互式

企业可以通过互联网向客户展示商品目录、通过网上交易平台提供有关商品信息的查询、和顾客进行双向互动式的沟通、收集市场情报、进行产品测试与消费者满意度的调查等。因此，互联网是企业进行产品设计、商品信息提供以及提供服务的最佳工具。

4. 人性化

在互联网上进行的促销活动具有一对一、理性、消费者主导、非强迫性和循序渐进式的特点，这是一种低成本、人性化的促销方式，可以避免传统的推销活动所表现的强势推销的干扰。并且，企业可以通过信息提供与交互式沟通，与消费者建立一种长期的、相互信任的良好合作关系。

5. 成长性

遍及全球的互联网上网者的数量飞速增长，而且上网者中大部分是具有较高收入和高教育水准的年轻人。由于这部分群体的购买力强，而且具有很强的市场影响力，因此网络营销是一个极具开发潜力的市场渠道。

6. 整合性

在互联网上开展营销活动，可以完成从商品信息的发布到交易的收款和售后服务的全过程，这是一种全程的营销渠道。另外，企业可以借助互联网将不同的传播营销活动进行统一的设计、规划和协调实施，通过统一的传播资讯向消费者传达信息，从而可以避免不同传播渠道中的不一致性所产生的消极影响。

7. 超前性

互联网同时兼具渠道、促销、电子交易、互动顾客服务以及市场信息分析与提供等多种功能，是一种功能强大的营销工具，并且它所具备的一对一的营销能力，正迎合了定制营销与直复营销的未来趋势。

8. 高效性

网络营销应用计算机储存大量的信息，可以帮助消费者进行查询，所传送的信息数量与精确度，远远超过其他传统媒体。同时，能够适应市场的需求，及时更新产品阵列或调整商品的价格，因此，能及时有效地了解和满足顾客的需求。

9. 经济性

网络营销使交易的双方通过互联网进行信息交换，代替了传统的面对面的交易方式，这样可以减少印刷与邮递成本，进行无店面销售而免交租金，节约水电与人工等销售成本，同时也减少了由于多次交换带来的损耗，从而提高了交易的效率。

10. 技术性

建立在以高技术作为支撑的互联网基础上的网络营销，使企业在实施网络营销时必须要有一定的技术投入和技术支持，必须改变企业传统的组织形态，提升信息管理部门的职能，引进营销与计算机技术的复合型人才，才能具备和增强本企业在网络市场上的竞争优势。

1.2.3 网络营销与传统营销的联系与区别

随着众多商界人士对网络技术及其重要性的认识，传统企业上网的热潮日益高涨，注资或并购网络公司的案例也越来越多，网络营销已经成为许多企业的重要营销策略，一些小企业对这种成本低廉的网上营销方式甚至比大中型企业表现出更大的热情。

在这种背景下，应该如何看待网络营销与传统营销的关系呢？很显然，无论对于商界领导者、管理人员还是对于广大网络营销人员，正确认识二者的关系都是大有裨益的。

1. 网络营销与传统营销的联系

网络营销虽然以新的媒体，新的方式、方法和理念实施营销活动，但它脱胎于传统营销，是对传统营销的继承、发展与创新，两者有着不可分割的联系。具体表现在以下几点：

1）两者有着相同的目标，都是使顾客的需要和欲望得到满足和满意。网络营销只不过借助于网络，且网上营销更容易、能更好地实现营销这一目标。

2）网上营销的基本要素仍然是产品、价格、促销和分销渠道四个方面，虽然这四个要素的内容有较大的变化。

3）两者并行不悖，谁也无法取代谁，而且往往两者互相配合，网上营销手段可为传统商务服务，传统营销手段也可为网上的电子商务服务。

2. 网络营销与传统营销的区别

网络营销与传统的营销方式的区别是显而易见的，从营销的手段、方式、工具、渠道以及营销策略都有本质的区别。

（1）网络营销不能作为所有产品的销售形式

从一般意义上讲，任何产品都能通过网络进行销售。也就是说，能够在互联网上进行市场营销的产品可以是任何产品或者任何服务项目。但是，正如不同的产品适合不同的销售渠道一样，网络营销也有其适用的范围。由于技术、物流、消费者偏好和习惯等因素，目前最适合在网上进行营销的产品还是计算机软硬件产品、图书等知识含量高的产品和各种创意独特的新产品。

（2）网络营销的产品策略注重消费者的需求和欲望

在当代，面对竞争日益激烈的市场，企业要在竞争中生存且立于不败之地，唯有了解和满足目标顾客的需要和欲望，树立以顾客为中心、以顾客为导向的服务观念。但传统的营销难以做到这一点，而网络超越时空的双向互动特性，使得网络营销能与顾客进行一对一的充分沟通，从而真正了解顾客的需求和欲望，而且顾客利用网络可以参与产品的设计，获得贴近自己兴趣的、高度满意的个性化产品和服务。

（3）网络营销价格策略偏重成本概念

传统营销以成本为基准定价，其中营销成本在综合成本中占有相当大的比重，因为传统营销是依赖层层严密的渠道，并以大量人力与宣传投入来争夺市场的。在网络营销中，传统的这种定价模式不再适用，取而代之的是以顾客能接受的成本来定价，并依据该成本来组织生产和销售的模式。这种定价模式不仅符合网络营销实现真正意义上的以顾客为中心的服务观念，而且网上营销的低成本也使得这种定价方式成为可能。在未来，人员营销、市场调查、广告促销、经销代理等传统营销手法，将与网上营销相结合，并充分利用网上的各种资源，形成以最低成本投入，获得最大市场销量的新型营销模式。

企业以顾客为中心定价，必须测定市场中顾客的需求以及对价格认同的标准，传统营销难以做到这一点，而在网上则可以很容易实现。顾客通过互联网提出接受的成本，企业根据顾客的成本提供柔性的产品设计和生产方案供用户选择，直到顾客认同确认后再组织生产和销售。

（4）网络营销的促销策略更注重沟通

促销是利用广告、销售促进、直接营销、公共关系和人员推销等五种工具，与消费者沟通，把产品的相关信息传递给目标顾客。但五种营销工具在传统营销和网上营销中的有效性和地位是不同的。例如，人员推销在传统促销组合中起着很重要的作用，在购买过程的某个阶段，特别是在建立购买者的偏好、信任和行动时，是最有效的工具；而在网上促销组合中，就显得无足轻重。直接营销则相反，在传统营销组合中，直接营销虽有邮购、电话购买、电视购买等多种形式，但效果并不明显，一般只作为一种辅助手段；而在网上促销组合中，直接营销却有着举足轻重的地位，根本原因在于网络这一媒体的双向平等互动和跨越时空限制等卓越特性，把买卖双方紧密联系在一起，使双方能进行充分、高效的沟通。广告在传统促销和网上促销组合中都是最重要的工具，不同的是网上促销利用的广告媒体主要是被称为“第四媒体”的网络，而传统广告依赖的是报刊、广播和电视三大传统媒体，网络融合了传统三大广告媒体的优点，但又具备三大传统媒体不具有的优势。例如，网络广告的形式有静有动，传递的信息多，传达的范围广（理论上任何一个上网的人都可以见到），沟通的效率比传统媒体高得多（由交互性带来），信息反馈直接、准确、及时（据此可为顾客设计个性化的广告内容和创意），同时，成本比传统广告低廉得多。

总体来说，传统促销是一对多的、单向的、强迫性的、非个性化的、高成本的促销，而网上促销是一对一的、双向的、理性的、消费者主导的、非强迫性的、循序渐进式的、个性化的、低成本的促销，因此符合分销与直销的发展趋势。

（5）网络营销的渠道策略注重为消费者提供方便

分销渠道是促使产品或服务顺利地被使用或消费的一整套相互依存的组织。在传统营销模式中，大多数生产者都无法将产品直接出售给最终用户，被迫把部分销售工作委托给诸如批发商、零售商、代理商之类的中间商。传统营销的通路是：生产者→大盘商→中盘商→销售店→消费者。为此，生产者不得不费时、费力、费钱去进行渠道决策、设计、选择、评估和管理，更重要的是这意味着生产者对部分营销工作失去控制，在某种程度上是把自己的命运放在中间商手里。而无所不及、超越时空，将渠道、促销、电子交易、互动顾客服务以及市场信息收集、分析与提供多种功能集于一体的互联网的出现，带来了营销渠道的革命，弱化了分销渠道的作用，甚至很多产品生产者完全可以无须借助各类中间商就可直接将产品出售给最终用户。典型的网上营销的通路是：生产者→网站→物流系统→消费者。由此，生产者不仅大大缩短了分销过程，节约了大量的分销成本，而且紧紧将命运掌握在自己的手中，同时由于减少了大量的交易环节，也大大降低了交易成本。

实际上，网络技术之所以受到大众的追捧就是因为它提供了便捷的途径，从而节省了时间成本。网络营销与传统营销二者在渠道上的区别是很明显的。与传统的分销方式不同，网络营销的分销渠道就是互联网本身，互联网直接面对消费者，将商品展示在顾客面前，回答顾客疑问，接受顾客订单。利用功能强大的互联网可以避开传统销售渠道中的许多中间环节，使消费品的直接销售成为可能，从而最大限度地便利了消费者。

1.3　网络营销系统

1.3.1　网络营销系统的组成

网络营销系统主要由基于企业内联网（Intranet）的企业管理信息系统（Management Information System，MIS）、网络营销站点、企业经营管理人员以及作为信息传播手段的互联网（Internet）所组成。

1. 互联网络（Internet）

Internet 产生、发展的历史并不长，但是它带给人类社会的影响却是巨大的。在今天，只要有一台与 Internet 相连的计算机，不论它是一台 PC、Macintosh，还是一台 UNIX 工作站，也不论它采取何种方式连入 Internet，任何人都可以通过它访问处于 Internet 上任何位置的 Web 站点。在 Internet 上，用户可以与一些素不相识但志趣相投的朋友成立讨论组；可以与天南地北的网友聊天（Internet Relay Chat）；可以在网上参加各种会议；也可以与全球各地区的游戏迷玩游戏（MUD）；可以在第一时间了解某公司的最新产品（通过 World Wide Web，WWW）；还可以在网上选购国内外某公司的商品等，只要用户能想到的，几乎都能在 Internet 上实现。可以毫不夸张地说，Internet 上丰富的信息大大超出了你的想象，一旦与 Internet 实现连接，用户就会感到如同进入了一个全新的虚拟世界。Internet 提供的服务名目繁多、功能齐全，其服务功能主要包括：

（1）电子邮件服务（E－mail）

（2）远程登录服务（Telnet）

（3）文件传输服务（FTP）

（4）WWW 服务

（5）Gopher 信息查询服务

（6）Archie 信息查询服务

（7）电子公告栏系统（BBS）

（8）网络新闻服务（Usenet）

2. 基于 Intranet 的企业管理信息系统

计算机网络是通过一定的媒体（如电线、光缆等）将单个计算机按照一定的拓扑结构连接起来的，在网络管理软件的统一协调管理下，实现资源共享的网络系统。

根据网络覆盖范围，一般可分为局域网（LAN）和广域网（WAN）。由于不同计算机硬件不一样，为方便联网和信息共享，于是将 Internet 的联网技术应用到 LAN 中组建企业内联网（Intranet），它的组网方式与 Internet 一样，但使用范围局限在企业内部。为了方便企业与业务紧密的合作伙伴进行信息资源共享，于是在 Internet 上通过防火墙（Fire Wall）来控制不相关的人员和非法人员进入企业网络系统，只有那些经过授权的成员才可以进入网络，一般将这种网称为企业外联网（Extranet）。如果企业的信息可以对外界进行公开，那么企业可以直接连接到 Internet 上，实现信息资源最大限度的开放和共享。

企业在组建网络营销系统时，应该考虑企业的营销目标是谁，如何与这些客户通过网络进行联系。一般说来，可以分为三个层次：

1）对于特别重要的战略合作伙伴关系，企业应允许他们进入企业的 Intranet 系统，直接访问有关信息。

2）对于与企业业务相关的合作企业，企业应该与他们共同建设 Extranet，实现企业之间的信息共享。

3）对于普通的大众市场，则可以直接连接到 Internet 上。由于 Internet 技术的开放、自由特性，在 Internet 上很容易受到攻击，企业在建设网络营销系统时必须考虑营销目标的需要，以及如何保障企业网络营销系统的安全。

一个功能完整的具有网络营销功能的电子商务系统，它的基础是企业内部信息化，即企业建有内部管理信息系统。企业管理信息系统是一些相关部分的有机整体，在组织中发挥收集、处理、存储和传送信息，以及支持组织进行决策和控制的作用。企业管理信息系统最基本的系统软件是数据库管理系统（Database Management System，DBMS），它负责收集、整理和存储与企业经营相关的一切数据资料。

根据不同功能的组织，可以将信息系统划分为销售、制造、财务、会计和人力资源信息系统等。如果要使网络营销信息系统能有效运转，营销部门的信息化是最基本的要求。一般为营销部门服务的营销管理信息系统的主要功能包括：客户管理、订货管理、库存管理、往来账款管理、产品信息管理、销售人员管理、市场有关信息的收集与处理。

根据组织内部不同的组织层次，可划分为四种信息系统：操作层管理系统、知识层系统、管理层系统、战略管理层系统。

1）操作层管理系统支持日常管理人员对基本活动和交易进行跟踪和记录。

2）知识层系统用来支持知识和数据工作人员进行工作，帮助企业整理和提炼有用的信息和知识，供上级进行管理和决策，解决的主要是结构化问题。

3）管理层系统用来为中层经理的监督、控制、决策以及管理活动提供服务，主要解决半结构化问题。

4）战略管理层系统主要是根据外部环境和企业内部条件制定和规划企业的长期发展目标。

3. 网络营销站点

网络营销站点是在企业 Intranet 上建设的具有网络营销功能的、能连接到 Internet 上的 WWW 站点。网络营销站点起着承上启下的作用，一方面它可以直接连接到 Internet 上，企业的用户或者供应商可以直接通过网站了解企业的信息，并直接通过网站与企业进行交易。另一方面，它将市场信息和企业内部管理信息系统连接在一起，通过将市场需求信息传送到企业管理信息系统，让管理信息系统来根据市场变化组织经营管理活动。它还可以将企业有关的经营管理信息在网站进行公布，让企业业务的相关者和消费者可以直接了解企业的经营管理状况，以增强企业的可信度。

4. 网络营销组织与管理人员

企业建好网络营销系统后，企业的业务流程将根据市场需求变化进行重组。为适应业务流程变化，企业必须重新规划组织结构，重新设立岗位和培训有关业务人员。其中，有些机构和岗位需要削减，如原来客户服务部中的电话接线员就可以大大减少，因为用户可以直接通过企业网络营销系统获得帮助；有些机构和岗位需要新建，如商品销售改为网上直销后增加了销售送货环节；有些岗位需要进行业务知识的扩展，如销售部门的业务人员要变常规的营销方式为网络营销方式，等等。

1.3.2　网络营销系统的功能

1. 信息的发布与沟通

通过网络营销系统来实现企业有关信息向外公开发布，提供网上用户沟通信息的空间，让用户能够对产品的需求自由发表意见和有选择的空间，企业也可由此获得广泛的用户需求信息。这也是大多数企业网络营销系统的初步形式，如网上产品目录与展示。由于信息是公开的，不涉及本质的交易，因此安全性和可靠性要求也不高。

2. 网上订购

通过网络营销系统的门户网站，让用户十分便利地搜索到所需要的商品或服务，并提供相应商品的详细介绍及相关信息，让用户充分体会网上购物的便捷。例如，上海书城（www. bookmall. com. cn）的购书过程。

3. 网上支付与结算

支付与结算属于营销活动完成阶段的功能，它由网上银行提供的在线支付功能完成。企业一般开设银行账户，具有较好的信用，用户用所持的信用卡就可以在网上进行在线支付与结算。网上支付与结算是由“银行网络结算中心”进行企业和用户身份认证，并通过金融专用网络和网关进行实时资金划拨。

4. 商品配送

商品配送是营销活动进行货物实体转移的过程。当消费者完成商品的选购结算以后，企业就要将商品送到指定的目的地，这样才算完成整个交易环节。目前，网上企业基本借助第三方物流配送组织完成商品的送达，这类公司如美国的联邦快递（FedEx）公司，在全球范围内实现商品配送。

5. 网络营销的售后服务

售后服务是营销活动中最受重视的环节，如果不能为消费者提供有效的售后服务，则会直接影响营销实绩。售后服务包括在网上全天候提供产品技术资料、产品咨询、售出商品保修、维修、退货等服务项目。

1.3.3　网络营销系统的开发方式

1. 自行开发

如果企业本身具有一定的技术能力，且有一批开发会计信息系统所需要的复合型人才，则往往希望自行开发系统。这种方式具有以下优点：①针对性强，能够很好地满足企业管理的需要；②便于维护，不需要依赖他人；③设计的系统易于使用。但采用这种方式也有其自身的缺陷：对企业的技术力量要求较高，系统的应变能力较弱。这种方式适用于有比较稳定开发维护队伍的企业。

2. 委托开发

大多数企业不具备自行开发系统的能力，这时可以考虑委托外企业开发系统。这种方式的优点是：和自行开发系统一样，采用委托开发方式是针对本企业的业务特点和管理需求建立系统；可以弥补本企业技术力量不足的缺陷；由于是专用软件，比较容易为使用者接受。这种方式存在的缺陷是：开发费用较高；软件应变能力不强；维护费用高。这种方式比较适用于本企业开发力量不足而又希望使用专用系统的企业。

3. 合作开发

与外企业合作开发系统，同时具备上述两种方式的优点。这种方式也存在开发费用高、软件应变能力较弱等缺陷，但从成本或效益的角度考虑，不失为一种较好的开发方式，在实际工作中得到普遍运用。

1.3.4 网络营销系统的开发步骤

与一般信息系统的开发方法一样，网络营销系统也可以采用经典有效的生命周期信息系统开发方法。这种方法将系统生命周期分为以下六个阶段：

1）项目定义。项目定义阶段的任务是论证建设一个新的信息系统的必要性，并提出一个初步的设想。

2）系统分析。系统分析又称需求分析，其任务是通过对原有系统存在问题的分析，找出解决这些问题的各种方案，评价每种方案的可行性，提出新系统的逻辑模型。

3）系统设计。系统设计包含逻辑设计和程序设计。其任务是生成系统逻辑设计和程序设计的规格说明书。

4）编程。编程阶段的任务是把设计阶段完成的规格说明书转换成软件的程序代码。

5）测试。测试细分为单元（模块）测试、集成测试和验收测试。测试不仅证明技术的正确性，而且验证系统的凝聚性。

6）实施与评价。实施与评价阶段包括培训、转换、使用、评价和维护等项内容。通过测试后，系统要进行一定时间的试运行，以验证系统的质量。当然，还要进行培训和转换。培训是对系统维护人员和最终使用该系统的直接用户分别进行相关内容的指导。转换是就旧系统向新系统过渡所需要的所有活动排出一个详尽的转换计划，以确保转换的平稳性与安全性。

1.4 网络营销的理论基础

客观现实和技术基础是现有市场营销理论赖以形成和发展的根基。网络强大的通信能力和电子商务系统便利的商品交易环境，改变了原有市场营销理论的根基。在网络环境和电子商务中，信息的需求和传播模式发生了很大变化，信息的传播由单向的传播模式逐步演变成一种双向的交互式的信息需求和传播模式，即在信息源积极地向用户展现自己信息产品的同时，用户也在积极地向信息源索要自己所需要的信息；同时，市场的性质也发生了深刻的变化。生产厂商和消费者可以通过网络直接进行商品交易，从而避开了某些传统的商业流通环节。原有的以商业作为主要运作模式的市场机制将部分地被基于网络的网络营销模式所取代，市场将趋于多样化、个性化，并实现彻底的市场细分化。另外，在网络环境下，生产者和消费者在网络的支持下直接构成商品流通循环，其结果使得商业的部分作用逐步淡化。消费者参与企业营销的过程，市场的不确定因素减少，生产者更容易掌握市场对产品的实际需求。同时，由于网络和电子商务系统巨大的信息处理能力，为消费者挑选商品提供了空前规模的选择余地。

由于这些变化，使得传统营销理论不能完全胜任对网络营销的指导，但是网络营销仍然属于市场营销理论的范畴，它在强化了传统市场营销理论的同时，也提出了一些不同于传统市场营销的新理论。

1.4.1 网络整合营销理论

在传统市场营销策略中，由于技术手段和物质基础的限制，产品的价格、宣传和销售的渠道、商家（或厂家）所处的地理位置以及企业的促销策略等就成为企业经营、市场分析和营销策略的关键性内容。美国密西根州立大学的杰罗姆·麦卡锡（E. Jerome McCarthy）将这些内容归纳为市场营销策略中的4P's组合，即产品（Product）、价格（Price）、渠道（Place）、促销（Promotion）。

传统的以4P's理论为典型代表的营销理论的经济学基础是厂商理论（即利润最大化）。所以4P's理论的基本出发点是企业的利润，而没有把消费者的需求放到与企业的利润同等重要的位置，它指导的营销决策是一条单向的链。而网络互动的特性使得消费者能够真正参与到整个营销过程中来，不仅参与的主动性增强，而且选择的主动性也得到加强，在满足个性化消费需求的驱动下，企业必须严格地执行以消费者需求为出发点、以满足消费者需求为归宿点的现代市场营销思想，否则消费者就会选择其他企业的产品。所以，网络营销首先要求把消费者整合到整个营销过程中来，从他们的需求出发开始整个营销过程，这就要求企业同时考虑消费者需求和企业利润。

据此，以舒尔兹教授为首的一批营销学者从消费者需求的角度出发研究市场营销理论，提出了4C's组合。其要点是：

1）先不急于制定产品策略（Product），而以研究消费者的需求和欲望（Consumer's wants and needs）为中心，销售消费者想购买的产品。

2）暂时把定价策略（Price）放到一边，而研究消费者为满足其需求所愿付出的成本（Cost）。

3）忘掉渠道策略（Place），着重考虑怎样给消费者方便（Convenience），以购买到商品。

4）抛开促销策略（Promotion），着重于加强与消费者沟通和交流（Communication）。

也就是说，4P's反映的是销售者关于能影响消费者的营销工具的观点。从消费者的观点来看，每一种营销工具都是为了传递消费者利益（即所谓的4C's）。也就是说，企业关于4P's的每一个决策都应该给消费者带来价值，否则这个决策即使能达到利润最大化的目的也没有任何用处，因为消费者在有很多商品选择余地的情况下，他不会选择对自己没有价值或价值很小的商品。但反过来讲，企业如果从4P's对应的4C's出发（而不是从利润最大化出发），在此前提下寻找能实现企业利润最大化的营销决策，则可能同时达到利润最大和满足消费者需求两个目标。所以，网络营销的理论模式应该是：营销过程的起点是消费者的需求；营销决策（4P's）是在满足4C's要求的前提下实现企业利润最大化；最终实现的是消费者需求的满足和企业利润最大化。而由于消费者个性化需求得到了良好的满足，所以他对企业的产品、服务形成良好的印象。当他第二次需要该种产品时，会对企业的产品、服务产生偏好，会首先选择该企业的产品和服务，随着第二轮的交互，产品和服务可能会更好地满足他的需求。如此循环往复，一方面，顾客的个性化需求不断地得到越来越好的满足，从而建立起对企业产品的忠诚意识；另一方面，由于这种满足是针对差异性很强的个性化需求，也就使得其他企业的进入壁垒变得很高。也就是说，其他企业即使生产类似产品，也不能同样程度地满足该消费者的个性化消费需求。这样，企业和消费者之间的关系就变得非常紧密，甚至牢不可破，这就形成了“一对一”的营销关系。我们把上述理论框架称为网络整合营销理论。它始终体现了以消费者为出发点及企业和消费者不断交互的特点，它的决策过程是一个双向的链。

1.4.2 网络“软营销”理论

网络软营销理论是针对工业经济时代的大规模生产为主要特征的“强势营销”而提出的新理论，它强调企业在进行市场营销活动时，必须尊重消费者的感受和体验，让消费者乐意、主动地接受企业的营销活动。

1. 网络软营销与传统强势营销的区别

“强势营销”是工业化大规模生产时代的营销方式。在传统的营销活动中最能体现强势营销活动特征的是两种常见的促销手段：传统广告和人员推销。对于传统广告，人们常常会用“不断轰炸”这个词来形容，它试图以一种信息灌输的方式在消费者的心目中留下深刻印象，至于消费者是否愿意接受、需不需要这类信息则从不考虑，这就是一种强势。人员推销也是如此，它根本就不考虑被推销对象是否需要，也不征得消费者的同意，只是根据推销人员自己的判断，强行展开推销活动。

“软营销”的特征主要体现在，遵守网络礼仪的同时通过对网络礼仪的巧妙运用，获得一种微妙的营销效果。概括地说，软营销和强势营销的根本区别就在于：软营销的主动方是消费者，而强势营销的主动方是企业。个性化消费需求的回归也使消费者在心理上要求自己成为主动方，而网络的互动特性使消费者成为主动方真正有了可能。他们不欢迎不请自到的广告，但他们会在某种个性化需求的驱动下自己到网上寻找相关的信息和广告，此时的情况是企业在那里静静地等待消费者的寻觅，一旦消费者找到你了，这时你就应该活跃起来，使出浑身解数把他留住。

2. 网络软营销中的两个重要概念

网络社区（Network Community）和网络礼仪是网络营销理论中所特有的两个重要的基本概念，是实施网络软营销的基本出发点。

网络社区是指那些具有相同兴趣、目的，经常相互交流，互利互惠，能给每个成员以安全感和身份意识等特征的互联网上的企业或个人所组成的团体。网络社区也是一个互利互惠的组织。在互联网上，今天你为一个陌生人解答了一个问题，也许明天他也能为你解答一个问题，即使你没有这种功利性的想法，仅怀着一颗热心去帮助别人也会得到回报。由于你经常在网上帮助别人解决问题，会逐渐为其他成员所知而成为网上名人，有些企业也许会就此而雇用你。另外，网络社区成员之间的了解是靠他人发送信息的内容，而不像现实社会中的两人间的交往。在网络上，如果你要想隐藏你自己，就没人会知道你是谁、你在哪里，这就增加了你在网上交流的安全感，因此在网络社区这个公共论坛上，人们会就一些个人隐私或他人公司的一些平时难以直接询问的问题而展开讨论。基于网络社区的特点，不少敏锐的营销人员已在利用这种普遍存在的网络社区进行营销，使之成为企业利益来源的一部分。

常见的热门论坛有：综合型论坛（如搜狐论坛、新浪论坛、网易社区），交易论坛（如篱笆论坛、淘宝社区、阿里巴巴），小区论坛（如搜房网业主论坛、焦点网业主论坛），汽车论坛（如汽车之家、太平洋汽车网论坛、汽车论坛），学生论坛（如人人网、ChinaRen社区、考研论坛）等。

网络礼仪是互联网自诞生以来所逐步形成与不断完善的一套良好、不成文的网络行为规范，如不使用BBS张贴私人的电子邮件，不进行喧哗的销售活动，不在网上随意传递带有欺骗性质的邮件等，网络礼仪是网上一切行为都必须遵守的准则。

1.4.3 网络直复营销理论

直复营销（Direct Marketing）又称为直接营销。美国直复营销协会（ADMA）的营销专家将它定义为："一种为了在任何地点产生可以度量的反应或达成交易而使用一种或几种广告媒体的互相作用的市场营销体系。"

直复营销是不经过门市，通过各种媒介直接在买卖双方之间完成交易的一种分销形式。也可以理解为一种无店铺销售。它是个性化需求的产物，是传播个性化产品和服务的最佳渠道。销售方式的分类如图1-1所示。

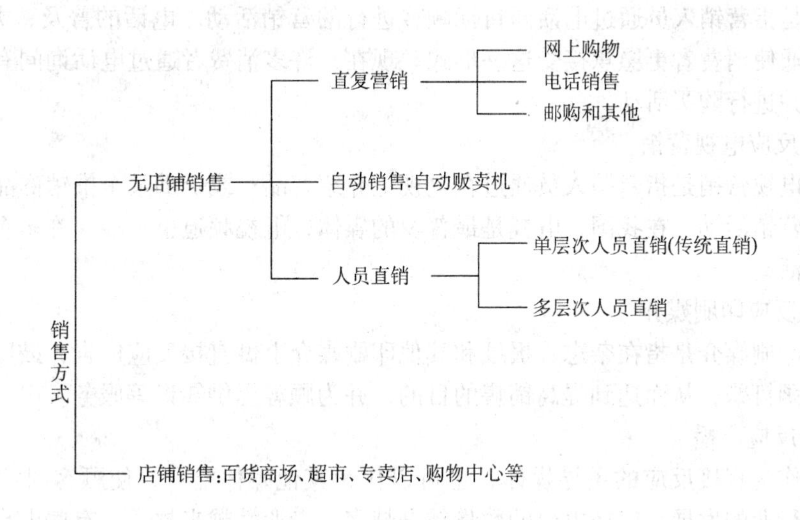

图1-1 销售方式的分类

直复营销中的"直"（其实是"直接"，Direct的缩写），是指不通过中间分销渠道而直接通过媒体连接企业和消费者。在网上销售产品时，消费者可通过网络直接向企业下订单付款；直复营销中的"复"（其实是"回复"，Response的缩写），是指企业与消费者之间的交互，消费者对这种营销努力有一个明确的回复（买还是不买），企业可统计到这种明确回复的数据。由此可对以往的营销效果作出评价。

直复营销与直销（Direct Selling）两者的概念是有区别的，如今许多人把二者混为一谈，尤其是传销被禁之后，不明真相的人大有谈"直"色变的味道。直复营销是运用产品目录、邮件、电话网络等媒介进行的，而直销则是雇用独立的直销员来完成销售。直复营销中没有上门的推销员，而直销中惯用的手法是一对一的沟通家庭聚会、拜访潜在消费者等形式。

直复营销与传统的市场营销的最根本的区别是，前者能使直复营销人员和消费者之间建立起直接的联系。这样，直复营销人员就能了解每一位消费者的偏好和购买习惯，从而开展有针对性的营销。

1. 直复营销的种类

随着电话、电视以及互联网等多种媒体的出现，直复营销形式也不再局限于邮购活动，而是变得越来越丰富。常见的直复营销形式主要有以下几种：

（1）直接邮寄营销

直接邮寄营销是指营销人员把信函、样品或者广告直接寄给目标顾客的营销活动。目标顾客的名单可以租用、购买或者与无竞争关系的其他企业相互交换。在使用这些名单时，应注意名单的重复，以免同一份邮寄品两次以上寄给同一顾客，引起顾客反感。

（2）目录营销

目录营销是指营销人员给目标顾客邮寄目录，或者备有目录随时供顾客索取的营销活动。经营完整生产线的综合邮购商店使用这种方式比较多，如蒙哥马利·华德公司（Montgomery Ward）、西尔斯·罗巴克公司（Sears Roebuck）等。

（3）电话营销

电话营销是指营销人员通过电话向目标顾客进行的营销活动。电话的普及，尤其是800免费电话的开通使消费者更愿意接受这一形式。现在，许多消费者通过电话询问有关产品或服务的信息，并进行购买活动。

（4）直接反应电视营销

直接反应电视营销是指营销人员通过在电视上介绍产品，或赞助某个推销商品的专题节目，而开展的营销活动。在我国，电视是最普及的媒体，电视频道也较多，许多企业都在电视上进行营销活动。

（5）直接反应印刷媒介

直接反应印刷媒介是指在杂志、报纸和其他印刷媒介上做直接反应广告，鼓励目标成员通过电话或回函订购，从而达到提高销售的目的，并为顾客提供知识等服务。

（6）直接反应广播

广播既可作为直接反应的主导媒体，也可以作为其他媒体配合，使顾客对广播进行反馈。随着广播行业的发展，广播电台的数量越来越多，专业性越来越强，有些电台甚至针对某个特别的或高度的细分小群体，为直复营销者寻求精确目标指向提供了机会。

（7）网络营销

网络营销是指营销人员通过互联网、传真等电子通信手段开展的营销活动。目前，像书籍、计算机软硬件、旅游服务等已普遍在网上开展营销业务。

除此之外，营销人员还利用报纸、杂志、广播电台等媒体进行营销活动。上述几种直复营销方式可以单独使用，也可以结合运用。

2. 直复营销的特征

1）直复营销特别强调营销者与顾客之间的“双向信息交流”，以克服传统营销中的“单向信息交流”方式所造成的营销人员与顾客之间无法沟通的致命弱点。

2）直复营销活动强调在任何时间、任何地点都可以实现企业与顾客的“信息双向交流”。

3）直复营销的一对一服务，为每个作为目标的顾客提供直接向营销者反映情况的通道，这样企业可以凭借顾客反应，找到自己的不足之处，为下一次直复营销活动作好准备。

由于互联网的方便、快捷性，使得顾客可以方便地通过互联网直接向企业提出购买需求或建议，也可以直接通过互联网获取售后服务。同时，企业也可以从顾客的建议、需求和希望得到的服务中，找出企业的不足，从而改善经营管理，提高服务质量。

4）直复营销活动最重要的特性是其营销的效果是可以测定的。直复营销作为营销活动的一部分，与现代消费者的联系越来越密切。一方面，现代社会生活节奏不断加快，使消费者用于购物的时间渐趋减少。另一方面，信息、通信技术的发展以及信用系统的不断健全，对直复营销的发展提供了契机。总之，直复营销强调根据有关个人的信息进行分析决策，从节约交易成本方面减少了顾客的感知付出，从而使顾客价值得到提升。

3. 网络直销的优点

从销售的角度来看，网络营销是一种直复营销。目前，常见的做法有两种：一种是企业在互联网上建立自己独立的站点，申请域名，制作主页和销售网页，由网络管理员专门处理有关产品的销售事务；另一种是企业委托信息服务商在其网站上发布信息。企业利用有关信息与客户联系，直接销售产品。虽然在这一过程中有信息服务商参加，但主要的销售活动仍是在买卖双方之间完成。

网络直销的优点有以下几个方面：

1）网络直销对买卖双方都有直接的经济利益。由于剔除了中间商加价环节，从而大大降低了企业的销售成本，企业能够以较低的价格销售自己的产品，消费者也能够买到大大低于市场价格的产品。

2）直复营销顺应顾客讲求时间效率的趋势。与逛街购物相比，现代人更愿意把宝贵的时间投入到工作、学习、交际、运动、休闲等更有意义的活动中，而直复营销电话（或网络）订货、送货上门的优点为顾客的购物提供了极大的便利。

3）网络通信技术的推广，促进了直复营销的发展。媒体是直复营销成功的关键，如今，发达的通信设施，特别是互联网技术的运用，正使电子购物成为一种趋势。

4）直复营销顺应顾客个性化需求的趋势。通过直复营销，生产商可根据每位顾客的特殊需要定制产品，从而为顾客提供满意的商品。

思　考　题

1. 网络营销产生的基础是什么？
2. 我国网络营销的发展经历了哪几个阶段？
3. 谈谈我国企业目前在网络营销过程中存在的问题及对策。
4. 与传统营销相比，网络营销有哪些特点？
5. 网络营销与传统营销的区别在哪里？
6. 为什么说网络营销不等于网上销售？
7. 从网络营销的产生和发展，说明网络营销是企业今后营销发展的趋势。
8. 网络营销系统由哪几部分组成？
9. 网络营销系统应包括哪些功能？
10. 有人说：网络营销就是企业网站建设，这种说法对吗？为什么？
11. 网络营销系统的开发方式有哪几种？简述网络营销系统的开发步骤。
12. 什么是直复营销？在互联网上的直复营销具体表现在哪几个方面？

13. 什么叫网络软营销？它有哪些特点？
14. 网络软营销的基本出发点指的是什么？
15. 分别简述4P's、4C's和整合营销理论的出发点？
16. 整合营销的基本思想是什么？

第2章　网络营销常用方法

【本章要点】

- 无站点网络营销方法
- 基于企业网站的网络营销方法

按照是否拥有自己的网站来划分，网络营销可以分为两类：无站点网络营销和基于企业网站的网络营销。也就是说，在建立自己的企业网站之前，也可以利用互联网上的资源，开展初步的网络营销活动。很多企业可能都会经历这种游击战性质的网络营销初级形式，但由于每个企业的情况不同，这一阶段的持续时间可能会有很大差别。

如图2-1所示，网络营销的职能及其相关的各种网络营销方法，有一些通用网络营销方法无论是否已经建立企业网站都是适用的。

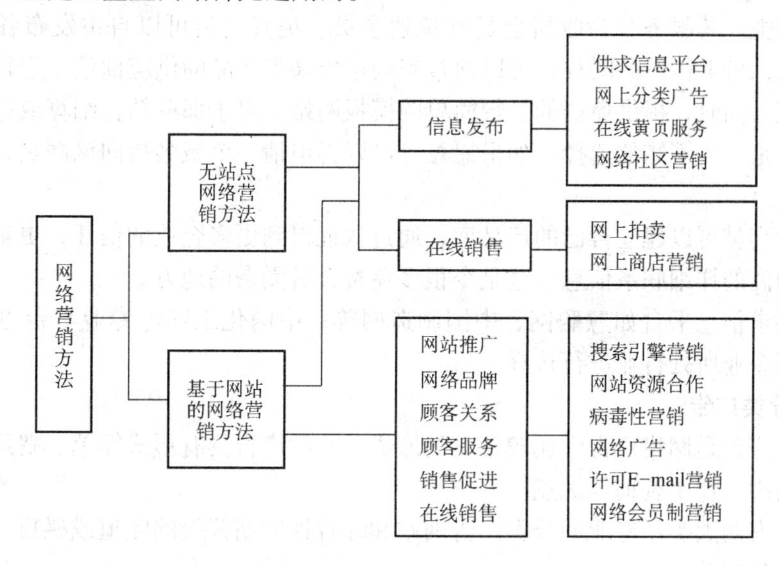

图2-1　常用的网络营销方法体系

2.1　无站点网络营销方法

无站点网络营销是指企业没有建立自己的网站，而是利用互联网上的资源（如供求信息平台、邮件列表等），开展初步的网络营销活动，属于初级的网络营销。

没有建立企业网站可分为两种情形：一种是企业暂时没有条件或者认为没有必要建立网站；另一种是不需要拥有网站即可达到网络营销的目的，如临时性、阶段性的网络营销活动，或者因为向用户传递的营销信息量比较小，无须通过企业网站即可实现网络营销的信息传递。如果运用得当，无站点网络营销同样可以取得满意的效果。因此，在一定程度上可以说，没有最好的网络营销方法，只有最适用的网络营销方法。

从理论上讲，无论采取哪种方式，只要具备了接入互联网的基本条件，就具备了企业开展网络营销的基本条件，除了可以通过电子邮件等方式与客户交流之外，也可以开展初步的网络营销活动。无站点网络营销方法包括发布供求信息、发布网络广告（如分类广告、电子书广告等）、E－mail 营销，或者利用网上商店、网上拍卖等形式开展在线销售等。当然，这些方法对于拥有企业网站的基础上开展网络营销同样有效。

无站点网络营销的主要方式有两大类：信息发布和在线销售。

2.1.1 信息发布方法

作为互联网的基本职能之一，企业可以借助各种网络资源发布自己企业的信息和产品信息，以达到宣传和促销的目的，信息发布是目前网络宣传推广的一种重要形式。

可供信息发布的平台主要有：供求信息平台、网络分类广告、网上黄页、网络社区等。

1. 供求信息平台

供求信息平台是目前应用最为普遍和有效的三大网络推广方式之一。目前，我国成熟的 B2B 供求平台如阿里巴巴。阿里巴巴无论从会员注册数量，还是会员的活跃程度，都是当之无愧的国内霸主。其服务分为收费会员和免费会员。免费会员可以自主发布各种供求、合作、代理信息，可上传产品图片，可以通过查询销售某类产品的供应商信息进行市场调研等商业数据整理。同时，提供免费的、较简单的模板网站。对于那些精打细算或抱着试试看态度的企业老板是一个不错的选择。如果愿意，可以再申请一个域名指向该网页，即可享受免费服务。

若是收费会员可以建立自己的产品库，通过认证得到更多企业的信任，更重要的是可以得到目前采购商的详细联系信息，这是令很多免费会员无奈的地方。

其他的供求信息平台如慧聪网、中国制造网等；中国化工网等专业平台也取得不错业绩，这要根据企业所处行业进行选择。

2. 网络分类广告

网络分类广告是网络广告中比较常见的形式，分类广告具有形式简单、费用低廉、发布快捷、信息集中、便于查询等优点。

分类广告有两大类：专业的分类广告网站和综合性网站开设的频道或栏目。例如，搜狐分类信息、中华网等。

3. 网上黄页

在线黄页服务来源于电话号码黄页，即企业名录和简介，通常具有一个网页，企业可以用来发布基本信息，如产品介绍、企业新闻、联系方式，可以发布一定数量的文字和图片信息。

在线黄页服务与电话黄页相比，具有更多的优越性，如企业信息可以随时更新、便于用户检索等。典型的黄页服务，如新浪企业黄页、3721 企业名片服务等。

4. 网络社区

网络社区包括 BBS/论坛、讨论组、聊天室、博客等形式的网上交流空间。同一主题因为集中了具有共同兴趣、爱好的访问者，有了众多人的参与，不仅具备了交流的功能，而且也成为一种营销场所和工具。

2.1.2　在线销售方法

企业无论是否拥有网站，都可以利用网上商店、网上拍卖等方式开展网上销售工作。让互联网真正成为企业新型的销售渠道。

1. 网上商店

网上商店是指建立在第三方提供的电子商务平台上的，由商家自行开展电子商务的一种形式，正如在大型商场中租用场地开设商家的专卖店一样，是一种比较简单的电子商务形式。现在，大多数门户网站和专业电子商务公司都提供网上商店平台服务，如淘宝、易趣、6688、搜狐商城等。

网上商店的作用主要表现在两个方面：一是网上商店为企业扩展网上销售渠道提供了便利的条件；二是建立在知名电子商务平台上的网上商店增加了顾客的信任度，从功能上来说，对不具备电子商务功能的企业网站也是一种有效的补充，对提升企业形象并直接增加销售具有良好的效果。

2. 网上拍卖

网上拍卖是电子商务领域比较成功的一种商业模式，国外一些知名网站如 ebay 等已经取得了很好的经营业绩，在我国国内也已经有几家具有一定规模的网上拍卖网站，如 paipai 等。这种方式比较简单，只要在网站进行注册，然后按照提示，很容易就可以发布产品买卖信息，但网上拍卖的成交率和价格水平等评价指标现在还没有统计数据，而且拍卖经历的过程较长，最后的结果又具有较大的不可预测性。无论如何，作为一种全新的电子商务模式，值得做一些尝试。

因为网上拍卖是 C2C 交易平台，以零售为主，一般交易额不大。对于企业来讲，主要是可以借此树立企业形象和宣传产品。

3. 外包服务

6688 直销商城和外包运营的电子商务平台，为消费品制造、加工、流通领域的中小企业免费提供的全外包电子商务服务。企业只要提供产品资料，协商好结算价格，负责按照订单发货即可，无须支付任何费用。6688 全面负责从网页设计、商品维护、客户服务、订单管理到网络推广的全过程。

除了上述介绍的几种信息发布和网上销售方法之外，适用于无站点的网络营销方法还有病毒性营销、博客营销等形式，无论是否拥有企业网站都可以应用。

2.2　基于企业网站的网络营销方法

基于企业网站的网络营销方法相当于无站点营销，在拥有企业网站的情况下，网络营销的手段要丰富得多。由于有企业网站的支持，网络营销效果也较无站点营销更有保证。例如，同样是利用网上商店开展在线销售，在拥有企业网站的情况下，还可以将企业网站的资源与建立在电子商务平台上的网上商店结合起来，网上商店作为企业网站功能的补充，而企业网站网上商店提供丰富的企业信息和产品信息，并且可以通过网站推广获得用户资源，这些资源又为网上商店带来新的潜在用户。

由于互联网用户迅速增加，网络营销的价值获得了普遍认可。而且随着网站建设技术和市场的成熟，费用越来越低，功能却不断增强。现在已经有越来越多的企业开始建立自己的网站，因此基于企业网站的网络营销方法是主流形式。

网络营销的具体方法很多，其操作方式、功能和效果也有所不同，下面简要介绍几种常用的网络营销方法及效果。

2.2.1 搜索引擎营销

搜索引擎营销（Search Engine Marketing，SEM），就是根据用户使用搜索引擎的方式，利用用户检索信息的机会，尽可能将营销信息传递给目标用户。这是最经典、最常用的网络营销方法之一。

搜索引擎营销的基本形式包括搜索引擎或分类目录免费登录、竞价排名和搜索引擎优化等。

一个免费登录网站只需提交一页（首页），搜索引擎会自动收录网页。网站正式发布后尽快提交到主要的搜索引擎（例如百度网站），这是网络营销的一项基本任务。

搜索引擎竞价排名就是我们在百度看到的前几名都有“推广”的字样，就是说花了钱也可以在搜索引擎取得比较好的位置。搜索引擎排名营销是一个非常有效的网络营销途径。因此，在主要的搜索引擎上注册并获得最理想的排名，是网站设计过程中需要考虑的问题之一。例如，百度每天其引擎的搜索达1亿以上，如果排名能在搜索引擎排第一页或第一名的话，将对网站是一个非常好的宣传。

搜索引擎优化就是我们经常说的SEO，即搜索引擎自然排名。

搜索引擎营销的模式和方法将在3.2节中进行详细介绍。

2.2.2 交换链接

交换链接又称为互惠链接，是具有一定互补优势的网站之间的简单合作形式，即分别在自己的网站上放置对方网站的Logo或网站名称并设置对方网站的超级链接，使用户可以从合作网站中发现自己的网站，从而达到互相推广的目的。交换链接的作用主要表现在：获得访问量、增加用户浏览时的印象、在搜索引擎排名中增加优势、通过合作网站的推荐增加访问者的可信度等。一般来说，互相链接的网站在规模上比较接近，内容上有一定的相关性或互补性。

2.2.3 病毒性营销

病毒性营销（Viral Marketing）也可称为病毒式营销，是指通过提供有价值的信息和服务，利用用户之间的主动传播来实现网络营销信息传递的目的。病毒性营销是一种常用的网络营销方法，常用于进行网站推广、品牌推广等，病毒性营销利用的是用户口碑传播的原理。在互联网上，这种“口碑传播”更为方便，可以像病毒一样迅速蔓延，因此病毒性营销成为一种高效的信息传播方式，而且由于这种传播是用户之间自发进行的，因此几乎是不需要费用的网络营销手段。

病毒性营销的经典范例是Hotmail.com。Hotmail是世界上最大的免费电子邮件服务提供商，在创建之后的一年半时间里，就吸引了1200万注册用户，而且还在以每天超过15万新用户的速度发展。令人不可思议的是，在网站创建的12个月内，Hotmail只花费很少的营销费用，还不到其直接竞争者的 3%。Hotmail 之所以爆炸式的发展，就是由于利用了“病毒性营销”的巨大效力。其实，原理和操作方法很简单：Hotmail 在每一封免费发出的邮件信息底部附加一个简单提示：“Get your private，free email at http：//www. hotmail. com”，接收邮件的人将看到邮件底部的信息，然后收到邮件的人们继续利用免费 Mail 向朋友或同事发送信息，从而使更多的人使用 Hotmail 的免费邮件服务，于是 Hotmail 提供免费邮件的信息不断在更大的范围扩散。现在，几乎所有的免费电子邮件提供商都采取类似的推广方法。病毒性营销的成功案例还包括 AMAZON、ICQ、eGroups 等国际著名网络公司。

2.2.4 网络广告

简单地说，网络广告就是在网络上做的广告。利用网站上的广告横幅、文本链接、多媒体的方法，在互联网刊登或发布广告，通过网络传递到互联网用户的一种高科技广告运作方式。网络广告是大型门户网站、新闻网站、搜索引擎等网络媒体的主要收入来源，大量的网络媒体提供了丰富的网络广告空间。

与传统的四大传播媒体（报纸、杂志、电视、广播）广告及近来备受垂青的户外广告相比，网络广告具有得天独厚的优势，是实施现代营销媒体战略的重要一部分。Internet 是一个全新的广告媒体，速度最快效果也很理想，是中小企业扩展壮大的很好途径，对于广泛开展国际业务的公司更是如此。

目前，网络广告的市场正在以惊人的速度增长，网络广告发挥的效用也越来越显得重要，成为传统四大媒体之后的第五大媒体。因而，众多国际级的广告公司都成立了专门的“网络媒体分部”，以开拓网络广告的巨大市场。

2.2.5 邮件营销

电子邮件营销是在用户事先许可的前提下，通过电子邮件的方式向目标用户传递有价值信息的一种网络营销手段。E - mail 营销有三个基本因素：基于用户许可、通过电子邮件传递信息、信息对用户是有价值的。这三个因素缺少一个，都不能称为有效的电子邮件营销。

因此，真正意义上的电子邮件营销也就是“许可电子邮件营销”。基于用户许可的 E - mail营销与滥发邮件不同，许可营销比传统的推广方式或未经许可的 E - mail 营销具有明显优势，如可以减少广告对用户的滋扰、增加潜在客户定位的准确度、增强与客户的关系、提高品牌忠诚度等。

开展 E - mail 营销的前提是拥有潜在用户的 E - mail 地址，这些地址可以是企业从用户、潜在用户资料中自行收集整理的，也可以利用第三方的潜在用户资源。

2.2.6 邮件列表

邮件列表实际上也是一种 E - mail 营销，与 E - mail 营销一样，邮件列表也是基于用户许可的原则，用户自愿加入、自由退出。二者的区别是，E - mail 营销直接向用户发送促销信息，而邮件列表是通过为用户提供有价值的信息，在邮件内容中加入适量的促销信息，从而实现营销目的。邮件列表的主要价值表现在四个方面：作为公司产品或服务的促销工具、方便和用户交流、获得赞助或者出售广告空间、收费信息服务。邮件列表的表现形式很多，常见的有新闻邮件、各种电子刊物、新产品通知、优惠促销信息、重要事件提醒服务等。利用邮件列表的营销功能有两种基本方式：一种方式是建立自己的邮件列表；另一种方式是利用合作伙伴或第三方提供的邮件列表服务。

2.2.7 会员制营销

网络会员制营销是指通过计算机程序和利益关系将无数个网站连接起来，将商家的分销渠道扩展到世界的各个角落，同时为会员网站提供一个简易的赚钱途径，最终达到商家和会员网站的利益共赢。一个网络会员制营销程序应该包含一个提供这种程序的商业网站和若干个会员网站，商业网站通过各种协议和计算机程序与各会员网站联系起来。

网络会员制营销的基本原理：通过利益关系和计算机程序将无数网站连接起来，将商家的分销渠道扩展到地球的各个角落，同时为会员提供简单的赚钱途径。一个网站注册为某个电子商务网站的会员（加入会员程序），然后在自己的网站放置各类产品或标志广告的链接，以及这个电子商务网站提供的商品搜索功能，当该网站的访问者点击这些链接进入这个电子商务网站并购买某些商品之后，根据销售额的多少，这个电子商务网站会付给这些会员网站一定比例的佣金，网络会员制与连锁经营会员制的本质是一样的。

一般认为，会员制营销由亚马逊公司首创。因为 Amazon. com 于 1996 年 7 月发起了一个“联合”行动，其基本形式是这样的：一个网站注册为 Amazon 的会员（加入会员程序），然后在自己的网站放置各类产品或标志广告的链接，以及亚马逊提供的商品搜索功能，当该网站的访问者点击这些链接进入 Amazon 网站并购买某些商品之后，根据销售额的多少，Amazon 会付给这些网站一定比例的佣金。从此，这种网络营销方式开始广为流行并吸引了大量网站参与，这种方式现在称为“会员制营销”。

会员制营销是拓展网上销售渠道的一种有效方式，主要适用于有一定实力和品牌知名度的电子商务公司。会员制营销已经被证实为电子商务网站的有效营销手段，国外许多网上零售型网站都实施了会员制计划，几乎已经覆盖了所有行业。

网络营销的方法并不限于上面所列举的内容，由于各网站的内容、服务、网站设计水平等方面有很大差别，各种方法对不同的网站所发挥的作用也会有所差异，网络营销效果也受到很多因素的影响，有些网络营销手段甚至并不适用于某个具体的网站，因此需要根据自己的具体情况选择最有效的策略。

思考题

1. 常用的无站点网络营销方法有哪些？
2. 常用的基于企业网站的网络营销方法有哪些？
3. 中小企业如何利用第三方网络平台开展网络营销活动？

第3章　网络营销常用工具

【本章要点】

- 企业网站与网络营销的关系
- 搜索引擎营销的主要模式
- 许可 E-mail 营销方法
- 博客营销方法

在现阶段的网络营销活动中，常用的网络营销工具包括：企业网站、搜索引擎、电子邮件、新闻组、BBS、即时信息、RSS、博客（Blog）等，这些技术手段对于开展网络营销是十分重要的。在所有网络营销的常用工具中，企业网站是最重要的，它本身是一个综合性的网络营销工具。

企业只有借助于这些网络营销工具，才能实现营销信息的发布、传递、与用户之间的交互，以及为实现销售营造有利的环境。随着互联网技术和应用的不断发展，适用于网络营销的基本工具也会随之发生变化，新的工具会不断出现，而现在适用的工具随着时间的推移可能不再有效了，因此网络营销工具具有一定的时效性。

3.1　企业网站

企业网站，就是企业在互联网上进行网络建设和形象宣传的平台。

网站按照主体性质不同分为政府网站、企业网站、教育科研机构网站、个人网站、其他非营利机构网站以及其他类型等。

企业网站按信息化程度不同可分为传统企业网站和数字化企业网站。数字化企业网站是指业务主要在网上进行交易的商业网站，如阿里巴巴（www.alibaba.com），传统企业网站是相对于数字化企业网站而言，是指业务主要在网下的企业所建立的网站，如联想（www.lenovo.com）。本文中所讲的企业网站是指传统企业网站。

企业网站相当于企业的网络名片。企业网站不但对企业的形象是一个良好的宣传，同时可以辅助企业的销售，甚至可以通过网络直接帮助企业实现产品的销售。企业网站的作用表现在展现公司形象、加强客户服务、完善网络业务等方面。

企业网站是一个综合性的网络营销工具，在所有的网络营销工具中，企业网站是最基本、最重要的一个，若没有企业网站许多网络营销方法将无用武之地，企业网络营销的功能也会大打折扣。因此，企业网站是网络营销的基础。建设网站并不等于已经开始了网络营销，网站建成之后，真正意义上的网络营销才开始。

3.2 搜索引擎营销

随着互联网的迅猛发展、Web 信息的增加，用户查找信息的难度增大，而搜索引擎技术解决了这一难题，它可以为用户提供信息检索服务。

搜索引擎营销（SEM）就是根据用户使用搜索引擎的方式，利用用户检索信息的机会尽可能将营销信息传递给目标用户。搜索引擎营销得以实现的基本过程是：企业将信息发布在网站上，搜索引擎将网站/网页信息收录到索引数据库，用户利用关键词进行检索，检索结果中罗列相关的索引信息及其链接 URL，用户选择有兴趣的信息并点击 URL 进入信息源所在网页，这样就完成了企业从发布信息到用户获取信息的全过程。

3.2.1 搜索引擎的分类及原理

搜索引擎按其工作方式可分为三种：全文搜索引擎（Full Text Search Engine）、目录索引类搜索引擎（Search Index/Directory）和元搜索引擎（Meta Search Engine）。

1. 全文搜索引擎

全文搜索引擎是纯技术型的全文检索搜索引擎，国外具有代表性的有 AllTheWeb、AltaVista、Inktomi、Teoma、WiseNut 等，国内著名的有百度，如图 3-1 所示。

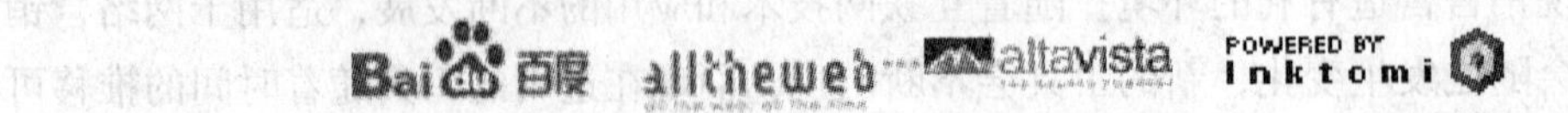

图 3-1 部分全文搜索引擎图标

它们都是通过从互联网上提取各个网站的信息（以网页文字为主）而建立的数据库中，检索与用户查询条件匹配的相关记录，然后按一定的排列顺序将结果返回给用户，因此它们是真正的搜索引擎。

全文搜索引擎的原理是通过搜索引擎蜘蛛（即 Spider 程序）到各个网站收集、存储信息，并建立索引数据库供用户查询，当用户检索时才可以在很短的时间内反馈大量的结果。需要说明的是，这些信息并不是搜索引擎即时从互联网上检索得到的，而是一个收集了大量网站/网页资料并按照一定规则建立索引的在线数据库。

全文搜索引擎工作流程大致分为以下四个步骤：

（1）爬行和抓取

搜索引擎派出一个能够在网上发现新网页并抓取文件的程序，这个程序通常称为蜘蛛（Spider）或机器人（Robot）。搜索引擎蜘蛛程序能够自动访问互联网，并沿着任何网页中的所有 URL 爬到其他网页，重复这个过程，并把爬过的所有网页信息收集回来。

搜索引擎蜘蛛会跟踪网页上的链接，从而访问更多的网页，这个过程称为爬行（Crawl）。跟踪网页链接是搜索引擎蜘蛛发现新网址的最基本的方法，通过跟踪链接发现新的网页。

搜索引擎蜘蛛抓取的页面文件与用户浏览器得到的完全一样，抓取的文件将存入数据库。

（2）索引

由分析索引系统程序对收集回来的网页信息进行分析，提取相关网页信息（包括网页所在 URL、编码类型、页面内容包含的关键词、关键词位置、生成时间、与其他网页的链接关系等），根据一定的相关度算法进行大量复杂计算，得到每一个网页针对页面内容中及超链中每一个关键词的相关度（或重要性），然后用这些相关信息建立网页索引数据库。

（3）关键词处理

用户在搜索引擎界面输入关键词（Keywords），单击"搜索"按钮后，搜索引擎程序即对输入的搜索词进行处理，如中文特有的分词处理、对关键词词序的分析、去除停止词、判断是否需要启动整合搜索、判断是否有拼写错误或错别字等情况。关键词的处理必须十分快速。

（4）排序

对关键词进行处理后，搜索引擎排序程序开始工作，从索引数据库中找出所有包含该关键词的相关网页，并根据排名算法计算出各个网页排名的先后顺序。因为所有相关网页针对该关键词的相关度早已算好，所以只需按照现成的相关度数值进行排序，相关度越高，排名越靠前。最后，由页面生成系统将搜索结果的链接地址和页面内容摘要等内容组织起来返回给用户。

排序过程虽然在一两秒钟之内就完成并返回用户所要的搜索结果，但实际上这是一个非常复杂的过程。排名算法需要实时从索引数据库中找出所有相关页面，实时计算相关性，加入过滤算法。搜索引擎是当今规模最大、最复杂的计算系统之一。

搜索引擎的 Spider 一般要定期重新访问所有网页（各搜索引擎重新访问的周期不同，可能是几天、几周或几月，也可能对不同重要性的网页有不同的更新频率），更新网页索引数据库，以反映网页内容的更新情况，增加新的网页信息，去除死链接，并根据网页内容和链接关系的变化重新排序。这样，网页的具体内容和变化情况就会反映到用户查询的结果中。

互联网虽然只有一个，但各搜索引擎的能力和偏好不同，所以抓取的网页各不相同，排序算法也各不相同。大型搜索引擎的数据库储存了互联网上几亿至几十亿的网页索引，数据量达到几千 G 甚至几万 G。但即使最大的搜索引擎建立超过 20 亿网页的索引数据库，也只能占到互联网上普通网页的不到 30%，不同搜索引擎之间的网页数据重叠率一般在 70% 以下。我们使用不同搜索引擎的重要原因，就是因为它们能分别搜索到不同的内容。而互联网上有更大量的内容是搜索引擎无法抓取索引的，也是我们无法用搜索引擎搜索到的。

搜索引擎只能搜索到网页索引数据库里储存的内容。

2. 目录索引

目录索引又称为分类目录和目录索引引擎。目录索引虽然有搜索功能，但从严格意义上来讲算不上是真正的搜索引擎，仅仅是按目录分类的网站链接列表而已。

这种"搜索引擎"并不采集网站的任何信息，而是利用各网站向"搜索引擎"提交网站信息时填写的关键词和网站描述等资料，经过人工审核编辑后，如果符合网站登录的条件，则输入数据库以供查询。用户在检索时完全可以不用关键词查询，仅靠分类目录也可以找到需要的信息。

雅虎是目录索引的典型代表，其他著名的还有 Open Directory Project（DMOZ）、LookSmart、About 等，如图 3-2 所示。我国的搜狐、新浪等搜索引擎也是从目录索引发展起来的。

图 3-2 部分目录索引图标

目录索引的好处是，用户可以根据目录有针对性地逐级查询自己需要的信息，而不是像技术性搜索引擎一样同时反馈大量的信息，而这些信息之间的关联性并不一定符合用户的期望。新浪目录索引页面如图 3-3 所示。

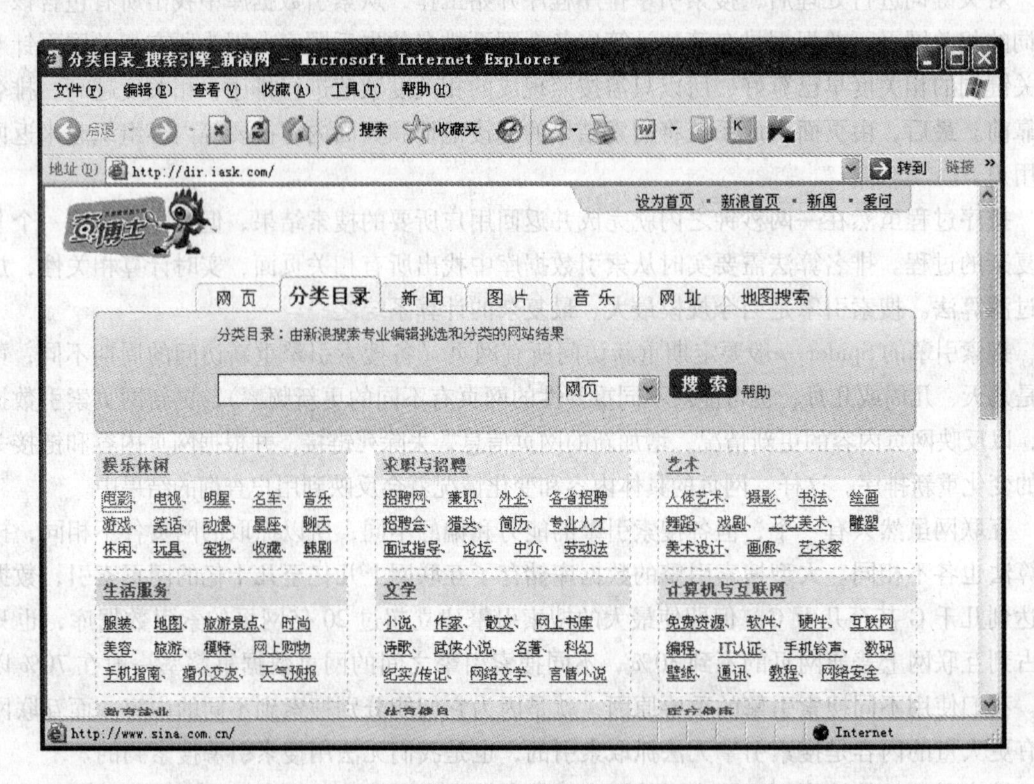

图 3-3 新浪目录索引页面

从实质上看，利用 Spider 程序自动检索网页信息的搜索引擎才是真正意义上的搜索引擎。现在的大型网站一般都同时具有“搜索引擎”和“目录索引”查询方式。

从用户应用的角度来看，无论通过技术性的全文搜索引擎，还是人工的目录索引型搜索引擎，都能实现自己查询信息的目的（两种形式可以获得的信息不同，目录索引通常只能检索到相关网站的网址，如图 3-4 所示，而搜索引擎则可以直接检索相关内容的网页），因此习惯上没有必要严格区分这两个概念，而是通称为搜索引擎。需要注意的是，由于两种类型的搜索引擎原理不同，导致各种搜索引擎营销方式的差异，需要针对不同的搜索引擎采用不同的搜索引擎营销策略，因而对于网络营销研究和应用，有必要从概念和原理上给予区分。

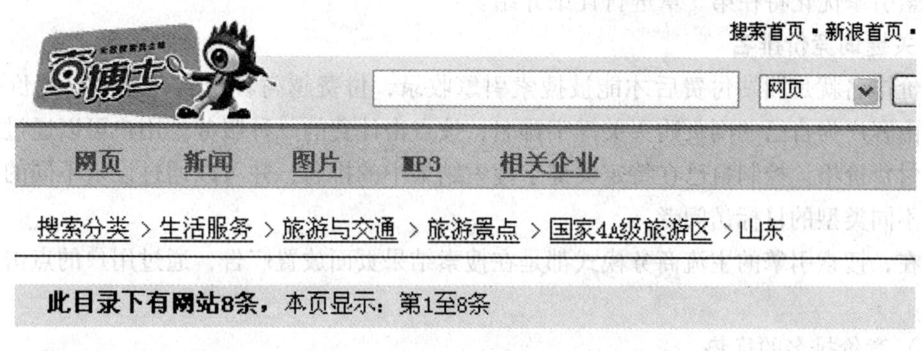

图 3-4 新浪目录索引显示结果

3. 元搜索引擎

元搜索引擎在接受用户查询请求时，同时在其他多个引擎上进行搜索，并将结果返回给用户。著名的元搜索引擎有 InfoSpace、Dogpile、Vivisimo 等（元搜索引擎列表）。在搜索结果排列方面，有的直接按来源引擎排列搜索结果（如 Dogpile），有的则按自定的规则将结果重新排列组合（如 Vivisimo）。

这种搜索引擎也是在前述两种基本搜索引擎的基础上发展演变而成的，但又不同于传统的搜索引擎模式。由于这些搜索引擎应用于网络营销时在基本思想和方法上并没有重大差别，因此这里不作介绍。

3.2.2 搜索引擎营销的模式

1. 搜索引擎优化

搜索引擎优化（Search Engine Optimization，SEO）是指按照规范的方式，通过对网站栏目结构、网站内容、网站功能和服务、网页布局等网站基本要素的合理设计，提高网站对搜索引擎的友好性，使得网站中尽可能多的网页被搜索引擎收录，并且在搜索引擎中获得好的排名，从而通过搜索引擎的自然搜索获得尽可能多的潜在用户。搜索引擎优化的着眼点并非只考虑搜索引擎的排名规则，更重要的是为用户获取信息和服务提供方便。同时，在建立搜索引擎的过程中还应与传统的营销理论相结合，分析目标客户群，研究不同消费阶层的心理，分析他们对关键词的界定，可以使企业在关键词的选择上有的放矢。

搜索引擎优化将在第5章进行详细介绍。

2. 关键词竞价排名

竞价排名就是网站付费后才能被搜索引擎收录，付费越高者排名越靠前。竞价排名服务，是由客户为自己的网页购买关键字排名，按点击计费的一种服务。用户可以通过调整每次点击付费价格，控制自己在特定关键字搜索结果中的排名，并可以通过设定不同的关键词捕捉到不同类型的目标访问者。

现在，搜索引擎的主流商务模式都是在搜索结果页面放置广告，通过用户的点击向广告主收费。

（1）竞价排名的优势

尽管现在搜索引擎优化在我国发展很快，甚至到了火爆的程度，不少公司和大型的网络运营商纷纷投入资金和技术来优化自己的网站，进而提升在搜索引擎中的排名，但并不是所有的网站都适合做SEO，相反与搜索引擎优化相比，竞价排名在网络营销中仍然有着很多优势，主要体现在：

1）见效快。充值并设置关键词价格后，即刻进入百度排名前列，而SEO的效果是非常慢的，通常需要三个月甚至更长时间才能见效。

2）精准投放。除了可以通过关键词来定位用户群体，还可以再将广告定位到特定语言和地理位置，广告不仅可以出现在搜索结果中，还可以展示在众多广告联盟网站中。

3）无限的关键词。可以在后台实时修改广告词的数量和单价，并及时调整预算，而SEO每个页面最多推荐3~4个关键词，做不到竞价排名那种想做多少就做多少的效果，需要增加新的页面，这会使关键词变得越来越不明显。

竞价排名的不足之处是：①价格贵。竞价排名按每次点击费用（CPC）收费，当用户点击了广告后，搜索引擎就会收取费用，而自然排名是不收费的；②恶意点击。有可能被竞争对手、广告公司恶意点击，而SEO不必为此担心。

竞价排名和网站优化各有千秋，推荐广告预算充足的客户，可以考虑先做竞价排名一段时间，在这段时间内同时进行网站优化的工作，当网站优化工作结束，排名达到要求后，再撤掉竞价排名，这样可以很好地过渡，不会对营销造成影响。

竞价排名是一种高度优化的资源配置方式，当企业使用竞价排名后，增强了广告的针对性，只要用户没有进入企业的网站，企业就无须为这种推广付费，有效地节约了广告投入。

尽管竞价排名有很多优势，但要根据企业自身的实际情况来决定是否采用竞价排名。如果销售低价、低利润的产品，或者转化率过低，竞价排名会导致广告成本比得到的回报高很多。另外，很多非商业性和非营利的网站同样也不适合做竞价排名。

（2）操作步骤

下面以百度为例，介绍百度的竞价排名广告模式。百度竞价排名服务从2009年3月30日起，正式更名为百度推广。

在百度推广系统中，我们可按以下步骤创建一个推广计划。

登录百度推广官方网站，输入您的用户名和密码，即可进入百度推广首页，然后按以下操作步骤即可建立一个新的网站推广计划：

1）进入“推广管理”，单击“新建推广计划”按钮，创建一个推广计划。

输入推广计划名称、推广单元名称、选择投放区域，单击“下一步”按钮，进入添加创意，如图3-5所示。

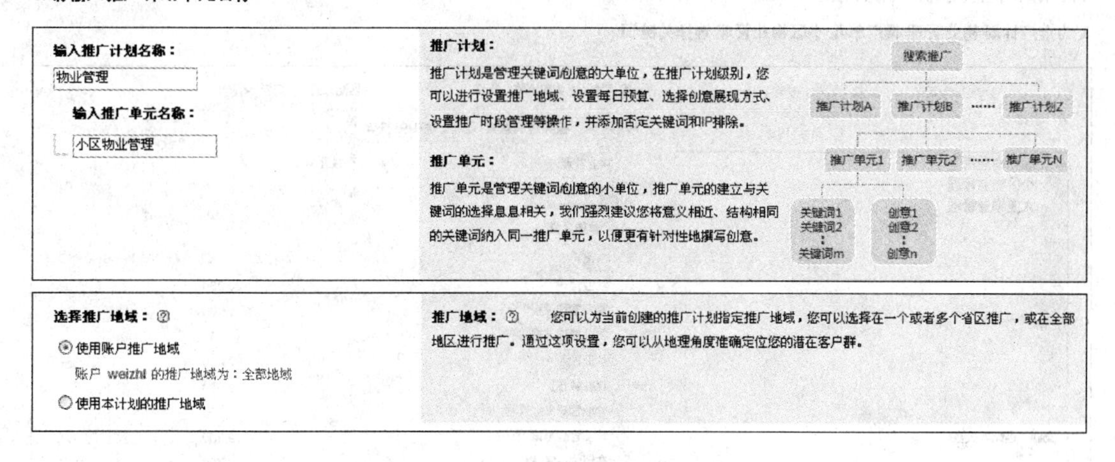

图3-5　输入推广计划名称和推广单元名称

一个推广计划可以包括多个推广单元，一个推广单元内可以包括多个关键词和创意，然后选定推广区域，锁定目标客户。

2）为推广计划和推广单元制作推广创意。

通配符可以让创意飘红，吸引更多的潜在用户关注，帮助用户获得更好的推广效果，只需单击“插入通配符”按钮即可，如图3-6所示。

图3-6　推广计划创意制作

请注意访问 URL 和显示 URL 中的域名，必须和注册时的 URL 域名一致。

单击“保存”按钮后，可以在已“保存的创意”中看到保存了的创意，然后可继续添加多个创意。单击“下一步”按钮添加关键词。

3）添加关键词。

在左侧输入框内添加关键词，输入完每个词后按“Enter 键”结束。在右侧输入关键词，单击“获取推荐”按钮即可获得由百度推荐的关键词，然后单击选中的关键词，可将其添加到左侧输入框内，如图 3-7 所示。

3. 为推广计划 物业管理 推广单元 小区物业管理 选择关键词

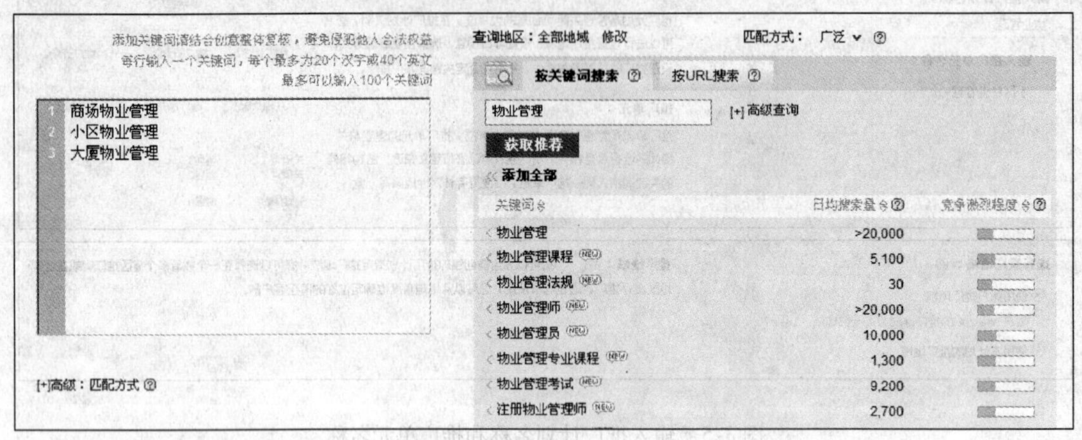

图 3-7　制作文字广告页面

4）定价。

为推广单元内所有关键词设置出价、设置计划的每日预算、设置每次点击最高出价，如图 3-8 所示。

4. 为推广单元内所有关键词设置出价

为推广单元内所有关键词设置出价： ?

0.8 元

每日预算：

100 元

出价：

您为本单元内所有关键词所设定的推广出价，将和您关键词的质量度一起影响您的推广位置。您可以设定较高的出价以保证推广位置靠前，但实际点击价格有可能远低于您的出价，从而达到省钱的目的。出价是对整个推广单元设置的统一值，如果您希望设置单个关键词的价格设置，请点击这里了解详情。

每日预算能帮您控制每日计划支付的金额，在达到当日最高额度后关键词/创意将停止展示。这项设置会直接影响到关键词/创意展示的时间。 [-]每日预算

您已选择的词

每次点击最高出价 ?： 0.8 元（必填项） 获得新的估算值

关键词	估算的状态	估算每次点击费用	估算排名 ?
商场物业管理	有效	0.65-0.80	5-7
小区物业管理	有效	0.65-0.80	14-16
大厦物业管理	有效	0.65-0.80	9-11

估算工具是使用关键词过去一周的点击展现数据，来预估各指标在今天的平均表现

估算排名是关键词在所有可展现的推广中的排名，实际展现位置受质量度的影响

图 3-8　费用预算设置页面

以上操作完成以后，提交方案，即可完成一份专业版的百度推广方案。

对于首次开户的客户，需要缴纳客户预存的推广费用和服务费。开通服务后，客户自助选择关键词设计投放计划，当搜索用户点击客户的推广信息查看详细信息时，会从预存推广费中收取一次点击的费用，每次点击的价格由客户根据自己的实际推广需求自主决定，客户可以通过调整投放预算的方式自主控制推广花费。当账户中预存的推广费用完后，客户可以根据情况进行续费。

(3) 竞价排名与实际每次点击费用

百度推广中的排名取决于很多因素，其中有两个重要因素是最高每次点击费用（CPC）和点击率（CTR）。每次点击费用是指广告商设定的关键字的单次点击费用，即针对一个关键词愿意出的竞价价格。点击率是指广告的点击次数除以展示次数所得到的比率。点击率越高，说明广告相关性越强，即点击率越高，广告越受欢迎。

这意味着，单纯提高最高每次点击费用并不一定能使广告排名靠前，而广告展示次数多，但没有点击率也不能使广告排名靠前。因此，百度竞价的排名最终取决于出价和关键词质量度二者的乘积，若数值越大，则排名越靠前。百度推广的这一做法是为了鼓励广告商制作质量高的广告，好的广告，用户点击量高，即使客户愿意出的竞价价格较低，其广告排名也可能被逐步提前。如果按照“谁出钱最多，谁就排在搜索结果的最前面”这种方式来进行排名，对搜索者来说并不是好事，很多时候排名靠前的企业，其广告质量度非常差，不仅浪费了搜索者的时间，也导致企业搜索营销成本提高。

百度竞价实际每次点击价格取决于客户自身和其他客户的排名、出价和质量度，最高不会超过为关键词所设定的最高出价。这种方式促使“三赢”局面的出现：搜索者能够得到相关性更强的结果，搜索引擎营销商能够吸引更多“合格”的搜索者，而搜索引擎服务商由于高价格及高点击率而获利。

一般情况下，每次点击价格的计算公式为

$$\text{每次点击价格}=\frac{\text{下一名出价}\times\text{下一名关键词质量度}}{\text{当前关键词质量度}}+0.01$$

如果关键词排在所有推广结果的最后一名，或是唯一一个可以展现的推广结果，则单击价格为该关键词的最低展现价格。需要注意的是，质量度越高，该关键词的最低展现价格越低。

例如，搜索“鲜花预订”，在青岛地区有如下四个客户的推广结果，见表3-1（示例中数值仅供参考，不具有实际意义）。推广结果的排名顺序依次为客户A、客户B、客户C、客户D的相应关键词。根据以上计算方法，每个关键词的点击价格见表3-2。

表3-1 搜索“鲜花预订”四个客户的推广结果

客户	关键词	出价	质量度	排名
客户A	鲜花预订	3.6	1	第1名
客户B	买鲜花	2.5	1.4	第2名
客户C	订鲜花	4	0.7	第3名
客户D	鲜花预订	3	0.9	第4名（最后一名）

表 3-2　每个关键词的点击价格

客户	关键词	出价	质量度	排名	点击价格
客户 A	鲜花预订	3.6	1	第1名	$2.5\times1.4/1.0+0.01=3.51$
客户 B	买鲜花	2.5	1.4	第2名	$4\times0.7/1.4+0.01=2.01$
客户 C	订鲜花	4	0.7	第3名	$3\times0.9/0.7+0.01=3.87$
客户 D	鲜花预订	3	0.9	第4名（最后一名）	客户该关键词的最低展现价格，如2.01元，质量度越高，该值越低

根据每次点击价格的计算办法，可以得出以下结论：在这一计费方式下，关键词的点击价格肯定不会超过自己设定的出价；在同一排名上，质量度越高，需要支付的点击价格就越低；竞争环境随时可能发生变化，即使出价不变，同一关键词在不同时刻的点击价格也可能不同。

（4）竞价广告出现的位置

1）竞价广告在百度搜索结果中显示。自然搜索结果带有“百度快照”字样，仅出现在搜索结果页面左侧。百度推广结果带有“推广”、“推广链接”字样，展现在搜索结果页面首页的左侧的上方或下方，或首页及翻页后的右侧。翻页后的左侧将不再展现任何搜索推广结果，仅出现自然搜索结果，如图 3-9 所示。

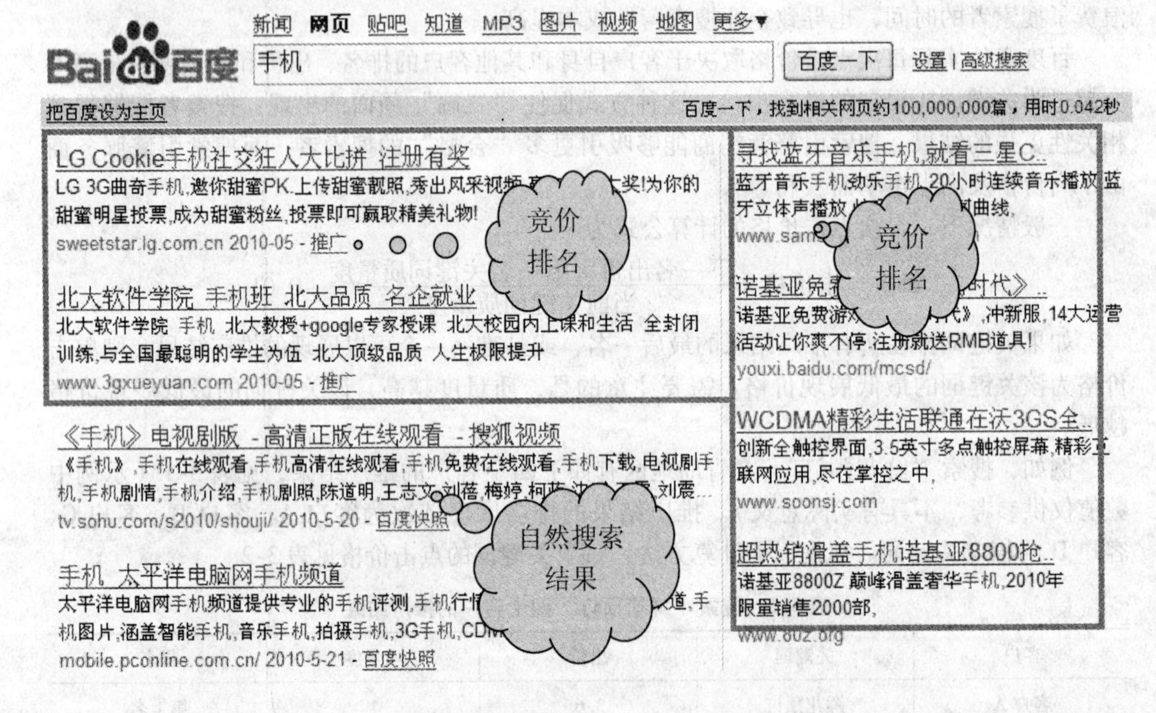

图 3-9　百度推广广告显示位置

需要注意的是，网站在百度的自然搜索排名与推广结果排名是完全独立的。自然搜索结果是搜索引擎根据一系列参数计算的，排名不受任何人为因素的影响，搜索结果中由机器自动抓取的网站内容也缺乏可控性。百度推广结果是为商业推广精心设计的，客户可以根据推广目的量身定制推广方案，能覆盖更多的潜在客户，且可控性非常强。例如，客户可以指定在什么时间、网民搜索什么词时出现推广结果，还可以精心编辑更能吸引网民关注的创意予以展现，因此更适合网站和产品的商业性推广。

2）竞价广告在网盟推广中显示。2009年10月13日，百度正式发布其全新的“网盟推广”营销服务，企业可以自主选择在百度联盟成员网站中灵活投放。在百度推广体系中，全新推出的“网盟推广”服务与“搜索推广”互为补充，这意味着百度营销版图的进一步扩张，“全域营销”体系已然成型。

据百度介绍，“网盟推广”依托百度优质联盟网站为投放资源，截至目前，百度联盟已经网罗了30多万家网站，包括新华网、人民网、凤凰网、优酷、中关村在线等众多国内知名网站。同时，与搜索推广相比，“网盟推广”的推广信息展示形式更加丰富，除了文字链接，还支持图片、Flash动画（见图3-10），这进一步提升了推广位的眼球效应，互动性更强，可有效提升企业品牌的影响力；企业在作推广投放时，可以灵活地根据行业、地域、时间、网站评级等条件来选择投放目标，预算和出价也灵活可控。比如，化妆品客户的目标人群是18~40岁的女性群体，而这些目标女性群体在上网时，通常会较多访问“女性时尚类”、“音乐影视类”、“小说类”等类型的网站，客户通过进行行业选择，就可以将化妆品的产品和促销信息展现在这些行业的联盟网站上，在这些目标女性群体上网的整个过程中持续影响和激发她们的购买欲望。再如，化妆品客户为其美容护肤产品指定了“美容”、“化妆”、“护肤”等主题词，系统则会在所有与美容护肤相关的网页上匹配出该客户的推广信息，将对此内容感兴趣的目标人群“一网打尽”。

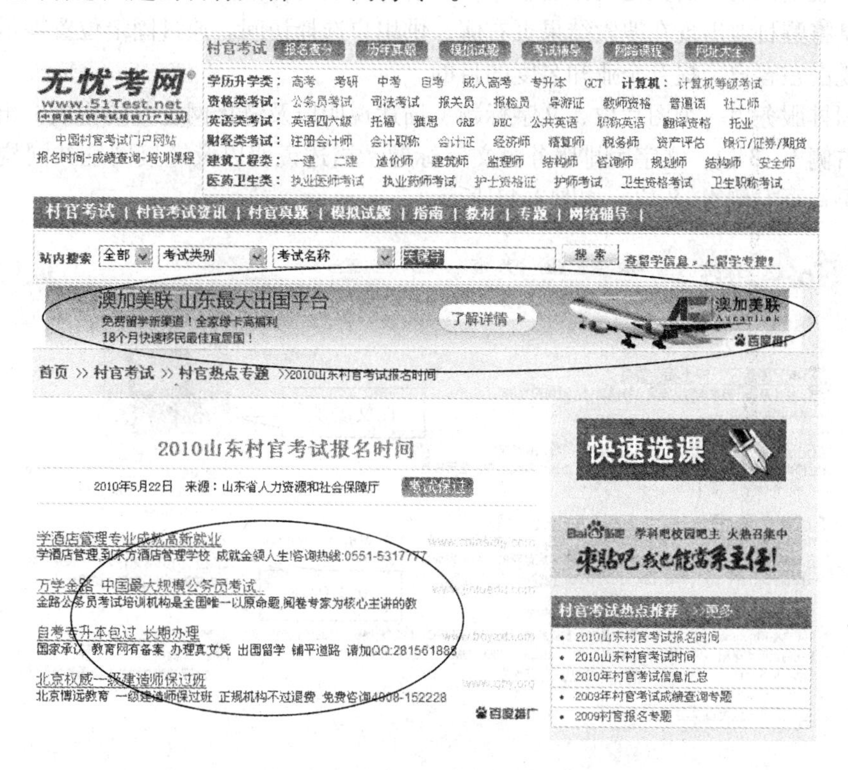

图3-10 百度推广在百度联盟网站上的展示效果

百度网盟推广是网络会员联盟的一种形式，如果一个网站加入百度联盟（http://union.baidu.com/），即成为百度推广的内容发布商，百度联盟网盟推广合作业务可以分析网站页面的内容，并将与主题最相关的百度推广投放到该网站相应的页面上，使推广客户和网站主实现广告投放效益的最大化。只要有人点击了这些广告，网站主就可以从百度获得相应的分成。网盟推广合作的初始分成比例是50%，之后会根据加盟网站的内容质量、流量、合作时间以及大联盟认证等级等众多因素提高分成比例，最高可达84%。

根据百度网盟推广网站的解释，网盟推广是由百度提供的广告联盟，是一个快速简便的网上赚钱方法，可以让具有一定访问量的网站展示与网站内容相关的百度推广广告，并将网站流量转化为收入。如果你拥有自己的网站并有一定的访问量，均可免费申请加入百度联盟（http://union.baidu.com/），无论网站是个人的还是商业的，只要是合法的网站都可以进入百度联盟网站申请加入，通过自己的网站实现赚钱的目的，使自己的网站产生收益。

3. 固定排名

固定排名是一种收取固定费用（月费或年费）的推广方式。即企业在搜索引擎购买关键词的固定排位，当用户搜索这些关键词信息时，企业的推广内容就会出现在搜索结果的固定位置。这类产品的服务商有搜狐、新浪、雅虎搜索排名服务等。这种方式使企业网站不必为了与竞争对手争夺排名而陷入非理性的关键词价格战。但当市场上某一关键词变成了“冷门”时，企业却仍然要以“热门关键词”的固定高价去取得好的排名，会造成企业资源的浪费。

以搜狗为例，搜狗的固定排名分为图文固排和文字固排。固定排名服务是企业为自己的产品或品牌关键词购买的关键词排名服务，当用户在搜狗搜索入口进行关键词搜索时，企业的相关信息将醒目地出现在搜索结果页右侧，供用户选择访问。通过固定位置展示信息，可以达到招揽潜在客户，提升企业知名度的目的。

图文固排服务由一个图片位、文字标题、描述说明以及链接网址共同构成，出现在搜索结果首页右侧1～3位；文字固排服务由文字标题、描述说明以及链接网址共同构成，出现在搜索结果首页右侧4～8位，如图3-11所示。

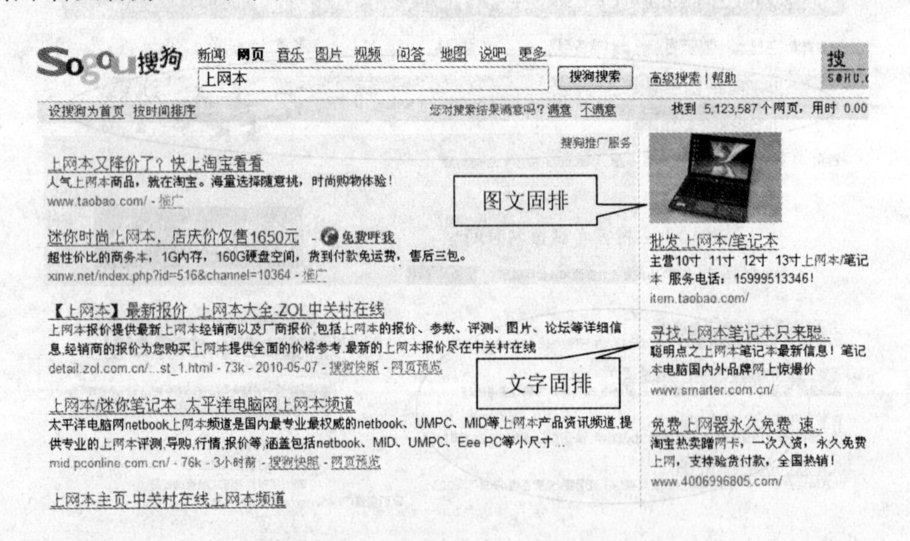

图3-11　搜狗固定排名显示结果

搜狗图文固排和文字固排服务的购买期限为6个月或12个月；关键词一旦购买，不允许修改：如果需要其他的关键词，则需要购买新的关键词。

竞价排名和固定排名的共同优点是，潜在客户针对性强，企业可以根据营销预算和推广目标来选择期望的推广位置。但在其他方面，二者则正好相反，竞价排名的优点正好是固定排名的缺点。总体来说，竞价排名模式的优越性更为明显，在搜索引擎营销中占主流地位。

下面对竞价排名和固定排名的主要差异进行比较，如表3-3所示。

表3-3 竞价排名与固定排名的主要差异比较

项目＼方式	竞价排名	固定排名
收费	点击收费	固定收费
关键词选择	不限定关键词，可根据需要增减、修改，并可设定区域、时段	限定关键词，一旦设定，不能修改。适合季节性强的产品
资金投入	少	多
行业特点	适应竞争激烈的行业	比较成熟的行业

通过上述比较分析可以看出，企业应根据自身的营销环境和资源条件来选择最合理的付费搜索推广方式。

例如：皮衣理想的销售时间是10月份至次年2月份，某公司在进行关键词推广调研时发现，在备选的三个提供固定排名的搜索引擎中，利用“皮衣”搜索时，前三位都被一些大型企业长期占有，根本没有投放的理想机会，如果选择其他关键词来投放固定排名，又担心没有多少人搜索，造成推广费用的浪费。

因此，该公司决定选择竞价排名。首先选择了50多个用户经常搜索的与皮衣相关的关键词，如毛皮制品、狐皮、兔皮等，计划分别投放在百度等主要中文搜索引擎中。经过合理设定每个关键词的价格，基本能保证用户搜索这些关键词时，该品牌皮衣的信息出现在推广信息的前三位，而且在淡季时竞价收费更低。还可以通过减少关键词来降低投入，这样更划算。

尽管竞价排名和固定排名有不同的特点，但二者并不互相排斥，可以同时使用。企业在财力有限的情况下，可能要面临二选一的难题。那么，竞价排名和固定排名的选择标准是什么呢？

1）从行业竞争状况方面来考虑，竞价排名主要适用于同业企业数量多、竞争比较激烈或是业务领域专业单一的行业；固定排名适用于行业发展比较成熟，同业企业数量少、竞争相对不激烈的行业。

2）根据企业内部条件和产品特点进行选择，竞价排名是以产品推广和品牌推广为主，适用于新产品或产品特性复杂的产品，企业希望尽可能节约推广费用，注重推广效果；固定排名适用于产品比较成熟，每月有固定的营销预算，营销费用审批流程较长的企业，市场推广以品牌宣传为主，企业对营销投入不太敏感。

通过上述对比可以看出，营销预算较少的企业、竞争激烈的行业更加适合选择竞价排名。因此，目前提供竞价搜索排名服务的搜索引擎服务商都将中小企业作为主要目标用户。

据报道，知名调研公司Jupiter Research指出，美国的专业广告公司目前一半以上的资金都投入到搜索引擎上，这一趋势必然会促使更多的企业加入到付费搜索营销的推广中，将导致价格上涨。因此，如果决定将搜索营销纳入到营销计划中，应尽早行动更为有利。

4. 提交网站

对于简体中文网站，目前主要搜索引擎是百度，百度以其专注于中文世界、内容更新快、断词顺序合理等优势，在我国市场优势明显。

百度的登录完全免费，一般只需将站点首页地址提交，它们就会自动前来抓取全部内容，提交网站的页面，如图3-12所示。为避免部分内容由于链接导致搜索机器人无法抓取，可以提交“站点地图”页面地址作为补充。

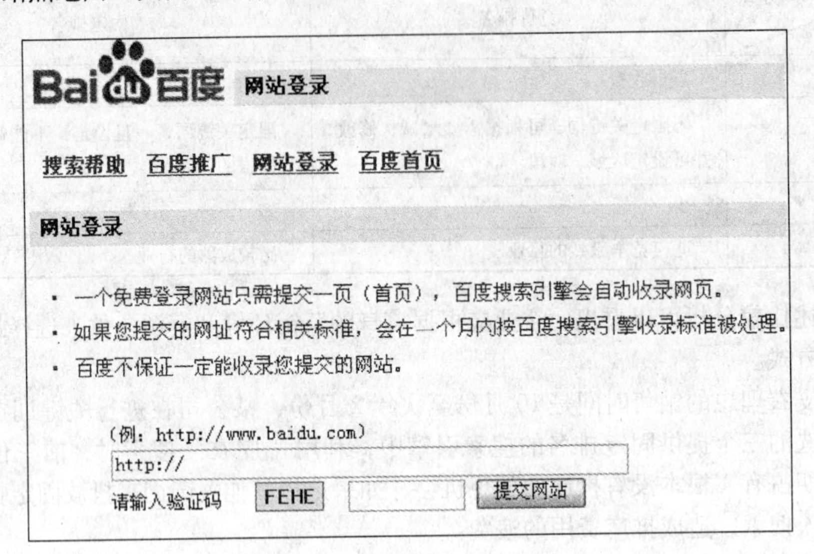

图3-12 百度免费登录网站页面

部分搜索引擎网站提交地址如下：

- 百度搜索网站登录网址：http：//www. Baidu. com/search/url_ submit. htm
- 雅虎搜索引擎网站地址：http：//search. help. cn. yahoo. com/h4_4. html
- 搜狗搜索引擎网站登录网址：http：//www. sogou. com/feedback/urlfeedback. php
- 搜搜搜索引擎网站登录网址：http：//www. soso. com/help/usb/urlsubmit. shtml

如果您提交的网址符合相关标准，搜索引擎会在一个月内按收录标准处理提交的网站。

当站点有更新时，应该尽量把更新的页面手工递交到上述搜索引擎，以提醒搜索机器人回访，从而使更新内容尽快能在这些搜索引擎中被找到。

5. 登录分类目录

目前，主要的分类目录包括以下站点：

- Yahoo！中国搜索引擎：http：//cn. Yahoo. com/search/
- Dmoz. org：http：//Dmoz. org/Regional/Asia/China/
- 新浪搜索引擎：http：//dir. iask. com/
- 搜狐搜索引擎：http：//dir. sohu. com/

对于Dmoz. org，我国一般读者不是很了解，这是一个开放的目录站点，由很多兼职编辑负责审核、添加和管理，这个站点和网易的站点目录类似。由于大量海外的搜索引擎如AOLSearch、Altavista、HotBot、Lycos、Netscape Search等都调用该站点的分类目录，所以也很重要。

在以上分类目录中，Yahoo！中国、Dmoz. org和网易提供完全的免费登录，需要通过人工审核才能决定是否收录；搜狐搜索只针对非商业机构（如学校、事业性组织等）提供免费登录，新浪搜索则必须付费才能登录。

在登录过程中，需要用户选择最适合自己站点的类别，并填写站点和登录者的相关信息，递交一周后一般会反馈是否被收录。

6. 非主流分类目录

在我国有一种非主流的分类目录站点，一般自称"网址大全"、"网站导航"，实际上是比较原始的分类目录站点。由于它们提供的站点目录直接从广大网民的角度进行整理，非常实用，所以目前的宣传效果非常好，访问量也很大，如著名的 hao123. com，在全球简体中文站点中排名前 14 位（根据 Alexa 站点统计）。

用户可以到这些站点中，看看是否有自己适合的目录和分类，如果有的话，直接给站长发信，要求收录。如果可以收录的话，能带来相当大的访问量。

下面是目前比较知名的站点：

- hao123 网址之家网站登录网址：http：//221. 12. 147. 30/url_ submit. php
- http：//www. cnww. net/
- http：//www. wu123. com/
- http：//www. 5566. net/
- http：//www. 37021. com/
- http：//www. k369. com/
- http：//www. da123. com/

3.3　许可 E – mail 营销

3.3.1　E – mail 营销概述

1. E – mail 营销定义

电子邮件并非因为营销而产生，但当电子邮件成为大众的信息传播工具时，其营销价值也就逐渐显现出来。

"E – mail 营销"这一概念听起来并不复杂，但将 E – mail 作为专业的网络营销工具，并不那么简单，不仅仅是将邮件内容发送给一批接收者，而是要了解 E – mail 营销的一般规律和方法，研究营销活动中遇到的各种问题，还应遵循行业规范，讲究基本的网络营销道德。但是，目前的网络空间中却充斥着大量的垃圾商业邮件，而最早的 E – mail 营销也来源于垃圾邮件，即"律师事件"。

E – mail 从普通的通信发展到营销工具，需要具备一定的环境条件，如：

1）一定数量的 E – mail 用户。

2）有专业的 E – mail 营销服务商，或者企业内部拥有开展 E – mail 营销的能力。

3）用户对于接收到的信息有一定的兴趣和反应（如产生购买、浏览网站、咨询等行为，或者增加企业的品牌知名度）。

当这些环境逐渐成熟以后，E – mail 营销才成为可能。

综上所述，我们可以对 E – mail 营销作出这样的定义：E – mail 营销是在用户实现许可的前提下，通过电子邮件的方式向目标用户传递有价值信息的一种网络营销手段。

E－mail 营销的定义中强调了三个基本因素：基于用户许可、通过电子邮件传递信息、信息对用户是有价值的。三个因素缺少一个，都不能称为有效的 E－mail 营销。

与许可 E－mail 营销具有本质区别的就是垃圾邮件，未经用户许可而大量发送的电子邮件均视为垃圾邮件。

中国互联网协会在《反垃圾邮件规范》中这样定义垃圾邮件："本规范所称垃圾邮件，包括下述属性的电子邮件：①收件人事先没有提出要求或者同意接收的广告、电子刊物、各种形式的宣传品等宣传性的电子邮件；②收件人无法拒收的电子邮件；③隐藏发件人身份、地址、标题等信息的电子邮件；④含有虚假的信息源、发件人、路由等信息的电子邮件。"

2. 邮件列表

邮件列表（Mailing List），是互联网上最早的社区形式之一，用于各种群体间的信息交流和信息发布。早期的邮件列表是由几个人员通过电子邮件参与讨论某一话题，当时称为讨论组。随着互联网的发展，讨论组的形式逐渐演变为由管理者管制的讨论组，它是由管理者通过电子邮件向用户发送信息，一般用户只能接收信息，这就是我们通常所说的邮件列表。希网网络（http：//www.cn99.com）是我国邮件列表网站的代表网站之一。

邮件列表的类型分为公开型、封闭型、管制型三种。

1）公开型。公开型是指任何人都可以在列表里发表信件，如早期的讨论组、现在的公开讨论组和各种形式的论坛等。

2）封闭型。封闭型是指只有邮件列表里的成员才能发表信件，如同学通讯录、技术讨论等。

3）管制型。管制型是指只有经过邮件列表管理者批准的信件才能发表，如产品信息发布、电子杂志、新闻邮件等。现在我们通常见到的邮件列表，就是这种管制型的，由管理者发送信息，一般用户只能接收信息。

常见的邮件列表形式有六种：电子刊物、新闻邮件、注册会员信息、新产品通知、顾客服务/关系邮件、顾客定制信息。

3.3.2 E－mail 营销分类

1. 按照是否经过用户许可分类

按照发送信息是否事先经过用户许可来划分，可分为许可 E－mail 营销（Permission E－mail Marketing，PEM）和未经许可的 E－mail 营销（Unsolicited Commercial E－mail，UCE）。未经许可的 E－mail 营销也就是通常所说的垃圾邮件（Stupid Person Advertising Method，SPAM），如无特殊说明，本书所讲的 E－mail 营销均指 PEM。

2. 按照 E－mail 地址的所有权分类

潜在用户的 E－mail 地址是企业重要的营销资源，根据对用户 E－mail 地址资源的所有权形式，可将 E－mail 营销分为内部 E－mail 营销和外部 E－mail 营销，或者称为内部列表和外部列表。

内部列表是一个企业/网站利用一定方式获得用户自愿注册的资料开展的 E－mail 营销。

外部列表是指利用专业服务商或者其他可以提供专业服务的机构提供的 E－mail 营销服务，投放电子邮件广告的企业本身并不拥有用户的 E－mail 地址资料，也无须管理维护这些用户资料。

一般情况下，在采用内部列表开展 E - mail 营销时（有时也称为邮件列表营销），内部列表开展的 E - mail 营销以电子刊物、新闻邮件等形式为主，是在为用户提供有价值信息的同时，附加一定的营销信息。事实上，正规的 E - mail 营销主要是通过邮件列表的方式来实现的。

但在采用外部列表时，E - mail 营销和邮件列表之间的差别就比较明显，因为是利用第三方的用户 E - mail 地址资源发送产品/服务信息，并且通常是纯粹的商业邮件广告，这些广告信息是通过专业服务商所拥有的邮件列表来发送的，即这个“邮件列表”是属于服务商的。对服务商而言，他是邮件列表的经营者，而作为广告客户的企业是利用这个第三方的邮件列表来开展 E - mail 营销。如果这时也称为邮件列表营销，会与内部列表造成一定的混淆，因此，本书中所讲的邮件列表一般是指内部列表 E - mail 营销。

3.3.3 E - mail 营销的基本形式和一般过程

1. E - mail 营销的基本形式

由于拥有的营销资源不同，内部列表和外部列表两种形式所需要的基础条件和基本的操作方式也有很大区别。

内部列表和外部列表各有自己的优势，对网络营销比较重视的企业通常都拥有自己的内部列表，但采用内部列表和采用外部列表并不矛盾，两种方式可以同时进行。表 3-3 对两种 E - mail 营销形式的功能和特点进行了比较。

表 3-3 内部列表 E - mail 营销和外部列表 E - mail 营销的比较

主要功能和特点	内部列表 E - mail 营销	外部列表 E - mail 营销
主要功能	顾客关系、顾客服务、品牌形象、产品推广、在线调查、资源合作	品牌形象、产品推广、在线调查
投入费用	相对固定，取决于日常经营和维护费用，与邮件发送数量无关，用户数量越多，平均费用越低	没有日常维护费用，营销费用由邮件发送数量、定位程度等决定，发送数量越多，费用越高
用户信任程度	用户主动加入，对邮件内容信任程度高	邮件为第三方发送，用户对邮件的信任程度取决于服务商的信用、企业自身的品牌、邮件内容等因素
用户定位程度	高	取决于服务商邮件列表的质量
获得新用户的能力	用户相对固定，对获得新用户效果不显著	可针对新领域的用户进行推广，吸引新用户能力强
用户资源规模	需要逐步积累，一般内部列表用户数量比较少，无法在很短的时间内向大量用户发送信息	在预算许可的情况下，可同时向大量用户发送邮件，信息传播覆盖面广
邮件列表维护和内容设计	需要专业人员操作，无法获得专业人士的建议	服务商专业人员负责，可对邮件发送、内容设计等提供相应的建议
E - mail 营销效果分析	由于是长期活动，较难准确评价每次邮件发送的效果，需要长期跟踪分析	由服务商提供专业分析报告，可快速了解每次活动的效果

内部列表和外部列表由于在是否拥有用户资源方面有根本的区别，因此开展E－mail营销的内容和方法也有很大差别。由表3-3可以看出，自行经营的内部列表不仅需要自行建立或者选用第三方的邮件列表发行系统，还需要对邮件列表进行维护和管理，如用户资料管理、退信管理、用户反馈跟踪等，对营销人员的要求比较高。在初期用户资料比较少的情况下，费用也相对较高。而随着用户数量的增加，内部列表营销的边际成本在降低，其优势逐渐表现出来。

这两种E－mail营销方式属于资源的不同应用和转化方式。内部列表以少量、连续的资源投入获得长期、稳定的营销资源，外部列表则是用资金换取临时性的营销资源。内部列表在顾客关系和顾客服务方面的功能比较显著；外部列表由于比较灵活，可以根据需要选择投放不同类型的潜在顾客，因而在短期内即可获得明显的效果。

2. 开展E－mail营销的一般过程

开展E－mail营销的过程，也就是将有关营销信息通过电子邮件的方式传递给用户的过程。为了将信息发送到目标用户电子邮箱，首先应该明确向哪些用户发送这些信息、发送什么信息以及如何发送信息。开展E－mail营销的一般过程如图3-13所示。

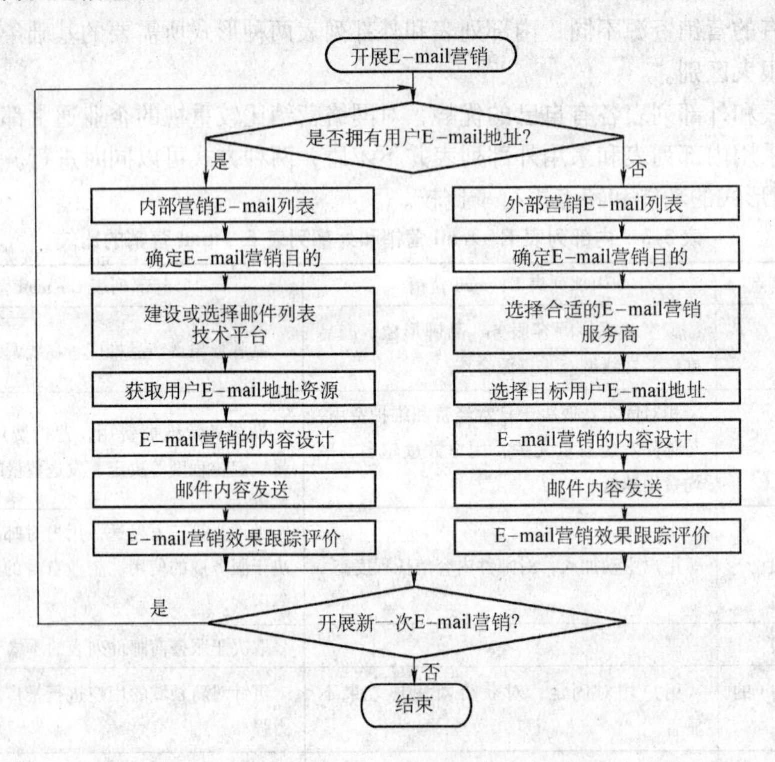

图3-13 开展E－mail营销的一般过程

图3-13是进行E－mail营销一般要经历的过程，但并非每次活动都要经过这些步骤，并且不同的企业在不同的阶段E－mail营销的内容和方法也都有所区别。一般来说，内部列表E－mail营销是一项长期性工作，通常在企业网站的策划建设阶段就已经纳入计划。内部列表的建立需要相当长时间的资源积累，而外部列表E－mail营销可以灵活采用，因此这两种E－mail营销的过程有很大差别。如果企业本身拥有用户的E－mail地址资源，首先应利

用内部资源。

在 E-mail 营销活动中，内部列表和外部列表 E-mail 营销过程也存在一定的差异。为了进一步辨析两者的区别，表 3-4 对两种列表 E-mail 营销的过程进行了简单比较。

表 3-4 内部列表 E-mail 营销和外部列表 E-mail 营销过程比较

E-mail 营销的阶段	内部列表 E-mail 营销	外部列表 E-mail 营销
确定 E-mail 营销目的	需要在网站规划阶段制定，主要包括邮件列表的类型、目标用户、功能等内容。一旦确定具有相对稳定性	在营销策略需要时，确定营销活动目的、期望目标。每次 E-mail 营销活动的内容、形式、规模等可能各不相同
建设或选择邮件列表技术平台	邮件列表的主要功能需要在网站建设阶段完成，或者在必要的时候为网站增加邮件列表功能，也可以选择第三方的邮件列表发行平台	不需要自己的邮件发行系统
获取用户 E-mail 地址资源	通过各种推广手段，吸引尽可能多的用户加入列表。邮件列表用户 E-mail 地址属于自己的营销资源，发送邮件不需要支付费用	不需要自己建立用户资源，而是通过选择合适的 E-mail 营销服务商，在服务商的用户资源中按照一定的条件选择潜在用户列表。一般来说，每次发送邮件均需要向服务商支付费用
E-mail 营销内容设计	在总体方针的指导下设计每期邮件的内容，一般为营销人员的长期工作	根据每次 E-mail 营销活动需要制作邮件内容，或者委托专业服务商制作
邮件发送	利用自己的邮件发送系统（或者选的第三方发行系统），根据设定的邮件列表发行周期，按时发送	由服务商根据服务协议发送邮件
E-mail 营销效果跟踪评价	自行跟踪分析 E-mail 营销的效果，可定期进行	由服务商提供专门的分析报告，可以是从邮件发送后实时在线查询，也可能是一次活动结束后统一提供检测报告

由表 3-4 可以看出：由于外部列表 E-mail 营销相当于投放广告，其过程相对简单一些，并且是与专业服务商合作，可以得到一些专业建议，在营销活动中并不会觉得十分困难。而内部列表 E-mail 营销的每一个步骤都比较复杂，并且依靠企业内部的营销人员自己来进行。由于企业资源状况、各部门之间的配合、营销人员知识和经验等因素的影响，在执行过程中会遇到大量新问题，其实施过程也比外部列表 E-mail 营销复杂得多。但由于内部列表拥有巨大的长期价值，因此建立和维护内部列表成为 E-mail 营销中最重要的内容。

3.3.4 开展 E-mail 营销的基础条件

开展 E-mail 营销需要一定的基础条件，尤其内部列表 E-mail 营销是网络营销的一项长期任务，更有必要对内部列表的基础及形式等相关问题进行深入分析。

从 E-mail 营销的一般过程可以看出，以内部邮件列表为例，开展 E-mail 营销需要解决三个基本问题：向哪些用户发送电子邮件、发送什么内容的电子邮件，以及如何发送这些邮件。这里将这三个基本问题进一步归纳为 E-mail 营销的三大基础，即：

1）E-mail 营销的技术基础。从技术上保证用户加入、退出邮件列表，并实现对用户资源的管理，以及邮件发送和效果跟踪等功能。

2）用户的 E－mail 地址资源的获取。在用户自愿加入邮件列表的前提下，获得足够多的用户 E－mail 地址资源是 E－mail 营销发挥作用的必要条件。

3）E－mail 营销的内容。营销信息是通过电子邮件向用户发送的，邮件的内容对用户有价值才能引起用户的关注，有效的内容设计是 E－mail 营销发挥作用的基本前提。

当这些基础条件具备之后，才能开展真正意义上的 E－mail 营销，E－mail 营销的效果才能逐步表现出来。

对于外部列表来说，技术平台是由专业服务商所提供，因此，E－mail 营销的基础也就相应的只有两个，即潜在用户的 E－mail 地址资源的选择和 E－mail 营销的内容设计。

利用内部列表开展 E－mail 营销是 E－mail 营销的主流方式，也是本书重点讨论的内容。一个高质量的邮件列表对于企业网络营销的重要性，已经得到众多企业实践经验的证实，并且成为企业增强竞争优势的重要手段之一。因此，建立一个属于自己的邮件列表是非常必要的。很多网站非常重视内部列表的建立，但建立并经营好一个邮件列表并不是一件简单的事情，它涉及多方面的问题。

1）邮件列表的建立通常要与网站的其他功能相结合，这并不是一个人或者一个部门可以独立完成的工作，将涉及技术开发、网页设计、内容编辑等内容，也可能涉及市场、销售、技术等部门的职责，如果是外包服务，还需要与专业服务商进行功能需求沟通。

2）邮件列表必须是用户自愿加入的，是否能获得用户的认可，本身就是很复杂的事情，要能够长期保持用户的稳定增加，邮件列表的内容必须对用户有价值，邮件内容也需要专业的制作。

3）邮件列表的用户数量需要较长时期的积累，为了获得更多的用户，还需要对邮件列表本身进行必要的推广，这些同样需要投入相当的营销资源。

1. 邮件列表的技术基础——建立/选择邮件列表发行平台

无论哪种形式的邮件列表，首先要解决的问题是如何用技术手段来实现用户加入、退出、发送邮件、管理用户地址等基本功能，我们将具有这些功能的系统称为“邮件列表发行平台”。发行平台是邮件列表营销的技术基础。

（1）建立自己的邮件列表平台

从部分提供邮件列表服务的网站来看，加入/退出邮件列表的界面无须太复杂，只要有一个订阅框和提交按钮，用户输入 E－mail 地址并提交即可完成订阅/退出功能。作为一个用户，加入邮件列表之后，就是等待接收自己所订阅的邮件内容了。表面看来如此简单的邮件列表，在实际操作中要复杂得多。

以建立一份电子刊物为例，经营一份电子刊物需要的最基本功能应该包括用户订阅（包括确认程序）、退出、邮件发送等，一个完善的电子刊物订阅发行系统还包含更多的功能，如邮件地址的管理（增减）、不同格式邮件的选择、地址列表备份、发送邮件内容前的预览、用户加入/退出时的自动回复邮件、已发送邮件记录、退信管理等，这些都需要后台技术的支持。随着用户数量的增加和邮件列表应用的深入，还会出现更多的功能需求，这都需要后台技术不断完善。对许多缺少专业人员的企业可能还有不小的难度。

（2）选择专业服务商的邮件列表平台

1）选择邮件列表专业服务商的发行平台。一般来说，邮件列表专业服务商的发行平台无论从功能上还是从技术保证上都会优于一般企业自行开发的邮件列表程序，并且可以很快投入应用，大大减少了自行开发所需要的时间。因此，与专业邮件列表服务商合作，采用专业的邮件列表发行服务是常用的手段。当企业互联网应用水平比较低，邮件列表规模不是很大，并不需要每天发送大量电子邮件时，没有必要自行建立一个完善的发行系统。另一方面，如果用户数量比较大，企业自行发送邮件往往对系统有较高要求，并且大量发送的邮件可能被其他电子邮件服务商视为垃圾邮件而遭到屏蔽，这时，专业邮件列表服务的优势更为明显。国外一些发行量比较大的邮件列表，很多也都是通过第三方专业发行平台进行的，如网络营销相关的电子刊物 AIM Ezine、Ezine - tips 等。但出于对用户资料保密性等因素的考虑，一些电子商务网站因为要发送大量的电子邮件，通常需要利用自己的邮件系统发行。

2）选择专业发行平台需要考虑的问题。专业邮件列表发行平台是一种通用的邮件列表发行和管理程序，同一个平台可能要有上千个邮件列表用户。一些第三方邮件列表发行系统存在各种各样的问题，因此在选择邮件列表发行服务商时需要慎重，同时考虑将来可能会转换发行商，要了解是否可以无缝移植用户资料，还要考察服务商的信用和实力，以确保不会泄露自己邮件列表用户资料，并能保证提供相对稳定的服务。选择邮件列表专业发行平台时，需要对邮件列表发行平台的基本功能面进行必要的考察，如用户地址管理、注册用户资料备份、邮件内容预览、退回邮件管理、邮件格式选择等。

3）合理利用免费邮件列表发行平台。当邮件列表规模比较小或者要求不高时，免费邮件列表资源也可以作为一种选择，主要用于个人学习和研究，或者小型企业建立邮件列表初期的一种过渡方式。不过，随着免费网络服务的减少，可用的免费邮件列表资源也越来越少，并且免费服务总是有各种各样的功能限制，或者在邮件列表中插入服务商的广告内容。因此，作为商业网站，建议最好不要采用这种免费服务。

部分免费邮件列表服务资源：

- 希网网络：http：//www. cn99. com，如图 3-14 所示。
- 通易网站：http：//www. exp. com. cn。

图 3-14　获取邮件列表用户

- Yahoo 电子部落：http：//groups. yahoo. com。
- Bravenet. com：http：//www. bravenet. com。

通过 WWW 方式登录，输入用户名和密码后进行订阅。

2. E－mail 地址资源的获取

当邮件列表发行的技术基础解决之后，作为内部列表 E－mail 营销的重要环节之一，就是尽可能引导用户加入，以获得尽可能多的 E－mail 地址。

网站的访问者是邮件列表用户的主要来源，因此网站的推广效果与邮件列表订户数量有密切关系。通常情况下，用户加入邮件列表的主要渠道是通过网站上的订阅框自愿加入，只有用户首先来到网站，才有可能成为邮件列表用户，如果一个网站访问量比较小，每天可能只有几十人，那么经营一个邮件列表将是比较困难的，需要长时间积累用户资源。尽管如此，也并不是说只能被动地等待用户的加入，可以采取一些推广措施来吸引用户的注意和加入。常用的方法如下：

1）充分利用网站的推广功能。网站本身就是很好的宣传阵地，可以利用自己的网站对邮件列表进行推广，除了在首页设置订阅框之外，还有必要在网站主要页面设置邮件列表订阅框，同时给出必要的订阅说明，最好再设置一个专门的邮件列表页面，其中包含样刊或者已发送的内容链接、法律条款、服务承诺等，让用户不仅对邮件感兴趣，而且有信心加入。

2）直接查阅原有客户的邮件地址。向其提供其他信息服务时，介绍最近推出的邮件列表服务。

3）提供部分奖励措施。比如，可以向用户发布信息，某些在线优惠券只通过邮件列表发送，某些研究报告或者重要资料也需要加入邮件列表才能获得，以提高用户加入邮件列表的积极性。

4）向朋友、同行推荐。如果对邮件列表内容有足够的信心，可以邀请朋友和同行加入，以获得业内人士的认可。

5）在网站上建立留言簿，供访问者签名，留下他们的 E－mail 地址。

6）通过专门的邮件地址服务商租用或购买电子邮件地址。

3. 邮件列表的内容

一份邮件列表真正能够取得读者的认可，靠的是拥有自己独特的价值，为用户提供有价值的内容才是最根本的要素，这是邮件列表取得成功的基本条件。

（1）邮件列表内容的六项基本原则

1）目标一致性。邮件列表内容的目标一致性是指邮件列表的目标应与企业总体营销战略相一致，营销目的和营销目标是邮件列表邮件内容的第一决定因素。因此，以用户服务为主的会员通信邮件列表内容中插入大量的广告内容会偏离预订的顾客服务目标，同时也会降低用户的信任。

2）内容系统性。如果对我们订阅的电子刊物和会员通信内容进行仔细分析，不难发现，有的邮件广告内容过多，有的网站邮件内容匮乏，有的则过于随意，没有一个特定的主题，或者方向性很不明确，让读者感觉和自己的期望有很大差距。如果将一段时期的邮件内容放在一起，则很难看出这些邮件之间有什么系统性，这样，用户对邮件列表很难产生整体印象，这样的邮件列表内容策略将很难培养起用户的忠诚性，因而会削弱 E－mail 营销对于品牌形象提升的功能，并且影响 E－mail 营销的整体效果。

3）内容来源稳定性。我们可能会遇到订阅了邮件列表却很久收不到邮件的情形，有些可能在读者早已忘记的时候，忽然收到一封邮件，如果不是用户邮箱被屏蔽而无法接收邮件，则很可能是因为邮件列表内容不稳定所造成的。在邮件列表经营过程中，由于内容来源不稳定使得邮件发行时断时续，有时中断几个星期到几个月，甚至而半途而废的情况并不少见，不少知名企业也会出现这种情况。内部列表营销是一项长期任务，必须有稳定的内容来源，才能确保按照一定的周期发送邮件。邮件内容可以是自行撰写、编辑或者转载，无论哪种来源，都需要保持相对稳定性。需要注意的是，邮件列表是一个营销工具，不仅仅是一些文章/新闻的简单汇集，应将营销信息合理地安排在邮件内容中。

4）内容精简性。尽管增加邮件内容不需要增加信息传输的直接成本，但应从用户的角度考虑，邮件列表的内容不应过分庞大，过大的邮件不会受到欢迎。①由于用户邮箱空间有限，字节数太大的邮件会成为用户删除的首选对象；②由于网络速度的原因，接收/打开较大的邮件耗费时间也多；③太多的信息量让读者很难一下子接受，反而降低了 E－mail 营销的有效性。因此，应该注意控制邮件的内容，不要设置过多的栏目和话题。如果确实有大量的信息，可充分利用链接的功能，在内容摘要后面给出一个 URL，如果用户感兴趣，可以通过点击链接到网页浏览。

5）内容灵活性。前面已经介绍，建立邮件列表的目的，主要体现在顾客关系和顾客服务、产品促销、市场调研等方面，但具体到某一个企业、某一个网站，可能所希望的侧重点有所不同。在不同的经营阶段，邮件列表的作用也会有差别，邮件列表的内容也会随着时间的推移而发生变化。因此，邮件列表的内容策略也不能是一成不变的，在保证整体系统性的情况下，应根据阶段营销目标而进行相应的调整，这也是邮件列表内容目标一致性的要求。邮件列表的内容毕竟要比印刷杂志灵活得多，栏目结构的调整也比较简单。

6）最佳邮件格式。邮件内容需要设计成一定的格式来发行，常用的邮件格式包括纯文本格式、HTML 格式和 Rich Media 格式，或者是这些格式的组合。例如，纯文本/HTML 混合格式。一般来说，HTML 格式和 Rich Media 格式的电子邮件比纯文本格式具有更好的视觉效果。从广告的角度来看，效果会更好，但同时也存在一定的问题，如文件字节数大、用户在客户端无法正常显示邮件内容等。哪种邮件格式更好，目前并没有绝对的结论，与邮件的内容和用户的阅读习惯等因素有关。如果可能，最好给用户提供不同内容格式，以供选择。

（2）邮件列表内容的一般要素

尽管每封邮件的内容结构各不相同，但邮件列表的内容有一定的规律可循，设计完善的邮件内容一般应具有下列基本要素：

1）邮件主题。本期邮件最重要内容的主题，或通用的邮件列表名称加上发行的期号。

2）邮件列表名称。一个网站可能有若干个邮件列表，一个用户也可能订阅多个邮件列表，仅从邮件主题中不一定能完全反映所有信息，需要在邮件内容中表现出列表的名称。

3）目录或内容提要。如果邮件信息较多，则应给出当期目录或者内容提要。

4）邮件正文。本期邮件的核心内容，一般安排在邮件的中心位置。

5）退出列表方法。这是正规邮件列表内容中必不可少的内容，退出列表的方式应该出现在每一封邮件的内容中。纯文本个人的邮件通常用文字说明退订方式；HTML 格式的邮件除了说明之外，还可以直接设计退订框，用户直接输入邮件地址即可进行退订。

6）其他信息和声明。如果有必要对邮件列表作进一步的说明，则可将有关信息安排在邮件结尾处，如版权声明和页脚广告等。

4. 内部列表 E－mail 营销策略

内部列表 E－mail 营销的主要目的在于增进顾客关系、提供顾客服务、提升企业品牌形象等；内部列表营销的任务重在邮件列表系统、邮件内容建设和用户资源积累。

内部列表 E－mail 营销的一般步骤包括邮件内容设计、测试、发送、效果跟踪等环节，可以分为五个基本步骤，下面以常见的会员通信为例来说明：

1）确立指导思想。一般来说，用户注册为会员之后，将长期成为网站的宝贵资源，有效地利用这些会员资料是一项关系到企业竞争优势的战略任务，会员通信电子邮件就是最有效的一种实现方式。在条件许可的情况下，应尽可能确立明确的指导思想，将会员通信邮件作为一项长期的、连续的营销策略。

2）确定营销目的。营销目的决定了会员通信内容的方向。例如，对于顾客数量较少但比较专业的企业，会员通信的主要作用在于顾客服务，这样的邮件内容就不适合发送大量的产品信息。

3）制定内容策略。当总体思路确定之后，还需要对邮件内容进行认真的规划，尽管每一期邮件的内容都不相同，但需要在统一的指导思想下规划内容，做到内容连贯、针对性强，而不是每期邮件的内容完全相互独立，甚至没有任何相关性。更重要的是，邮件内容应与企业总体营销策略密切结合，让会员通信发挥其应有的作用。需要注意的是，发送的邮件必须包含实用的内容，广告性的东西很容易被退订。

4）邮件发送。为发送邮件固定一个时间，如星期二中午，按时发送邮件一方面反映了公司的专业化，增加用户的信心；另一方面，也有助于规范营销人员的工作，为有效评价邮件列表效果打下基础。

5）跟踪营销效果。作为一种内部的营销资源，会员通信一般不需要第三方提供的跟踪报告，内部邮件列表营销的效果评价相对比较困难，需要营销人员根据各种信号来判断，并且记录、积累有关数据，然后根据一定的指标来进行分析。

5. 外部列表 E－mail 营销策略

外部列表 E－mail 营销的目的以产品推广、市场调研等内容为主，工作重点在于列表的选择和邮件内容设计、营销效果跟踪分析和改进等方面。由于外部列表 E－mail 营销资源大都掌握在各网站或者专业服务商的手中，要利用外部列表资源开展 E－mail 营销，首先要选择合适的服务商。选择 E－mail 营销服务商需要考虑的主要因素包括：服务商的可信任程度、用户数量和质量、用户定位程度、服务的专业性、合理的费用和收费模式等。

3.4 Web 2.0 与网络营销

3.4.1 Web 2.0 概述

1. Web 2.0 的产生及其发展

Web 2.0 是互联网建设的一种新模型，是相对于 Web 1.0 而言的，是新一类的互联网应用的统称。2004 年，OpReilly Media 公司的 Dale Dougherty 和 MediaLive 公司的 Craig Cline 在一次讨论互联网发展趋势的头脑风暴会议上首次提出了 Web 2.0 的概念。2004 年 10 月与 2005 年 10 月分别召开了第一次和第二次 Web 2.0 会议。与 2004 年会议不同的是，在 2005 年会议上，互联网大公司如微软、雅虎，都成为了 Web 2.0 的积极推动者。从此以后，Web 2.0 的关注度不断提高，成为了互联网上的热点词汇之一。

自 2005 年开始热起来的中国 Web 2.0 的互联网业，距今已有 5 年左右时间。在 5 年的发展中，经历了以下几个阶段：

1）认知阶段。这一阶段，我们只是带着好奇、尝试新事物这种心理触及 Web 2.0。在这个阶段，人们被博客、RSS 和许多新鲜的 Web 2.0 名词和模型所吸引。这些新的模型包含了很多新鲜的想法，让人们对新的模型产生了许多想象力。

2）Web 2.0 网站如雨后春笋般兴起的阶段。在这个阶段，Web 2.0 众多，更重要的是企业已开始注重 Web 2.0 在网站中的应用和商业运作。最明显的是新浪、搜狐等门户网站全面植入 Web 2.0，推出自己的博客，互联网用户体验到了 Web 2.0 所带来的个性化服务。

3）理性发展阶段。人们开始从狂热开始冷静下来，能够理性地分析和思考什么是真正有价值的 Web 2.0 商业模式，而不是简单地堆放一些类似 Web 2.0 内容的网站。

2. Web 2.0 的定义

Web 2.0 是相对 Web 1.0（2003 年以前的互联网模式）的新一类互联网应用的统称，目前没有严格的定义。Web 1.0 的主要特点是单纯通过网络浏览器浏览网页获取信息，Web 2.0 则更注重用户的交互作用，用户既是网站内容的消费者（浏览者），又是网站内容的制造者。

Web 2.0 网站与 Web 1.0 没有绝对的界限，Web 2.0 是一个时代或一个阶段，是形成这个阶段的各种技术、产品、服务的一个总称。只能说我们进入 Web 2.0 时代，不能说哪一个具体的软件是 Web 2.0，Web 2.0 的核心不是技术而在于指导思想。

根据中文维基百科的解释：Web 2.0 是网络运用的新时代，网络成为了新的平台，内容因为每位用户的参与（Participation）而产生，参与所产生的个人化（Personalization）内容，借由人与人（P2P）的分享（Share），形成了现在 Web 2.0 世界。

3. Web 2.0 的特征

一个基于 Web 2.0 理念建设和经营的网站按照我国互联网发展的现状，应该具有如下明显的特征，这也是判断一个网站是否是 Web 2.0 网站的最关键的几点：

1）多人参与。在 Web 2.0 中，每个人都是内容的供稿者，发挥的是每个人的力量，将互联网带入了个性张扬的时代，实现了互联网由精英到平民化的转变。

2）可读可写。Web 2.0 是“可写可读互联网”。虽然每个人都参与信息供稿，但从大范围里看，贡献大部分内容的是小部分的人。

3）互动和分享。Web 2.0 应用的基本特征是互动和分享。以前互联网也有互动性，如 BBS 论坛，但是由于技术上的限制，这种互动性不是太明显。现在，人们通过 Web 2.0 技术做自己的博客或者上传自己的视频与网友分享。

4. Web 2.0 与 Web 1.0 的技术比较

Web 2.0 与 Web 1.0 之间的关系不是替代，不是前者淘汰了后者，而是并存和互补的关系，两者的比较见表 3-5。

表 3-5 Web 2.0 与 Web 1.0 的技术比较

性质	Web 1.0	Web 2.0
模式变化	以资料为核心的网站，网站模式只读，网站是静态的	以人为出发点的网站，网站模式可读可写，网站是动态的
知识角度	将以前没有放到网上的知识，通过商业的力量放到网上	通过每个用户的浏览的力量，协同工作，把知识有机地组织起来，在这个过程中继续将知识深化，并产生新的思想火花
内容	主要是通过商业力量，一般是专业的网站制作者，内容是网页	以用户为主，以简便随意方式，内容是帖子、记录、个人状态
交互性	网站对用户为主	以 P2P 为主
技术	不因用户而效率提高	Web 客户端化，工作效率越来越高

（1）模式变化——从读到写，从静态到动态

Web 1.0 的代表是门户模式，如原先的新浪、网易等门户网站，其网站上的信息都是由专门的编辑和作者创造内容，互联网的用户主要扮演阅读、获取信息的角色；而 Web 2.0，互联网的用户不仅仅是阅读和获取，更多的是参与到内容提供和创造，在博客领域和 Wiki 领域中表现得最为明显。这里说 Web 1.0 的内容是静态的，并不是指 Web 1.0 信息更新不及时，而是强调 Web 1.0 的内容缺乏足够的互动机制；而 Web 2.0 中网民与网民的交流、互动特征更加突出。

（2）主要内容的变化——从网页到“帖子”/“记录”

这个变化主要是强调 Web 1.0 的网站内容构成一般以页面为基本元素；而 Web 2.0 以更小的信息单元构成，现在较为流行的是微博，比较著名的如国外的 Twitter、Myspace；国内的如新浪微博、搜狐微博等。

（3）阅读工具的变化——从浏览器到浏览器/RSS 阅读器/其他

Web 1.0 的网络用户，只需要使用浏览器标准的页面浏览功能；而 Web 2.0，由于 RSS 的支持，除了浏览器，还可以使用更多的阅读工具。例如，RSS 阅读服务（BlogLines、gougou）、RSS 离线阅读软件（周伯通、点点通）。

（4）运行机制的变化——从客户服务器到 Web Service

这是一个技术变化，对普通用户来讲，从 Web 1.0 到 Web 2.0，体系结构将更加灵活。

（5）内容创建者的变化——从网页编写者到任何用户

在 Web 1.0 下，传统网页的制作需要网页编辑技巧、FTP 上传技巧，话语权掌握在少数人的手中。而 Web 2.0，以 Blog 和 Wiki 为代表，使更多人有发言机会并影响舆论走向。

Web 2.0 与 Web 1.0 最大的不同是 Web 2.0 所提倡的个性化。Web 2.0 的精髓是以人为本，提升用户使用互联网的体验。从上述各个角度来看，互联网正变得越来越强大。

3.4.2 Web 2.0 技术

Web 2.0 技术主要包括博客（Blog）、简易信息聚合（RSS）、互联网百科全书（Wiki）、社会性网络服务（SNS）等，下面对 Web 2.0 相关技术进行简单介绍。

1. 博客（Blog）

Blog 这个名称是由 Jorn Barger 在1997 年12 月提出的，Blog 全名应该是 Weblog，中文意思是“网络日志”，它是继电子邮箱、网络论坛、即时聊天之后出现的第四种网络交流方式。个人可以在博客中迅速发布想法、与他人就某一主题进行交流探讨，以及从事其他活动。博客是 Web 2.0 兴起的标志，也是 Web 2.0 最杰出的应用之一。

博客可以作为网络个人日记、个人展示自己某个方面的空间、网络交友的地方、学习交流的地方，使用者可以很方便地将自己的心得、日志、图片、影音等通过博客的方式建立自己个性化的世界。

2. 简易信息聚合（RSS）

RSS 最初源自浏览器“新闻频道”的技术，现在我们可以利用 RSS 订阅 Blog，可以订阅工作中所需的技术文章，也可以订阅与自己有共同爱好的作者的日志、自己关注的新闻、明星消息、体坛风云等。

网络用户可以在客户端借助于支持 RSS 的聚合工具软件（如 SharpReader、NewzCrawler、FeedDemon 等），在不打开网站内容页面的情况下阅读支持 RSS 输出的网站内容。

RSS 具有以下特点：来源多样的个性化“聚合”特性，信息发布的时效、低成本特性，无“垃圾”信息、便利的本地内容管理特性。

3. 互联网百科全书（Wiki）

Wiki 一词来源于夏威夷语的“wee kee wee kee”，原本是“快点快点”的意思，被译为“维基”或“维客”。它是一种多人协作的写作工具。Wiki 站点可以有多人（甚至任何访问者）维护，每个人都可以发表自己的意见，或者对共同的主题进行扩展或者探讨。Wiki 也指一种超文本系统，这种超文本系统支持面向社群的协作式写作，同时也包括一组支持这种写作的辅助工具。Wiki 的发明者是一位 Smalltalk 程序员沃德·坎宁安（Ward Cunningham）。

4. 社会性网络服务（SNS）

SNS 全称 Social Networking Services，即社会性网络服务，专指帮助人们建立社会性网络的互联网应用服务。SNS 是 Web 2.0 体系下的一个技术应用缩影。SNS 网站建立的依据是六度分割理论，即你和任何一个陌生人之间所间隔的人不会超过六个。也就是说，最多通过六个人你就能够认识任何一个陌生人。在 Web 2.0 时代，我们每个网民或者拥有 Blog，或者拥有人人社区，通过 Tag、IM（即时通信，如 QQ）、电子邮件等方式纵横交织，依据“六度分割原理”，每个 SNS 不断放大，最后织成一张大网，这就是社会化网络服务。

5. 标签（Tag）

随着 Web 2.0 的应用，Tag 才被大家所关注。不过，Tag 在我国没有统一的中文名称，我们习惯称之为“标签”。Tag 是一种更为灵活、有趣的日志分类方式。我们可以为每个帖子、图片或者文章添加一个或者多个标签，就可以看到网站上所有具有相同 Tag 的文章，由此建立起和其他人更多的联系，体现群体的力量，更加突出 Web 2.0 的灵魂。

6. 微博

微博是微博客（MicroBlog）的简称，它是一个基于用户关系的信息分享、传播以及获取平台，用户可以通过 Web、WAP 以及各种客户端组件个人社区，以 140 字左右的文字更新信息，并实现即时分享。最早、最著名的微博是美国的 twitter，根据相关公开数据，截至2010 年1 月，该产品在全球已经拥有7 500 万注册用户。2009 年8 月，我国最大的门户网站新浪网推出“新浪微博”内测版，成为门户网站中第一家提供微博服务的网站，微博正式进入中文上网主流人群视野。

微博与其说是微小博客，倒不如说是置顶的留言板。它摒弃了博客的一些固有特征：标签、Tracker（引用通告）、按月存档、可视化编辑器，甚至有字数的限制。微博必须在140字以内，这是为了方便手机发布阅读，而博客没有限制，因为它主要是让人在计算机上发表和阅读的。看博客必须去对方的首页看，而在自己的首页上就能看到别人的微博。微博可以通过发短信的方式更新，可以通过手机网络更新，也可以通过计算机更新；而博客用手机更新非常麻烦。微博传播速度快，博客要靠网站推荐带来流量，而微博通过粉丝转发来增加阅读量。

3.4.3 Web 2.0下电子商务新赢利模式分析

目前，Web 2.0的赢利方式并不清晰，单纯依靠Web 2.0这种技术是不能赚钱的，当我们把Web 2.0与电子商务融合的时候会发现赢利其实并不难，关键是Web 2.0怎么应用于电子商务。应用于Web 1.0的广告、会员费、增值业务费等赢利模式当然也可以在Web 2.0中实现。在这里我们重点介绍利用Web 2.0的理念为企业创造价值的新的赢利模式。

1. Web 2.0与电子商务网站合作

典型例子：豆瓣网。

豆瓣网从一开始就是少数几个能营收平衡的SNS网站之一，是一个用户粘合度很高的Web 2.0社区。在豆瓣网上，用户可以自由发表有关书籍、电影、音乐的评论，可以搜索别人的推荐，所有的内容、分类、筛选、排序都由用户产生和决定，甚至在豆瓣主页出现的内容上也取决于用户的选择。

豆瓣网采用朋友间邀请的方式加入，用户可以为自己喜欢的书、音乐及影像写评论，也可以窥探朋友有怎样的爱好，这样刺激了用户潜在的购买欲望。在“去哪儿买”的选项中，豆瓣网提供当当、卓越等五家网上书店的价格比较，并提供链接地址，如果用户通过点击链接成功实现对某书的购买，豆瓣就会与这些网站进行销售分成。实际上，他们为这些网上购书做了服务的后援，既满足了书迷的个性化需求，又实现了书迷的社会性聚合，还进一步提高了书迷们网上购书的积极性。

2. Web 2.0更好地服务于电子商务

典型例子：淘宝社区。

这一点其实表面上看不到是否会带来赢利，而是让Web 2.0如何更好地为传统的电子商务服务。只要可以让用户更多地习惯于你的电子商务社区，然后再进行良性引导消费，就有可能让用户更多地消费。

在日常购物经验中，朋友对一件商品好评的影响力远远大于商场推销员对商品好评的影响力。而在目前电子商务领域中，一个比较突出的问题就是潜在客户对商品和商家缺乏信任，由此带来的犹豫不决导致商品销售额增长缓慢。在网络社区中，很多具有相同或者相似兴趣的人聚集在一起，对某一类的产品进行交流，这种口碑式的传播方式很容易赢得客户的信任。另外，电子商务由于在管理、渠道、规模及跨地域、跨时间等方面极具优势，低廉的商品价格加上便捷的选择方式，如果能够诚信经营，通过社会网络服务（SNS）在不同生活圈子内建立良好的信誉，最终将是商家及顾客的双赢，共同享受网络带来的实惠。

3.4.4　Web 2.0 在人人网的应用

人人网（www. renren. com）的前身为校内网，成立于2005年，是我国最大、最受用户喜爱的SNS网络平台，2009年8月4日正式更名为人人网。从一个在校园群体中领先的Web 2.0网站，到一个面向所有年龄层的Web 2.0沟通娱乐平台，校内网（www. xiaonei. com）到人人网的转变令人惊讶却又顺理成章。

校内网刚刚创建的最重要特征之一是限制具有特定大学的IP地址或电子邮件用户注册，从而保证了注册用户的大多数是大学生。注册用户可以贴上自己的照片、写日志、签写留言、更改自己的状态等。该网站鼓励学生实名注册用户，上传真实照片，让学生在现实生活中体验互联网带来的乐趣，创建属于自己的网络家园。

2008年，校内网推出开放平台战略以后，校内网和大批的第三方网络公司、编程爱好者为校内网开发了大批量的网页版互联网小利用程序和网页版游戏，大批的社会化的网络游戏为用户之间的互动提供了更多的平台，也推动了我国互联网向平台化方向的发展。

1967年，哈佛大学的心理学教授Stanley Milgram创立了六度分割理论，简单地说，“你和世界上任何一个陌生人之间所间隔的人不会超过六个，即世界上的任何一个陌生人你只要最多通过六个人就能认识。”按照六度分隔理论，每个个体的社交圈都不断放大，最后成为一个大型网络。这是社会性网络的早期理解。后来有人根据这种理论，创立了面向社会性网络的互联网服务，通过“熟人的熟人”来进行网络社交拓展。

如今，人人网的赢利模式如下：

1）网站主页、个人主页的广告收入。人人网有着庞大的潜在高端用户群，因为校内的注册用户基本上都是大学生，他们是社会的中坚力量，该群体是很多企业的潜在客户群，所以人人网的广告主自然是大牌企业。

2）互联网增值服务。人人网开通了网页版的游戏，“校内农场”每天的收入就接近5万元，一个月的收入就有150万元，这只是他们几百个增值服务中的一个，大大增加了校内的黏性。在游戏中添加相应的增值服务，这自然是校内的赢利之源。

3）虚拟礼物赠送。也就是用真实的人民币购买校内豆，这种赢利方式有点像腾讯的QQ秀。例如，2007年11月29日，优乐美公司看中了人人网在中国校园市场的影响力，经过双方洽谈，决定以投放品牌推广礼物的形式开展优乐美的人人网平台推广。人人网第一个商业虚拟礼品“优乐美暖心奶茶”上线了。此次优乐美的推广策略采用了免费针对人人网的用户发放，每位人人网的星级用户在指定时间内都可以免费送出一杯周杰伦代言的“优乐美暖心奶茶”。短短24小时之后，暖心奶茶的发售量达到了652 315次的惊人数字，通过链接的优乐美群点击量为245 237次，作为人人网首次上线的虚拟礼物，这是任何人都想不到的。这意味着有65万网民在24小时之内通过人人网平台赠送出了“优乐美暖心奶茶”，算上发送礼物的人数，加上接收到礼物的人数，仅通过一件虚拟礼物，人人网就让中国130万网民认识了“优乐美”这个品牌。优乐美公司自然也很愿意为这次“超值”的宣传买单。

4）人人网现在已经推出了二手交易平台，为校内用户提供一个C2C交易平台，按此趋势，未来人人网应该会向前景广阔的电子商务市场挺进，凭借如此强大的校内用户，电子商务市场还是很大的。

5）人人网现在已经可以分享优酷网和YOUTOBE网站的视频了，那未来人人网是不是也可以建造自己的播客平台呢？这应该也是一个利润增长点。

6）人人网有一个专门的电影板块。校内凭借其用户资源，将来一定会成为电影厂商的宣传平台，既然有合作，利润自然是不可少的。

7）校内应该再打造一个招聘平台，真正的赢利平台是即将推出的校内招聘。由于人人网几乎掌握了全国所有大学生的信息，因此作招聘是顺理成章的事情，而且会赢利颇丰。

一个优秀的SNS网站，就是要给用户提供一站式的用户体验。现在最重要的不是赢利模式，而是要为用户创造价值，只要创造了客户价值，客户就会有参与感。腾讯QQ是这样，人人网也是如此。

3.4.5 RSS营销方法

1. RSS订阅与创建

RSS为Really Simple Syndication的缩写，是某一站点用来和其他站点之间共享内容的一种简易方式，也称为聚合内容。网络用户可以在客户端借助于支持RSS的聚合工具软件（例如，全中文的看天下RSS阅读器、周博通RSS阅读器、新浪点点通RRS阅读器等），在不打开网站内容页面的情况下，阅读支持RSS输出的网站内容。可见，网站提供RSS输出，有利于让用户发现网站内容的更新。在高速、高质、高效成为主流呼声的互联网时代，RSS无疑推动了网上信息的传播，提出了另一种看世界的方式。

（1）订阅

首先需要有一个RSS阅读器（注册一个在线RSS阅读网站或者下载安装桌面RSS阅读器），然后从RSS栏目列表中订阅自己感兴趣的内容，或寻找一些自己感兴趣的RSS信息源（如网上营销新观察 http：//www. markingman. net/rss. xml），将信息源添加到自己的RSS阅读器或者在线RSS上。订阅后，即可在RSS阅读器中及时获得所订阅栏目的最新内容。

（2）创建

若要想为网站创建RSS，我们首先必须对RSS进行深入了解。RSS是基于XML（可扩展标志语言）的一种形式，并且所有的RSS文件都要遵守万维网联盟（W3C）站点发布的XML 1.0规范。可以按照以下格式在最常用的记事本或网页编辑软件中手工编辑网站的RSS。

```
< ? xml version = " 1. 0 " en coding = " gb2312 "? >
< rss version = " 2. 0 " >
< channel >
< title >网站或栏目的名称 < /title >
< link >网站或栏目的 URL 地址 < /link >
< description >网站或栏目的简要介绍 < /description >
< item >
< title >新闻标题 < /title >
< link >新闻的链接地址 < /link >
< description >新闻简要介绍 < /description >
< pubDate >新闻发布时间 < /pubDate >
< author >新闻作者名称 < /author >
```

</item>
<item>
……
</item>
</channel>
</rss>

一般一条新闻就是一个<item>，<item>下至少要存在一个<title>或<description>，其他语句可以根据需要进行选择。

如果网站更新的新闻量大，依靠手工编写 RSS 文件可能会出错，我们可以请 RSS 生成器来辅助我们的工作。

2. 开展 RSS 营销的基本条件

开展 RSS 营销的基本条件有：

1）要提供 RSS 信息源。

2）要为用户持续提供有价值的信息，并通过 RSS 及时向用户传递。

3）让尽可能多的用户通过 RSS 获取信息。

3. RSS 信息源订阅常见的推广方法

推广 RSS 的目的是让更多人知道并促使更多人订阅 RSS。以下是 RSS 信息源订阅推广的简单方法：

1）把 RSS 提交到 RSS 搜索引擎及 RSS 分类目录中。RSS 搜索引擎及分类目录通常按照信息源 feed 主题进行分类，将你的 RSS 提交到相关主题目录下，这样不仅能够直接增加 RSS 的曝光度，还会为你的网站增加链接广度。

2）RSS 启蒙介绍。尽管你已经非常了解 RSS 应用了，但你的访问者却可能并不知道 RSS 是什么。因此，网站对用户的指引非常重要，让他们了解 RSS 的使用方法、订阅你的 RSS 的好处。网站有必要为此专门做一个页面来介绍 RSS 及使用方法。

3）定制 RSS 图标。提供 RSS 订阅的网站一般放一个醒目的小图标，在 RSS 订阅网站中，大部分使用了橙色 XML 按钮，这个橙色按钮几乎成为 RSS 订阅的标志。

4）网站公告。网站一旦提供 RSS 订阅，可以发布一个新闻公告让访问者知道你提供某方面内容的 RSS 信息源。

5）邮件通信。在你发给客户的许可性 E－mail 邮件中，将 RSS 通知也包括进去，或许不少邮件订阅者会考虑采用 RSS 订阅方式替换传统邮件订阅方式。

6）博客通知。别忘记在你的博客中通知 RSS 源订阅这件事。

以上几个简单的做法将极大地促进你的 RSS 源订阅数量，最终带来网站访问量的提升。

4. 开展 RSS 营销的基本形式

（1）内部 RSS 营销

内部 RSS 营销是利用自己网站用户资源，通过 RSS 传递推广信息的方式。这种方式也可以有多种不同的表现方法。例如，可以在 RSS 信息源链接的网页中放置一定的推广信息，当用户接收到信息并点击来到网页浏览全文内容时可看到相关的内容。也可以专门设置一个推广性的网页，将这个网页与其他常规 RSS 信息一并收录到 RSS 文件中。

（2）通过 RSS 阅读器服务商投放广告

与提供邮件列表发送专业服务一样，RSS阅读器服务商提供的RSS资源及传递的服务，用户安装RSS阅读器是免费的。在信息发送服务中，RSS服务商可以通过为企业提供广告而获得收益。这就是RSS广告的一种形式。

(3) 直接在其他网站的RSS信息源中进行推广

与通过RSS服务商投放广告不同的是，这种推广模式需要企业直接与RSS信息源提供者进行协商，而不是通过第三方RSS服务提供商。这种RSS推广模式的好处在于，企业(广告主) 直接与网络媒体（RSS信息源）进行联系，主动性较强，可以对RSS信息源提供者有较多的了解，提高用户定位程度。其缺点在于，如果需要在多个RSS信息源进行推广时，要投入大量的人力进行沟通。

RSS通常用于新闻网站，而且从世界范围来看，大多数新闻网站均提供了RSS订阅服务。目前，商业网站的信息发布使用RSS的相对较少，还有很大的增长空间。现在，许多企业网站已经认识到RSS技术的先进性和优越性，并把对RSS技术的支持当做增加网站访问量、推广网站品牌、更好地为用户服务的重要手段。从网络营销和客户关系的角度看，企业完全可以把RSS作为一种有效的营销工具。

5. RSS的优缺点

RSS订阅方式的优点有：

1) 无须担心信息内容过大。

2) 不用担心垃圾邮件和病毒邮件的影响。

3) RSS传递信息更快。

4) RSS接收信息送达率高。

5) RSS接收信息准确度较高。

RSS订阅方式的缺点有：

1) 目前RSS的应用不如电子邮件普及。

2) 长期不接收RSS信息时，过期的信息无法被保留。

3) 难以准确了解RSS用户订阅的情况。

4) 通过RSS获取信息难以实现个性化服务。

5) 不同用户之间共享RSS信息不方便。

6. RSS在网络营销中的应用——使用RSS给消费者提供信息推送服务

RSS技术高速、高效的信息推送可以在一定程度上解决信息爆炸时代人们在信息检索等方面面临的各种难题，同时也给企业开展电子商务带来了一个新的发展契机。RSS是一种非常有价值的给消费者推送新闻、服务和信息的方式。利用RSS技术在电子商务环境下开展信息推送服务，给用户提供有价值、有特色、感兴趣的个性化产品信息，是企业开展电子商务的重要手段之一。在瑞士航空公司市场部，有一名员工的工作就是每天通过RSS收集国外某著名搜索引擎和博客中与瑞士航空公司服务相关的信息。当有严重的负面信息出现时，公司负责人会及时打电话向用户道歉。通过RSSFEED可以做定义目标的信息，如采购目录信息、采购订单、客户服务信息和任务单等。此外，RSS技术还可以方便企业收集外部竞争信息，便于及时调整销售策略，从而获得收益。在图3-15中，可以看到此款RSS软件，在频道列表区默认加入了一部分频道组和频道，从中可以看到来自不同方面的资讯。另外，还设置了收藏夹，可以将需要的信息添加到收藏夹保存，以方便查阅。

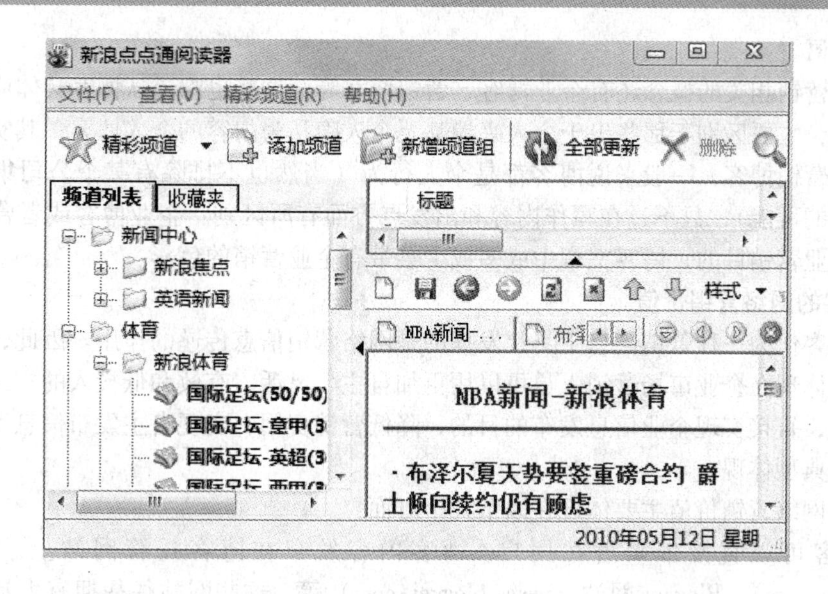

图 3-15　新浪点点通阅读器

3.4.6　博客营销方法

1. 博客营销与知识营销

（1）博客营销的定义

博客营销的概念最早由冯英健博士在从事博客营销实践的基础上提出。博客营销是指利用博客的方式，通过向用户传递有价值的信息而最终实现营销信息的传播。开展博客营销的前提是拥有对用户有价值的、用户感兴趣的知识，而不仅仅是广告宣传。

博客营销是一种基于个人知识资源（包括思想、体验等表现形式）的网络信息传递形式。因此，开展博客营销的基础问题是对某个领域知识的掌握、学习和有效利用，并通过对知识的传播达到营销信息传递的目的。

（2）知识营销定义

知识营销是通过有效的知识传播方法和途径，将企业所拥有的对用户有价值的知识（包括产品知识、专业研究成果、经营理念、管理思想以及优秀的企业文化等）传递给潜在用户，并逐渐形成对企业品牌和产品的认知，将潜在用户最终转化为用户的过程和各种营销行为。

（3）知识营销与博客营销的关系

知识营销定义中并没有提到博客营销，但是知识营销与博客营销的关系十分密切，因为知识营销与博客营销的思想是完全吻合的。

知识营销需要一定的信息传播途径，否则就成为空洞的概念。博客营销方法是实现知识营销战略的有效手段之一；博客营销需要向用户传递有价值的信息，而知识营销的内容是博客营销信息源中对用户最有价值的部分。同样的，邮件列表营销、RSS 营销等均需要一定的知识为前提，因此都可以理解为知识营销的具体表现形式。

实际上，知识营销与网络营销有时本来就是一回事，只不过在网络营销中并不一定用“知识营销”这一比较笼统的概念，而是用博客营销、RSS 营销和病毒性营销等更加具体的网络营销术语。

与博客营销相关的概念还有企业博客、营销博客等，这些也都是从博客具体应用的角度进行描述的，主要区别于那些出于个人兴趣甚至个人隐私为内容的个人博客。其实无论叫企业博客还是营销博客，一般来说博客都是个人行为（当然也不排除有某个公司集体写作同一博客主题的可能），只不过在写作内容和出发点方面有所区别：企业博客或者营销博客具有明确的企业营销目的，博客文章中或多或少会带有企业营销的色彩。

2. 博客的网络营销价值

由于博客作为一种营销信息工具，发挥的是网络营销信息传递的作用。因此，其网络营销价值主要体现在企业市场营销人员可以用更加自主、灵活、有效和低投入的方式发布企业的营销信息，直接实现企业信息发布的目的，降低营销费用，实现自主发布信息等，是博客营销价值的典型体现。

博客的网络营销价值主要体现在以下几个方面：

1）博客可以直接带来潜在用户。博客内容发布在博客托管网站上，如博客网（www. bokee. com）、Blogger 网站（www. blogger. com）等，这些网站往往拥有大量的用户群体，有价值的博客内容会吸引大量潜在用户浏览，从而达到向潜在用户传递营销信息的目的。用这种方式开展网络营销，是博客营销的基本形式，也是博客营销最直接的价值表现。

2）博客营销的价值体现在降低网站推广费用方面。网站推广是企业网络营销工作的基本内容，大量的企业网站建成之后都缺乏有效的推广措施，因而网站访问量过低，降低了网站的实际价值。通过博客的方式，在博客内容中适当加入企业网站的信息（如某项热门产品的链接、在线优惠券下载网址链接等），达到网站推广的目的，这样的“博客推广”也是极低成本的网站推广方法，在不增加网站推广费用的情况下，提升了网站的访问量。

3）博客文章内容为用户通过搜索引擎获取信息提供了机会。多渠道信息传递是网络营销取得成效的保证。通过博客文章，可以增加用户通过搜索引擎发现企业信息的机会，其主要原因在于，访问量较大的博客网站比一般企业网站的搜索引擎友好性要好，用户可以比较方便地通过搜索引擎发现这些企业博客内容。这里，所谓搜索引擎的可见性，是指让尽可能多的网页被主要搜索引擎收录，并且当用户利用相关的关键词检索时，这些网页出现的位置和摘要信息更容易引起用户的注意，从而达到利用搜索引擎推广网站的目的。

4）博客文章可以方便地增加企业网站的链接数量。获得其他相关网站的链接是一种常用的网站推广方式，但是当一个企业网站知名度不高且访问量较低时，往往很难找到有价值的网站给自己链接，通过在自己的博客文章中为本企业的网站做链接则是顺理成章的事情。拥有博客文章发布的资格，增加了网站链接的主动性和灵活性，这样不仅可以为网站带来新的访问量，也增加了网站在搜索引擎排名中的优势。

5）可以实现更低的成本对读者行为进行研究。当博客内容比较受欢迎时，博客网站也成为与用户交流的场所，有什么问题可以在博客文章中提出，读者也可以发表评论，从而可以了解读者对博客文章内容的看法，作者也可以回复读者的评论。当然，也可以在博客文章中设置在线调查表的链接，便于有兴趣的读者参与调查，这样扩大了网站在线调查表的投放范围，同时还可以直接就调查中的问题与读者进行交流，使在线调查更有交互性，其结果是提高了在线调查的效果，降低了调查研究的费用。

6）博客是建立权威网站品牌效应的理想途径之一。作为个人博客，如果想成为某一领域的专家，最好的方法之一就是建立自己的博客。如果你坚持不懈地做下去，你所营造的信息资源将为你带来可观的访问量。在这些信息资源中，也包括你收集的各种有价值的文章、网站链接、实用工具等，这些资源为自己持续不断地写作更多的文章提供了很好的帮助。这样形成良性循环，这种资源的积累并不需要多少投入，但其回报却是可观的。对企业博客也是同样的道理，只要坚持对某一领域的深度研究，并加强与用户的多层面交流，对于获得用户的品牌认可和忠诚提供了有效的途径。

7）博客减小了被竞争者超越的潜在损失。2004 年，博客在全球范围内已经成为热门词汇之一，不仅参与博客写作的用户数量快速增长，而且浏览博客网站内容的互联网用户数量也在急剧增加。博客已经走进大型企业的经营活动，如果因为没有博客而被竞争者超越，那种损失将是不可估量的。

8）博客让营销人员从被动的媒体依赖转向自主发布信息。在传统的营销模式下，企业往往需要依赖媒体来发布企业信息，不仅局限性较大，而且费用相对较高。当营销人员拥有自己的博客园地之后，可以随时发布信息，只要这些信息没有违反国家的法律法规和道德规范，并且信息对用户是有价值的。博客的出现，对市场人员营销观念和营销方式带来了重大转变，博客为每个企业、每个人提供了自由发布信息的权利。如何有效地利用这一权利为企业营销战略服务，则取决于市场人员的知识背景和对博客营销的应用能力等因素。

3. 企业博客营销常见的六种形式

（1）企业网站自建博客频道

许多大型网站都开始陆续推出自己的博客频道，这种模式已经成为大型企业博客营销的主流方式。通过博客频道的建设，鼓励公司内部有写作能力的人员发布博客文章，可以达到多方面的效果：

1）对于企业外部，可以达到增加网站访问量，获得更多的潜在用户的目的，对企业品牌推广、增进顾客认知、听取用户意见等方面均可以发挥积极作用。

2）对于企业内部，提高了员工对企业品牌和市场活动的参与意识，可以增进员工之间以及员工与企业领导之间的相互交流，丰富了企业的知识资源。

企业网站自建博客频道需要进行相应的资源投入和管理，增加了网站运营管理的复杂性，并且需要对员工进行信息保密、博客文章写作方法、个人博客维护等相关知识的培训，同时也不要让部分员工觉得增加了额外负担，产生抵触情绪等。不过，为了企业博客的总体效果，这些必要的投入都是值得的。

（2）第三方 BSP 公共平台模式

利用博客托管服务商（BSP）提供的第三方博客平台发布博客文章是最简单的博客营销方式之一，在体验博客营销的初期常被采用。第三方公共平台博客营销的好处在于，操作简单，不需要维护成本。但由于用户群体成分比较复杂，如果在博客文章中过多地介绍本企业的信息往往不会受到用户的关注，除非所在企业是百度等这样受人关注的企业。但实际上这些受到高度关注的企业员工通常并不适宜在公共博客网站以个人身份公开发表企业的信息。因此，第三方 BSP 公共平台模式提供的博客服务通常作为个人交流的工具，对企业博客的应用有一定的限制。

当然，BSP 也可以针对企业的博客提供服务，如博客网的企业博客网站专门为企业发布信息，为不同行业、不同规模的企业提供了博客营销的捷径。

(3) 第三方企业博客平台

与第二种模式类似，这种形式的博客营销也是建立在第三方企业博客平台上，主要区别在于，这种企业博客平台不同于公共博客以个人用户为主，而是专门针对企业博客需求特点提供专业化的博客托管服务。每个企业可以拥有自己独立的管理权限，可以管理企业员工的博客的权限，使各个员工的博客之间形成一个相互关联的博客群，有利于互相推广以及发挥群体优势。

第三方企业博客平台的典型问题在于：对提供这种服务平台的依赖性较高，如功能、品牌、服务、用户数量等；企业网站与企业博客之间的关系不够紧密；员工博客的访问量难以与企业网站相整合，因而对企业的知识资源积累所发挥的综合作用有所限制。

(4) 个人独立博客网站模式

归根结底，企业博客依赖于员工的个人知识，作为独立的个体，除了以企业网站博客频道、第三方博客平台等方式发布博客文章之外，以个人名义用独立博客网站的方式发布博客文章也很普遍。许多免费个人博客程序也促进了个人博客网站的发展，因此对于有能力独立维护博客网站的员工，个人博客网站也可以成为企业博客营销的组成部分。

由于个人拥有对博客网站完整的自主管理维护权利，因此个人可以更加充分地发挥积极性，在博客中展示更多个性化的内容，并且同一企业多个员工个人博客之间的互相链接关系也可以有助于每个个人博客的推广，多个博客与企业网站的链接对于企业网站的推广也有一定价值。不过个人博客对个人的知识背景以及自我管理能力要求较高，这种模式也不便于企业对博客进行统一管理。

(5) 博客营销外包模式

将博客营销外包给其他机构来操作，与传统市场营销中的公关外包类似，也可以认为是网络公关的一种方式。

外包模式的优点是，企业无须在博客营销方面投入过多的人力，不需要维护博客网站/频道，相应地降低了企业博客管理的复杂性。经过精心策划的博客营销外包往往能取得巨大的影响力。

外包模式的缺点是，由于没有企业员工的参与，非企业员工对企业信息的了解毕竟有限，第三方的博客文章难以全面反映优秀的企业文化和经营思想，不利于通过博客与顾客实现深入的沟通，如分享产品知识等。同时，企业员工对博客的关注程度也会降低，并且难免出现明显的公关特征。长期下来在用户的可信度等方面会产生一定的影响。

因此，外包模式的博客营销往往具有阶段性的特征，即在涉及某些具有新闻效应的热点事件，如奥运会、公司庆典等重要节日，具有重大影响的重要产品发布等特殊阶段，并且通常只能被知名企业所采用。可见这种模式在实际应用中具有一定的限制。

(6) 博客广告模式

与前述五种博客营销模式的不同之处在于，博客广告是一种付费的网络广告形式，即将博客网站作为网络广告媒体在博客网站上投放广告，利用博客内容互动性的特性获得用户的关注。尽管博客广告目前的应用还不成熟，一些行业对博客广告的价值还持观望态度，但一些技术含量高、用户需要获取多方面信息才能作出购买决策的行业，在博客广告方面已经作出了成功的尝试，这些行业包括 IT 产品、汽车和房地产业等。

随着博客应用的进一步深入，还会有新的博客营销模式不断产生。究竟哪种模式适合自己的企业，需要根据企业的经营思想和内部资源等因素来确定，同时也不排除多种模式共存的可能。

4. 企业博客文章写作的一般原则

在传统公关模式下，很多企业通常都有明确的新闻发布规定，除了指定的新闻发布人员之外，一般人员不能通过公众渠道公开发布个人观点。因此，在传统企业中，一般员工是没有话语权的。虽然个人也可以通过论坛、博客网站等发布信息，但通常要避免公开自己的身份，以笔名发布信息较为普遍。在互联网企业，尤其是 Web 2.0 时代，每个人都应该有表达自己观点的权利，但这并不是说员工可以在博客中随意发布信息，否则不仅不能发挥营销作用，还可能给企业造成损失。企业博客文章写作应遵循以下一般原则：

（1）正确处理个人观点与企业立场的关系

虽然说企业博客的写作目的是为了企业与用户进行交流，但企业博客是通过员工的个人文章来表现的。由于通过企业博客频道表达的是个人观点，因此任何人的博客文章都不能代表企业的官方立场，但是作为向读者传递信息的方式，读者会将个人观点与企业立场联系在一起，并且会从个人博客文章去推测甚至臆断企业的行为，事实上这也的确是不可完全分割的。因此，员工在企业博客文章写作时，应尽可能避免对容易引起公众关注的本企业的热点问题进行评论，如果实在要涉及这类问题，有必要在文章中声明仅属于个人观点，不代表企业行为。

（2）博客文章应注意保密

个人博客文章对公司经营管理另一个可能的影响是对企业机密信息的泄漏及其保护的问题。发布个人观点应有高度的保密意识，不是什么信息都可以随便公开发布。一般来说，企业内部所有规范文档、客户资料、核心技术、项目开发计划、研究报告、技术资料等均属于核心机密，无论是否明确标明“机密”标识。此外，根据常识判断，其他如果公开后可能对企业造成不利影响的信息也有必要考虑保密问题。

（3）博客文章必要的声明

根据博客文章的内容和目的，在发布的文章中作出声明是十分必要的。比如，禁止转载声明、免责声明等。尤其当某些情况具有不确定性时，如果忽视这一点就可能造成麻烦，媒体已经有多起因为员工博客文章内容不适当而被解雇的报道，而这些问题本来是可以避免的。在没有完善企业博客管理规范的情况下，对有些敏感问题的处理方法还需要博客主人分析判断。

5. 企业博客文章的写作方法

对很多员工来说，通过博客的方式来表达自己的观点并与读者进行交流的最大难题之一是，不知道该写什么样的内容，所以很多员工博客往往难以坚持下去。另外一种情况是，尽管时常更新自己的博客专栏，但写出的内容不仅对读者没有吸引力，而且与企业市场营销之间产生不了任何联系。其实解决这些问题并不复杂，只要掌握了博客文章写作和管理的基本方法，就可以利用好博客这一网络营销工具。

（1）博客文章的内容选题

博客的直接意思是“网络日志”，但作为企业博客文章显然不能只是自己的工作流水账，更重要的是体现关于某一领域的知识和思想。因此，博客文章的内容取材在很大程度上受到工作环境的制约。如果整天接触不到业内最新的思想，凭着自己埋头苦想，谁也无法写出有价值的文章来。下面几个方面对于博客文章选题会有一定的帮助：

1）与业内人士进行切磋与交流。在自己写作和发布博客文章的同时，也要经常关注同行业内人士的观点。与业内专业人士进行交流，不仅可以扩大自己的知识面，而且也可以获得更多的博客写作素材。

2）关注外部信息资源，尤其是国内外最新的研究动向。外部信息的启发是博客文章选题的最重要来源之一，要多关注与自身工作相关的外部信息资源。现在，利用RSS获取最新行业信息非常方便，领先的网站大都开通了RSS订阅服务，可利用RSS获取最新行业信息。

3）某一领域个人观点/思想的连续反映。某些人的工作可能专注于某个领域，如企业网站建设、搜索引擎关键词广告，或者外贸出口等，对某一领域进行深度跟踪研究，作为系列文章写作的方式，可以发掘源源不断的写作素材。在某个阶段还可以进行适当的总结，通过早期的观点和内容，延伸出新的内容。

4）用另一种方式展示企业的新闻和公关文章。一个企业的博客频道不应成为企业的又一个“市场部/公关部”，否则就失去了博客的真正意义，但并不是说博客文章就不能涉及这类问题。在博客文章中对企业进行一定的宣传是有必要的、也是合理的，但完全可以用另一种方式来表达。要说自己的产品好，不用自卖自夸，可以引用客户或者第三方的语言来表达，如与客户的谈话、某业内人士的观点等。

5）产品知识、用户关心的问题等。作为企业工作人员，对本企业产品的理解会比一般用户更系统，尤其对于知识型产品、技术含量高的产品、用户购买决策过程复杂的产品等。用户需要了解各个方面的产品信息，在企业网站的在线帮助栏目中可能找不到这些内容。如果自己对哪些方面有深入体会，不妨与顾客分享自己的体会。在与用户交流的过程中，潜移默化地向用户传递了产品信息，对于用户的购买决策会有很大的帮助，也有助于得到顾客的信任。

6）公司文化传播。企业文化的内涵很广，博客本身也是企业文化的一种表现，企业的各种公开活动、内部培训等都可以理解为企业文化的不同表现形式。对于企业文化相关的话题，只要不涉及企业机密，都可以直接写在博客文章中，让更多的潜在顾客通过点点滴滴的企业文化来了解一个企业的品牌，从而进一步了解和接受其产品和服务。这也是博客营销最有魅力之处。

7）发表行业观察评论。如果企业内部拥有在某一领域具有影响力的专业人士，通过发表行业观察评论等方式，对业内一些热点问题进行评论，也是容易引起读者关注的博客话题。如果某员工经常在媒体发表文章，接受媒体采访，参加行业会议等，则这些内容都可以作为企业博客文章的话题。

总之，博客文章的内容选题范围很广，博客话题的资源不仅不会枯竭，还会随着博客写作的积累发现越来越多的内容。最重要的是去发现、思考和总结，这样才能挖掘出丰富的博客写作资源。

（2）博客文章的表现形式

博客文章不同于企业的新闻和公关稿，即不主张把个人博客文章写作局限于企业营销活动的需要，最重要的是考虑文章内容是否对读者有价值。

至于博客文章的表现方法，可以不拘形式，也无须长篇大论，只要把想要表达的事情说清楚即可，不必担心自己的观点不成熟、结论不严谨，即使是不成熟的想法也可以提前释放，在释放和交流的过程中，时常会产生新的灵感，当你觉得有能力用长篇大论阐述你的思想时，可能别人不会有兴趣阅读你的博客了。

（3）超链接是博客与博客营销的桥梁

为了提供更丰富的信息，博客文章应适当链接涉及相关内容的来源，如书籍介绍、新闻事件、个人名称、产品经销商网站等。尤其是当文章中涉及某些重要概念（产品）时，应合理引用（链接）本企业的有关信息，这样的链接本身并不是为了产品推广，但在客观上却发挥了这种推广作用。因此，在一定程度上可以说，这种相关的超链接就是企业博客文章与博客营销的桥梁。

需要注意的是：①不要链接低质量的网页，因为这些内容很容易造成死链接；②不要链接可信度不高的网站（比如，文章存在来源不明、版权信息不清等问题）。

（4）通过博客与读者进行交流

分享与交流是博客文章写作的基本出发点之一。通过博客文章表达自己的思想，将自己在某一领域的知识和信息与他人分享，正确对待读者提出的问题，并给予必要的回复，都是通过博客与读者交流的方式。

（5）博客文章如何与营销目的相结合

企业博客毕竟只是一种辅助的市场策略，能带来多大的品牌价值和直接收益是很难事先估算出来的。因此，并不会作为任务要求每个员工按时按量完成，而是员工根据自己的兴趣，写出自己的所见所想，并与自己的用户分享。也就是说，个人博客文章与企业营销策略之间虽然存在一定的联系，但具体到某个员工个人而言，并不能做到对每篇博客文章都考虑是否对企业营销活动发挥哪些作用，实际上也没有这样的必要。当发布一篇博客文章时，所需要考虑的仅仅是："这些内容对读者可能有价值吗？"

既然如此，企业博客又是如何发挥营销效果的？这需要从长远的角度来考虑。博客可以成为企业网站内容的组成部分，当企业网站博客频道积累大量有价值的信息之后，这些内容对于潜在用户将会发挥有效的营销效果。企业博客营销是一个日积月累、潜移默化的过程，不可能像新闻和广告那样产生立竿见影的效果。所以，博客写作是企业博客营销的基本元素，博客营销是博客文章集合的总体效果的体现。

（6）博客文章内容的搜索引擎优化

博客文章发布之后，是否能获得尽可能多的读者的阅读成为博客营销效果的决定因素。因此，不仅要在博客文章写作上下工夫，还要从博客文章的推广上下工夫。博客文章推广的主要方法之一是博客文章的搜索引擎优化。

与一般网页的搜索引擎优化一样，博客文章也应遵循搜索引擎优化的一般原则。例如，为每篇文章设计一个合理的网页标题、文章标题和摘要信息，应该包含符合用户检索的关键词，文章中文字内容丰富且包含有效关键词，博客文章经常更新等。

从搜索引擎的角度来看，搜索引擎喜欢那些内容丰富、频繁更新的网站，这正好符合博客网站的特色。实际上，许多专业的博客网站在搜索引擎中有很好的表现，但这并不是因为搜索引擎偏爱博客程序，而是因为大多数博客程序设计对搜索引擎都比较友好。例如，完全静态化的网页内容，采用符合 Web 标准的 XHTML 技术大大减少了垃圾代码的比例，使得有效文字信息所占比例提高等。

（7）员工博客专栏的管理维护

企业博客的管理是博客营销的难题之一，至今还没有十分系统的研究。可以说现在的博客营销是问题多于成效的阶段，有很多问题需要在博客营销实践中逐步找到有效的管理办法。例如，企业员工博客文章造成泄密怎么办？员工知名度提高了被竞争对手挖墙脚怎么办？如何正确评估博客营销的投资收益率？等等。这些问题都是影响企业博客营销顺利开展的因素。

相对于企业博客总体层面的管理问题，企业员工博客专栏的管理维护问题要具体一些，每个成员都有责任维护企业博客频道的正常运营。

对个人博客专栏的维护主要包括以下几个方面：

1）经常更新自己的博客专栏，尽可能发表有专业水准的个人原创博客文章。

2）经常关注读者对博客文章的评论，用平常心对待博客文章的评论，既要经得起读者的赞扬，也要听取读者的批评意见，并与读者进行必要的交流。

3）注意可能对企业博客正常运营造成危害的问题，主要表现包括在博客文章评论中发表大量与文章无关的信息，尤其是评论中出现的无关的网站链接，这是一些垃圾 SEO 惯用的“增加网站链接广泛度”的手段之一。遇到这些不正当的评论者，应及时清理有关信息，如有必要还应采取进一步的行动。

（8）怎样才能写好企业博客

前面介绍了基本的博客写作方法和博客文章管理，最后还有必要从思想层面来提升对博客写作的认识。因为博客写作除了要掌握基本的方法外，还需要有热情和恒心。下面是企业博客专家的一些建议。

2006 年 7 月 3 日，新浪科技发表了一篇有关博客写作的文章——“专访著名企业博客斯考伯：如何把博客写得更棒”。这篇文章是美国《连线》杂志对斯考伯的专访，在访谈中斯考伯对博客写作者提出了一些很有价值的建议。例如，当你告诉人们任何一件事情的时候，要把它当成是可以在《纽约时报》上读到的文章；你必须像关注《华尔街日报》那样关注博客，哪怕是只有五个读者的博客；脸皮要足够厚，无论你是谁，人们都可能会抨击你，我相信竞争者们更喜欢煽风点火，所以博客们需要仔细推敲自己对人们的回应；有热情才会持续地写下去，如果老板干涉你的博客写作，你将很难形成统一的风格，对于许多企业雇员来说，这是一件相当难以处理的事情；好好考虑一下如何让人们找到你，到百度去搜索你想拥有的关键字，再想想人们会如何去搜索。

前面有关博客营销的内容只是初步的研究，还有很多方面需要深入系统的研究，如企业博客营销的规范和管理、博客营销中的用户行为、博客营销的效果分析等，这些领域的研究还有待于在实践中进一步总结。

6. 博客营销的运用

电子商务 2.0 的主要表现形式之一是企业博客。目前，已经有很多商家开始利用博客来提高知名度，推广产品和服务。

1）博客里的意见领袖。索尼公司新推出了一款打算卖给高端玩家的数码相机，在如何快速向市场推广这款新产品的问题上，索尼公司动足了脑筋，最后选择了一些专业摄影博客作为营销渠道。索尼公司看中的是专业摄影博客具有“领袖意见”的特质，摄影专业人群通过博客，把他们使用索尼这款新相机的感受快速地传达出去，由于专业人群具有“领袖意见”的影响力，这款相机的优点迅速传播开来，从而取得了不凡的营销效果。

2）博客营销。中国酒业大王五粮液集团全资子公司——五粮液葡萄酒有限责任公司挑选了来自全国各地的500名知名的博客红酒爱好者，分别寄送了其新产品国邑干红以供博客们品尝。博客们体验新产品后，纷纷在其博客上发表了对五粮液国邑干红的口味感受和评价，迅速在博客圈内引发了一股关于五粮液国邑干红的评价热潮，得到了业界的普遍关注。五粮液葡萄酒有限责任公司通过此次活动受益匪浅，不仅产品品质得到大家的认可，而且品牌也得到了大幅度提升，还实实在在地促进了产品的销售。

3）博客里的危机公关。通用也是较早利用博客进行危机公关的企业。2005年初，通用因为一篇报道撤销了在《洛杉矶时报》的广告投入。这件事出现了很多负面评论。通用就通过FastLane博客直接与“大众”沟通，表达自己的看法和意见，从而及时、有效地处理了这次危机。

4）利用博客提升企业的知名度。一汽大众“鸣响中国”博客空间，撰写奥运火炬传递的Blogger，在文章中加入了上海大众的官方火炬传递专页的链接，得到一个“博客鸣响喇叭”，加在博客页面中，博客的阅读者可以点击喇叭，表示对奥运的支持。吸引很多人来鸣喇叭的blogger获奖励，奖品包括奥运会的开闭幕门票和大众汽车一年的免费使用权等。在这个案例中，大众公司并没有直接推销产品或服务，而是借助博客的传播提升了企业的知名度。

传统的市场营销和广告直接影响的是销售，而在博客营销中，销售不是直接目标，但它可能是被最终影响的一个目标。

思考题

1. 在现阶段的网络营销活动中，常用的网络营销工具包括哪些？

2. 全文搜索引擎和目录索引引擎的区别是什么？

3. 简述搜索引擎营销的主要模式。

4. 百度网站是如何开展关键字竞价排名与收费的？

5. 竞价排名、固定排名、搜索引擎优化有何区别？各有什么优点？

6. 竞价排名广告在百度搜索结果中显示在什么位置？

7. 百度的竞价排名取决于哪两个主要因素？实际点击收费价格是怎样确定的？

8. 在竞价排名中，“谁出钱最多，谁就排在搜索结果的最前面”，这种说法是否正确？为什么？

9. 如何进行搜索引擎的优化推广工作？

10. 什么是E-mail营销？E-mail从普通的通信发展到营销工具需要具备哪些环境条件？

11. 什么是邮件列表？邮件列表有哪几种类型？常见的邮件列表形式有哪些？

12. 开展内部列表营销和外部列表营销的基础条件有何不同？

13. 简述开展内部列表营销的一般过程。

14. 开展E-mail营销需要注意哪些问题？

15. 互联网的Web 2.0和Web 1.0有什么区别？Web 2.0的技术有哪些？

16. 什么是RSS？如何开展RSS营销？

17. 什么是博客营销？企业博客文章写作的一般原则是什么？撰写企业博客文章应如何选题？

第 4 章 网络营销导向的企业网站研究

【本章要点】

- 企业网站的类型与特征
- 企业网站的基本要素
- 企业网站的规划与建设

企业网站是一个综合性的网络营销工具，在所有的网络营销工具中，企业网站是最基本、最重要的一个。若没有企业网站，许多网络营销方法将无用武之地，企业网络营销的功能也会大打折扣。因此，企业网站是网络营销的基础。

4.1 企业网站的一般特征

与专业的网络公司网站或者大型电子商务网站相比，企业网站具有明显的特点：企业建设网站并不一定要规模很大，也不一定要建成一个“门户”或者“平台”，它的根本目的是为企业营销活动提供支持，并作为企业经营策略的基本手段。

网络营销教学网站的观点是：企业网站是企业网络营销的工具，而网络公司和大型电子商务网站本身是一个经营场所，两者关系既有相同的地方，也存在明显的区别。表 4-1 从建站目的、收益模式、网站内容、网站功能等方面做简单对比分析。

表 4-1 企业网站与电子商务网站的比较

内容	企业网站	专业电子商务网站
建站目的	为企业经营服务，作为一种营销工具	新企业形式，网站服务和内容几乎代表了企业的全部
技术要求	通常比较简单，小型企业网站甚至不需要专门的技术人员	对网站运行要求较高，网站无法访问就意味着企业关门
投入预算	根据企业网站的功能不同，从几千元到几十万元之间	与网站规模相关，通常要比一般企业网站投入更多资金
收益模式	企业网站本身并不是利润中心，对企业经营是一种辅助作用，网站的价值体现在企业经营的多个方面而不仅仅是销售额的增加	电子商务网站有多种收入模式，如网络广告、技术服务、中介服务、信息服务、网上销售等
网站主要内容	主要为公司介绍、企业动态、产品信息、顾客服务、购买意向等，高级应用还包括 B2B、B2C 在线销售，在线采购等功能	没有统一模式，与各网站的经营领域有关，内容通常比较丰富，服务也比较完善

（续）

内容	企业网站	专业电子商务网站
网站功能	以信息发布为主，通常比较简单，电子商务型企业网站才有订单管理、用户管理等高级功能	要求比较高，要提供完善的在线服务、在线订单等功能
运营维护	根据企业的需要，发布重要新闻、新产品等情况下需要更新，通常更新量比较小	要不断提供新内容、新产品，经常不更新的网站很难聚集人气
网站推广方法	搜索引擎、企业宣传资料、E-mail营销、网络广告、在线黄页、信息发布等	网站拥有丰富的内容，并且代表了新经济模式，容易受到媒体关注，因此常通过新闻、公关等渠道获得推广效果，同时也采用常见的媒体广告、网络广告、网站合作营销手段

通过上述简单对比可以看出，一般的企业网站相对比较简单，其目的也比较明确。

企业网站的一般特征是指具有下列一个或者多个方面的目的：

- 通过网站的形式向公众传递企业品牌形象、企业文化等基本信息。
- 发布企业新闻、供求信息、人才招聘等信息。
- 向供应商、分销商、合作伙伴、直接用户等提供某种信息和服务。
- 网上展示、推广、销售产品。
- 收集市场信息、注册用户信息。
- 其他具有营销目的或营销效果的内容和形式。

企业网站的目的性也决定了一个企业网站并不需要包罗万象，也不一定像电子商务网站那样一开始就必须拥有各种完备的功能，企业网站的功能、服务、内容等因素应该与企业的经营策略相一致，因为企业网站是为企业经营服务的，如果脱离了这个宗旨，就无法为企业经营活动发挥作用，这样的企业网站都是不合适的。当企业网上经营发展到一定阶段，企业网站的功能和表现形式需要进行升级，网上营销新观察将企业网站的升级改造用一个专用的名词来描述——企业网站再造。

4.2 企业网站的类型

按照企业网站的功能，将企业网站分为三种基本形式：信息发布型、网上销售型和售后服务型。

1. 信息发布型

信息发布型网站属于企业网站的初级形式，不需要复杂的技术，将网站作为一种企业基本信息的载体，主要功能定位于企业信息发布，包括公司新闻、产品信息、采购信息、招聘信息等用户、销售商和供应商所关心的内容，多用于产品和品牌推广及与用户之间的沟通，网站本身并不具备完善的网上订单跟踪处理功能。

这种类型的网站由于建设和维护比较简单，资金投入也较少，能够初步解决企业开展网络营销的基本需要。因此，在开展实质性电子商务之前是中小企业网站的主流形式，一些大型企业网站初期通常也采用这种形式。

其实，这些基本功能和信息也是所有网站所必不可少的基本内容，即使是一个功能完善的电子商务网站，一般也离不开这些基本信息，因此信息发布型网站是各种网站的基本形态。

信息发布型企业网站通常包含的功能有检索、论坛、留言，也有一些提供简单的浏览权限控制，如只对代理商开放的栏目或频道。

目前信息发布型企业网站仍然是大多数中小型企业网站的主流形式。

2. 网上销售型

在信息发布型网站的基础上，增加网上接受订单和支付的功能，就具备了网上销售的条件。

网上销售型企业网站的目的是网上直接销售产品并获得直接的销售收入，企业基于网站直接面向用户提供产品销售或服务，改变传统的分销渠道，减少中间流通环节，从而降低总成本，增强竞争力。

与网上销售需求相对应的是，对企业网站的技术功能方面也提出了更高的要求，具有在线产品销售功能的企业网站由于涉及支付、订单管理、用户管理、商品配送等环节。一般来说，在线销售型的企业网站比信息发布型的网站要更为复杂，且网站的经营重点也有一定的差异，除了一般的网络营销目的之外，获得直接的销售收入也是主要目的之一。信息发布型网站由于不具备直接在线销售的功能，因此主要的目的在于企业品牌、产品促销等方面。

网上销售型网站的主要性能包括：

- 详细的产品或服务信息。包含照片、多媒体、图样和图表等。
- 购物车。以便买家能够选择一个或多个商品购买。
- 付款入口。以便买家能够为他们购买的产品或服务付款。

这类网站中最著名的是亚马逊，我国的当当、卓越也是其中的佼佼者。

企业为配合自己的营销计划而搭建的电子商务平台也属这类网站，如海尔的网上商城。

3. 售后服务型

互联网作为一种有效的沟通渠道，许多企业都利用互联网提供技术支持服务与售后服务，特别对于一些 IT 类企业，经常需要对许多产品进行技术上的说明，提供一些免费的升级软件，利用互联网他们可以让客户自己在网站上寻求技术支持和售后服务。只有当技术难度较大和专业知识要求较高时，才通过传统渠道进行解决。

在实际应用中，很多网站往往不能简单地归为某一种类型，无论是建站目的还是表现形式都可能涵盖两种或两种以上类型。

4.3 网站的基本要素

一个完整的企业网站，无论多么复杂或多么简单，都可以划分四个组成部分：结构、内容、服务、功能。这四个部分组成了企业网站的一般要素。

1）网站结构。网站结构是为了向用户表达企业信息所采用的网站栏目设置、网页布局、网站导航、网址（URL）层次结构等信息的表现形式等。

2）网站内容。网站内容是用户通过企业网站可以看到的所有信息，即企业希望通过网站向用户传递的所有信息。网站内容包括所有可以在网上被用户通过视觉或听觉感知的信息，如文字、图片、视频、音频等。一般来说，文字信息是企业网站的主要表现形式。

3）网站功能。网站功能是为了实现发布各种信息、提供服务等必需的技术支持系统。网站功能直接关系到可以采用的网络营销方法以及网络营销的效果。

4）网站服务。网站服务是网站可以提供给用户的价值，如问题解答、优惠信息、资料下载等，网站服务是通过网站功能和内容来实现的。

4.3.1 企业网站的结构

网站结构是为了合理地向用户表达企业信息所采用的栏目设置、网站导航、网页布局、信息的表现形式等。网站结构属于网站策划过程中需要确定的问题，是企业网站建设的基本指导方针。只有确定了网站结构，才能开始技术开发和网页设计工作。

1. 网站栏目结构

为了清楚地通过网站表达企业的主要信息和服务，可根据企业经营业务的性质、类型或表现形式，将网站划分为几个部分，每个部分就成为一个栏目（一级栏目），每个一级栏目可根据需要继续划分为二级、三级、四级栏目。

一般来说，一级栏目最好不超过8个，栏目层次以三级以内比较合适，即用户可以不超过3次点击就可直接到达内容页面。

2. 网站网页布局

网页布局是指当网站栏目结构确定之后，为了满足栏目设置的要求需要进行的网页模板规划。网页布局主要包括：网页结构定位方式、网站菜单和导航的设置、网页信息的排放位置等。

（1）网页结构定位

在传统的基于HTML的网站设计中，网页结构定位通常有表格定位和框架结构两种方式。目前的企业网站中，表格定位仍是主流。

由于框架结构将一个页面划分为多个窗口，破坏了网页的基本用户界面，很容易产生一些意想不到的情况，如容易产生链接错误、不能为用户所看到的每一个框架都设置一个标题等。有些搜索引擎对框架结构的页面不能正确处理，会影响用户体验和搜索引擎检索信息。因此，现在采用框架结构的网站很少。

表格定位是在同一页面中，将一个表格（或者被拆分为几个表格）划分为若干板块来分别放置不同的信息内容。

在对网页结构进行定位时，有一个重要的参数需要确定，即网页的宽度。确定网页宽度通常有固定像素模式和显示屏自适应模式。

固定像素是指无论用户将显示器设置为多大的分辨率，网页都按照固定像素的宽度显示（如760像素）。

自适应模式是根据用户显示器的分辨率将网页宽度自动调整到显示器的一定比例（如100%）。自适应模式从理论上说比较符合个性化的要求，但由于用户使用不同分辨率的显示器浏览时，信息内容显示效果是不同的，会产生不合适的文字分行或者其他影响显示效果的问题。因此，在对设计要求比较高的网站中都采用固定像素的表格定位方式。

表格定位的最大问题在于，网页定位时要确定网页的宽度，一旦网页设计完成，网页的显示也随之固定。由于用户所采用的显示器分辨率不相同，且在不同时期会发生变化。因此，应该照顾大多数用户所采用的分辨率模式。在进行网页结构定位时，应对当时用户使用浏览器的状况进行必要的研究，根据发展趋势来设计网页结构，而不是依照其他网站来机械地模仿。目前，常用的分辨率有800像素×600像素、1024像素×768像素等。

（2）菜单和导航

1）网站菜单设置。网站的菜单一般是指各级栏目，由一级栏目组成的菜单称为主菜单，主菜单一般会出现在所有页面上，在网站首页一般只有一级栏目的菜单，而在一级栏目的首页（在大型网站中一般称为频道）则可能出现栏目进一步细分的菜单，可称为栏目菜单或者辅菜单。

2）网站导航设置。导航设置是在网站栏目结构的基础上，进一步为用户浏览网站提供的提示系统。由于各个网站设计并没有统一的标准，不仅菜单设置各不相同，而且打开网页的方式也有区别。有些是在同一个窗口打开新网页，有些是新打开一个浏览器窗口。因此，仅有网站栏目菜单有时会让用户在浏览网页过程中迷失方向，如无法回到首页或者上一级页面等，还需要辅助性的导航来帮助用户方便地使用网站信息。一般是通过在各个栏目的主菜单下面设置一个辅助菜单来说明用户目前所在网页在网站中的位置。其表现形式比较简单，一般形式为：首页→一级栏目→二级栏目→三级栏目→内容页面。

如果网站内容较多，则专门设计一个网站地图是非常必要的。这个页面不仅为用户快速了解网站内部的信息资源提供方便，而且有些搜索引擎在网站中检索信息时也会访问这个导航页面，通常是采用静态网页的方式建立一个文件名为“sitemap. htm”的网页。

（3）网页布局和信息的排放位置

一般情况下，将最重要的信息放在首页显著位置，包括产品促销信息、新产品信息、企业要闻等。

企业网站不同于大型门户网站，页面内容不宜太繁杂，与网络营销无关的信息尽量不要放置在主要页面。在页面左上角应放置企业的Logo，这是网络品牌展示的一种表现方式。

为每个页面预留一定的广告位置，这样不仅可以为自己的产品进行推广，而且可以作为一种网络营销资源与合作伙伴开展合作推广。

在网站首页等主要页面应预留一个合作伙伴链接区，这是开展网站合作的基本需要。公司介绍、联系信息、网站地图等网站公共菜单一般放置在网页最下方。站内检索、会员注册/登录等服务应放置在右侧或中上方显眼的位置。

3. 网页版面布局方法

网页版面布局有以下一些方法：

1）“F”结构布局。“F”结构是指页面顶部为横条网站标志+广告条，下方左面为主菜单，右面显示内容的布局。由于菜单条背景较深，整体效果类似英文字母“F”。这是网页设计中用的最广泛的一种布局方式。

这种布局的优点是页面结构清晰、主次分明，是初学者最容易上手的布局方法。缺点是规矩呆板，如果细节色彩上不注意，很容易让人“看之无味”。

2）“口”型布局。这是一个象形的说法，就是页面一般上下各有一个广告条，左面是主菜单，右面是友情链接等，中间是主要内容。

这种布局的优点是充分利用版面、信息量大。缺点是页面拥挤、不够灵活。但随着计算机显示屏尺寸不断扩大，今后这种布局方法会有比较广泛的应用空间。

3）“三”型布局。这种布局多用于国外站点，我国用得不多。其特点是页面上横向两条色块，将页面整体分割为四部分，色块中放主要内容或广告条。

这种布局的优点是信息内容直截了当。缺点是如果不能在图像设计上有出色表现的话，很容易使页面呆板。

4）对称对比布局。该布局采取左右或者上下对称的布局，一半深色，一半浅色，一般用于设计型站点。其优点是视觉冲击力强。缺点是将两部分有机结合比较困难。

5）POP布局。POP引自广告术语，是指页面布局像一张宣传海报，以一张精美图片作为页面的设计中心。常用于时尚类站点，如ELLE. com。其优点是漂亮、吸引人。缺点是下载速度慢。此类设计最能体现设计者的综合水平。

以上总结了目前网络上常见的布局，其实还有许许多多别具一格的布局，关键在于你的创意和设计。对于版面布局的技巧，这里提供四个建议，您可以自己推敲：

- 加强视觉效果。
- 加强文案的可视度和可读性。
- 统一感的视觉。
- 新鲜和个性是布局的最高境界。

4.3.2　企业网站的内容

从根本上说，网站内容是网站的根本所在，如果内容空洞，即使页面制作再精美，也不会有多少用户。内容为王（Content is King）依然是网站成功的关键。

根据企业网站信息的作用，可以将应有的基本内容分为如下几类：

1. 公司信息

公司信息是为了让公司网站的新访问者对公司状况有初步的了解，公司是否可以获得用户的信任，在很大程度上取决于这些基本信息。在公司信息中，如果内容比较丰富，可以进一步分解为若干子栏目，如公司概况、发展历程、公司动态、媒体报道、主要业绩（证书、数据）、组织结构、企业主要领导人员介绍、联系方式等。

考虑到公司概况和联系方式等基本信息的重要性，有时也将这些内容以公共栏目的形式，作为独立菜单出现在每个网页的下方。对于联系信息应尽可能详尽，除了公司的地址、电话、传真、邮政编码、网管E-mail地址等基本信息之外，最好能详细地列出客户或者业务伙伴可能需要联系的具体部门的各种联系方式。对于有分支机构的企业，还应当有各地分支机构的联系方式，在为用户提供方便的同时，也起到了对各地分支机构业务的支持作用。

2. 产品信息

企业网站上的产品信息应全面反映所有系列和各种型号的产品，对产品应进行详尽的介绍。如果必要，除了文字介绍之外，还可配备相应的图片资料、视频文件等。用户的购买决策是一个复杂的过程，其中可能受到多种因素的影响，因此企业在产品信息中除了介绍产品型号、性能等基本信息之外，其他有助于用户产生信任和购买决策的信息，都可以用适当的方式发布在企业网站上，如有关机构、专家的检测和鉴定、用户评论、相关产品知识等。

产品信息通常可按照产品类别分为不同的子栏目。如果公司产品种类比较多，无法在简单的目录中全部列出，为了让用户能够方便地找到所需要的产品，除了设计详细的分级目录之外，还有必要增加产品的搜索功能。

在产品信息中，价格信息是用户关心的问题之一。对于一些通用产品及价格相对稳定的产品，也有必要留下产品价格。但考虑到保密性或者非标准定价的问题，有些产品的价格无法在网上公开，也应尽可能为用户了解相关信息提供方便。例如，为用户提供一个了解价格的详细联系方式作为一种补偿办法。

3. 用户服务信息

用户对不同企业、不同产品所期望获得的服务有很大差别。有些网站产品使用比较复杂、产品规格型号繁多，往往需要提供较多的服务信息才能满足顾客的需要，而一些标准化产品或者日常生活用品相对要简单一些。网站常见的服务信息有：产品选择和使用常识、产品说明书、在线问答等。

4. 促销信息

当网站拥有一定的访问量时，企业网站本身便具有一定的广告价值。因此，可在自己的网站上发布促销信息，如网络广告、有奖竞赛、有奖征文、下载优惠券等。网上的促销活动通常与网下结合进行，网站可以作为一种有效的补充，供用户了解促销活动细则、参与报名等。

5. 销售信息

当用户对于企业和产品有一定程度的了解，并且产生了购买动机之后，在网站上应为用户购买提供进一步的支持，以促成销售（无论是网上还是网下销售）。在决定购买产品之后，用户仍需要进一步了解相关的购买信息，如最方便的网下销售地点、网上订购方式、售后服务措施等。

1）销售网络信息。研究表明，尽管目前一般企业的网上销售还没有形成主流方式，但用户从网上了解产品信息而在网下购买的现象非常普遍，尤其是高档产品以及技术含量高的新产品。一些用户在购买之前已经从网上进行了深入研究，但如果无法在方便的地方购买，仍然是一个影响最终购买的因素。因此，应通过公布企业产品销售网络的方式尽可能详尽地告诉用户在什么地方可以买到他所需要的产品。

2）网上订购信息。如果具有网上销售功能，应对网上购买流程作详细说明。即使企业网站并没有实现整个电子商务流程，也应针对相关产品为用户设计一个网上订购意向表单，这样可以免去用户打电话或者发电子邮件订购的麻烦。

3）售后服务信息。有关质量保证条款、售后服务措施以及各地售后服务的联系方式等都是用户比较关心的信息，是否可以在本地获得售后服务往往是影响用户购买决策的重要因素之一，应该尽可能详细地说明。

6. 公众信息

公众信息是指并非作为用户的身份对于公司进行了解的信息，如投资人、媒体记者、调查研究人员等。这些人员访问网站虽然并非以了解和购买产品为目的（当然这些人也有成为公司顾客的可能），但对公司的公关形象等具有不可低估的影响。因此，对于公开上市的公司或者知名企业而言，对网站上的公众信息应给予足够的重视。

公众信息包括股权结构、投资信息、企业财务报告、企业文化、公关活动等。

7. 其他信息

根据企业的需要，可以在网站上发表其他有关的信息，如招聘信息、采购信息等。对于产品销售范围跨国家的企业，通常还需要不同语言的网站内容。

在进行企业信息的选择和发布时，应掌握以下原则：

1）有价值的信息应尽量丰富、完整、及时。

2）不必要的信息和服务，如天气预报、社会新闻、生活服务、免费邮箱等应力求避免，因为用户获取这些信息通常会到相关的专业网站和大型门户网站，而不是到某个企业网站。

3）在公布有关技术资料时应注意保密，避免被竞争对手利用，造成不必要的损失。

4.3.3　企业网站的服务

网站服务的内容和形式很多，常见的有：

1）产品选购和保养知识。相对于生产商和销售商来说，用户的产品知识总是比较欠缺的，利用网站为用户提供尽可能多的产品知识是市场培养的有效方法之一。

2）产品说明书。除了随产品附送说明书之外，在网上发布详细的产品说明对于用户了解产品具有积极意义。

3）常见问题解答（FAQ）。将用户在使用网站服务、了解和选购产品过程中可能遇到的问题整理为一个常见问题解答的列表，并根据用户提出的新问题不断增加和完善这个FAQ，这样做不仅方便了用户，而且也节省了企业的顾客服务效率和服务成本。一个优秀的FAQ 可以完成 80% 的在线顾客服务任务。

4）在线问题咨询。如果用户的问题比较特殊，需要专门给予回答，开设这种问题的解答服务是很有必要的，这样不仅解决了顾客的咨询，而且也可以从中了解一些顾客对产品的看法。

5）即时信息服务。在条件具备的情况下，利用即时信息开展实时顾客服务更容易获得用户的欢迎。

6）会员通信。定期向注册用户发送有价值的信息是顾客关系和顾客服务的有效手段之一。

7）优惠券下载。当公司推出优惠措施时，将优惠券发布在网站上，不仅容易获得用户的关注，而且也降低了发放优惠券的成本。

8）驱动程序下载。如果是需要驱动程序的电子产品，别忘记在网站上提供各种型号产品的驱动程序，并加以详细说明。驱动程序是经常困扰用户的问题之一，企业网站理应在这方面发挥应有的作用。

9）会员社区服务。为用户提供一个发表自己观点、与其他用户相互交流的空间。

10）免费研究报告。如果企业拥有重要的信息资源，可以定期为用户提供有价值的免费研究报告。

11）RSS 订阅。如果网站拥有经常更新的内容，为读者提供 RSS 订阅是对通过电子邮件发送相关信息的会员通信方式的有效补充，也表明企业在应用网络新技术方面的领先水平。

4.3.4　企业网站的功能

企业网站功能，可以从企业网站技术功能和营销功能两个方面加以分析。网站的技术功能是网站正常运行的基础。网站的营销功能是从网络营销策略的角度来分析，一个企业网站具有哪些可以发挥网络营销作用的功能。所以，网站的技术功能为网站的网络营销功能提供支持，网站的网络营销功能是技术功能的体现。

一个网站不论规模有多大，不论具有哪些技术功能，网站的网络营销功能主要表现在八个方面：形象展示、产品/服务展示、信息发布、顾客服务、顾客关系、网上调查、资源合作、网上销售。即使最简单的企业网站也具有其中的至少一项以上的功能。

1. 企业网站的网络营销功能

企业网站具有以下网络营销功能：

1）形象展示。网站实际上就是公司在网络上的一个品牌，网站建设是否专业，将直接影响企业的形象。因为用户在网上是通过网站了解一个公司的，看公司是否正规，只要打开网站就了解得差不多，有很多大的公司由于没有重视这点，在网上失去了很多销售的机会，反而一些小的公司做到了“小公司大品牌”，在一两年的时间内成为同行知名公司。

2）产品/服务展示。顾客访问网站的主要目的是要找到他需要的产品或服务信息，企业网站的主要价值应该体现在灵活方便地向用户展示产品或服务的信息，包括文字、图片、音频或者视频等多媒体信息等，丰富实用的内容是一个网站粘住客户的主要原因。

3）信息发布。网站是一个信息平台，只要有利于公司形象，产品销售的信息都可以发布，这些信息包括：公司新闻、行业新闻、最新产品信息、人才招聘、促销信息等。

4）顾客服务。互联网提供了更加方便的在线顾客服务手段，从形式最简单的 FAQ（常见问题解答），到电子邮件、邮件列表，以及在线论坛和各种即时信息服务等。在线顾客服务具有成本低、效率高的优点，在提高顾客服务水平、降低顾客服务费用方面具有显著作用，同时也直接影响网络营销的效果。因此，在线顾客服务成为网络营销的基本组成内容。

5）顾客关系。通过网络社区、有奖答卷等多种网络营销手段吸引顾客参与，不仅能够达到宣传产品的目的，而且也能增进顾客的关系，有利于增加销售。

6）网上调查。网上调查作为一种快捷、方便、成本低的手段，越来越受到企业的重视。在网站上可以设置调查表或者通过电子邮件、BBS 等方式征求顾客的意见。

7）资源合作。网上的资源合作包括与友商、供应商交换友情链接，交换广告、内容合作等方式，以实现从资源共享到利益共享的目的。

8）网上销售。建立网站及开展网络营销活动的目的之一是为了增加销售。一个功能完善的网站本身就可以完成订单确认、网上支付等电子商务功能，即企业网站本身就是一个销售渠道。随着电子商务价值越来越多地被证实，更多的企业将开拓网上销售渠道，增加网上销售手段。实现在线销售的方式有多种，利用企业网站本身的资源来开展在线销售是一种有效的形式。

总之，企业网站的网络营销功能并不是固定不变的，各个企业的经营状况不同，对网站的功能需求也不一样，需要与企业的经营策略相适应。在企业网络营销的不同阶段，对网站功能的需求不同，网站功能也相应有一定的差异，而随着企业电子商务流程的不断深化，企业网站也将不仅仅是一个网络营销的工具，而是要涉及电子商务流程中的各个领域，网站的功能也将不再局限于上述八个方面。

2. 企业网站的技术功能

一个企业网站的技术功能可分为前台和后台两个部分。前台是指用户可以通过浏览器看到和操作的内容。后台是指通过网站运营人员的操作才能在前台实现的相应功能。后台的功能是为了实现前台的功能而设计的，前台的功能是后台功能的对外表现，通过后台来实现对前台信息和功能的管理。例如，在网站上看到的公司新闻、产品介绍等就是网站运营人员通过后台的信息发布功能来实现的，在前台，用户看到的只是信息本身，看不到信息的发布过程；对于邮件列表功能，用户在前台看到的通常只是一个输入电子邮件地址的订阅框，而用户邮件地址的管理和邮件的发送等功能都是通过后台来实现的。

一个企业网站需要哪些功能主要取决于网络营销策略、财务预算、网站维护管理能力等因素。部分常用的功能包括：信息发布、产品管理、会员管理、订单管理、邮件列表、在线帮助、站内检索、在线调查、流量统计等。

4.4 企业网站的规划与建设

4.4.1 企业网站的规划

在进行企业网络营销站点规划时，要考虑结合企业的管理和执行层面，将它们整合在一起运行。

1. 确定企业网站的目标

首先要考虑的问题是企业打算利用网站进行哪些活动，常见的网站目标有：

1）为用户提供良好的用户服务渠道。

2）试图销售更多的产品和提供更多的服务。

3）向有兴趣的来访者展示一些信息。

2. 确定访问者

在确定网站的目标后，在规划的初始阶段，应该尝试划定你的访问者范围，分析时要考虑以下访问者：

1）预期网站的主要目标受众在哪些地区，何种人口结构。

2）访问者接入互联网的带宽有多大，能否快速访问到网站内容。

3）谁会使用你的网站页面。

3. 确定网站提供的信息和服务

在考虑网站的目标和服务对象后，应根据访问者的需求来规划网站的结构、设计信息内容。在规划设计时，应考虑以下问题：

1）按照访问者的习惯规划网站的结构。

2）结合企业经营目标和访问者的兴趣，规划网站信息内容和服务。

3）整合企业形象，规划设计网站的主页风格。

4. 组织建设网站

在分析网站的战略影响和规划好网站的经营目标和服务对象后，就要规划如何组织建设网站了。在规划建设网站时，应该考虑以下问题：

1）要确定是建立自己的网站或网页空间，还是采取其他方式（如委托建设）。

2）为网上营销方案预计投入多少资金。

3）如何组织人员和有关部门参与网站建设。

4）如何维护管理企业网络营销网站。

企业网络营销网站建设的目的有很大不同，并非所有的企业都是直接靠网络营销网站去赢利，绝大多数传统行业企业只是把网络营销网站作为一种宣传、广告、公关和销售补充工具而已。但也有一部分企业依靠建立网络营销网站，发展特殊网络营销赢利业务。

合理规划网络营销网站的内容对企业至关重要。精心规划、及时更新的网络营销网站能让访问者忠诚地不断回访，从而提高网站的知名度，使企业 Web 在整个营销体系中真正发挥作用。

4.4.2 企业网站的建设

企业做好了网络营销网站的规划之后，就要着手进行网络营销网站的建设，包括网站域名的申请、网站建设的准备、网站的设计与开发、网站的推广与维护等。

1. 站点域名的申请

站点域名的申请可以直接到 CNNIC 委托的专业公司注册（如我国第一代理注册公司中国万网 http：//www. net. cn）。在选择域名时，最好选择多个域名，如果选择的域名已经注册，但企业又特别想要，可以了解域名注册公司的业务情况，如果属于域名抢注，一方面可以协商转让，另一方面对于恶意抢注可以进行起诉。

2. 站点建设的准备

企业网络营销网站建设的准备工作可以从三个方面入手，即 Web 服务器建设、准备网站资料、选择网站开发工具等。

（1）Web 服务器建设。企业建设自己的 Web 服务器时需要投入很大资金，包括架设网络、安装服务器，运转时需要投入资金租用通信网络。因此，一般企业建设 Web 服务器时，都是采取服务器托管、虚拟主机、租用网页空间、委托网络服务公司代理等方式进行。对于一些目前没有条件或暂时没有建立网站的企业也可以马上开展网络营销。

企业建设自己的 Web 服务器，目前常用的费用低廉的几种形式包括服务器托管、虚拟主机和租用网页空间。

1）服务器托管。这种方式是企业建设自己的网站，拥有自己独立的网络服务器和 Web 服务器，只不过服务器托放在 ISP 公司，由 ISP 代为日常运转管理。企业维护服务器时，可以通过远程管理软件进行远程服务。服务器可以租用 ISP 公司提供的服务器，也可以自行购买服务器。采取这种方式建设好的服务器，企业可以拥有自己独立的域名，还可以节省企业架设网络和租用昂贵的网络通信费用。

2）虚拟主机。虚拟主机是使用特殊的软硬件技术，把一台运行在互联网上的服务器主机分成一台台“虚拟”的主机，每一台虚拟主机都具有独立的域名，具有完整的 Internet 服务器（WWW、FTP、E - mail 等）功能，虚拟主机之间完全独立，并可由用户自行管理。在外界看来，每一台虚拟主机和一台独立的主机完全一样。

3）租用网页空间。与虚拟主机类似而更为简单的方法是租用网页空间。这种方式甚至不需要申请正式域名，只要向网络服务商申请一个虚拟域名，将自己的网页存放在 ISP 的主机上，用户就可自行上传、维护网页内容，自行发布网页信息。一般来说，租用网页空间的费用较虚拟主机更为低廉。

（2）准备网站点资料。当选择好 Web 服务器后，网络营销网站建设的重点是根据网站规划设计 Web 主页（用 HTML 语言设计的包含多媒体信息的页面）。如果建设一个能提供在线销售、产品或服务的网上推广、发布企业最新信息、提供客户技术支持等功能的网络营销站点，需要准备以下一些资料：

1）要策划网站的整体形象，统筹安排网页的风格和内容。

2）公司的简介、产品的资料、图片、价格等需要反映在网上的信息中。

3）准备一些能给公司提供增值服务的信息资料，如相关产品技术资料、市场行情信息等。在准备资料时，可以包含文字、图像、动画、声音、影视等信息。

（3）选择网站开发工具。自行开发设计网站时，必须准备相关工具软件进行开发设计。

一般来说，需要这样几种工具软件：主页设计工具软件，如Dreamweaver；图像处理软件，如Adobe公司的Photoshop；声音、影视处理软件；交互式页面程序设计软件，如微软的ASP开发系统等。

对于一些具有交互功能的（动态主页，即具有能接收数据和读写数据库等数据处理功能）主页设计，最好是请专业计算机人员来开发设计；而对于一些简单的提供静态信息的Web页，在有规划好的模式的情况下，可以由企业内部员工通过培训来设计。

4.4.3 建立Web应用开发及运行环境

1. 安装和设置IIS

互联网信息服务（Internet Information Server，IIS）是一种Web服务组件，其中包括Web服务器、FTP服务器、NNTP服务器和SMTP服务器，分别用于网页浏览、文件传输、新闻服务和邮件发送等方面，它使得在网络（包括互联网和局域网）上发布信息成为很容易的事。下面介绍Windows 2000高级服务器版中自带的IIS 5.0的配置和管理方法。

（1）IIS的添加

进入“控制面板”，依次选择“添加/删除程序→添加/删除Windows组件”命令，选择“Internet信息服务（IIS）”项，单击“下一步”按钮，然后按提示操作即可完成IIS组件的添加。如图4-1所示“Windows组件向导”对话框。

图4-1 Windows组件向导

要确定我们安装的 Web 服务器（如 Windows 2000/XP 以上为 IIS）IIS 是否已经正确启动了，可以启动 IE 浏览器，在地址栏中输入“http://localhost/”或“http://127.0.0.1/”或“http://计算机名/”，看看能否打开默认的网页，如果能打开 IIS 默认的网页，则说明 IIS 已经正常启动了，这时就可以测试 ASP 动态网页了。

（2）设置 IIS

为了更好地进行测试，我们也可以打开 IIS 管理器对 IIS 进行具体设置。打开“控制面板”→“管理工具”→“Internet 服务管理器”选项，就可以打开 IIS 管理器，如图 4-2 所示。

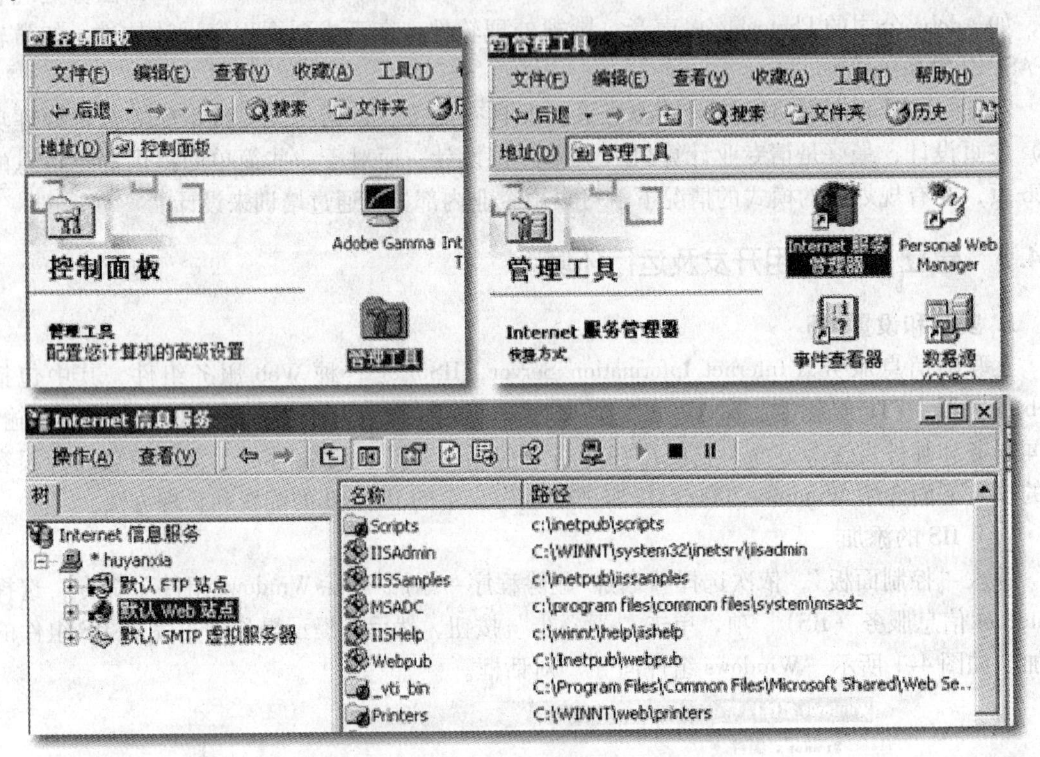

图 4-2 Internet 信息服务器默认站点设置

我们可以对“默认 Web 站点”的主目录进行更改。主目录就是我们要存放待测试的动态网页的地方，其默认的路径为“C:\Inetpub\wwwroot\”。如果更改主目录，则选中“默认 Web 站点”项然后单击鼠标右键，在弹出的快捷菜单中选择“属性”命令，在打开的“默认 Web 站点属性”对话框中选择“主目录”选项卡，这样就可以更改磁盘分区或目录了，我们在具体制作时把网页文件都放在此目录下，如图 4-3 所示，主目录被改成“D:\dwjyfs”。

2. 安装和设置数据库（Access）

Access 数据库是 Microsoft 公司出品的 Office 系列中自带的数据库系统，是目前最流行的桌面数据库管理系统。安装 Office 的同时即安装了 Access，Access 之所以被集成到 Office 中是因为它简单易学，一个普通的计算机用户即可掌握并使用它，而且最重要的是其功能强大，可以应付一般的数据管理及处理需要。

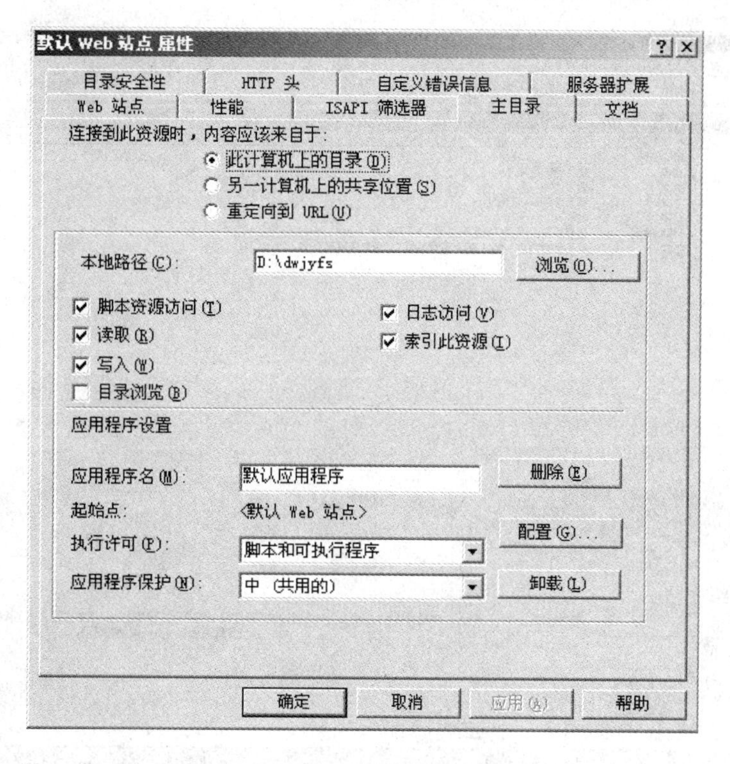

图4-3　默认站点主目录的设置

网站的 Access 数据库最终将上传到网络服务器上（即租用的虚拟主机上），网络服务器上不可能安装 Access。在网络服务器上无法通过 Access 访问数据库，只能通过 Access 的 ODBC 驱动程序访问数据库。

开放数据库连接（Open Database Connectivity，ODBC）提供了一批常用数据库软件的驱动程序，即使计算机上没有安装 Access，只要安装了 ODBC，程序就可以访问 Access 数据库。只要安装了 Office 2000，就会自动安装 ODBC。

（1）建立 Access 数据库

建立 Access 数据库的操作步骤如下：

1）创建数据库。启动 Access，从菜单中选择“空 Access 数据库”命令。

2）保存数据库。将数据库文件名命名为“data. mdb”（mdb 是 Access 文件扩展名）并保存。

3）创建表。选择“创建”命令，在 Access 的主窗口，双击“使用设计器创建表”选项，输入字段并进行类型设置，如图4-4所示。

4）保存表。从菜单中选择“文件/保存”命令，输入表名“admin”即可。

（2）建立 ODBC 数据源

建立 ODBC 数据源的操作步骤如下：

1）在控制面板中，单击“管理工具”图标，打开“管理工具”窗口，可以看到“数据源（ODBC）”图标，双击该图标可启动 ODBC 数据源管理器，选择“系统 DSN”选项卡，单击“添加”按钮，在如图4-5所示的“创建新数据源”对话框中选择安装数据源的驱动程序，这里选择“Microsoft Access Driver (*. mdb)”，单击“完成”按钮。

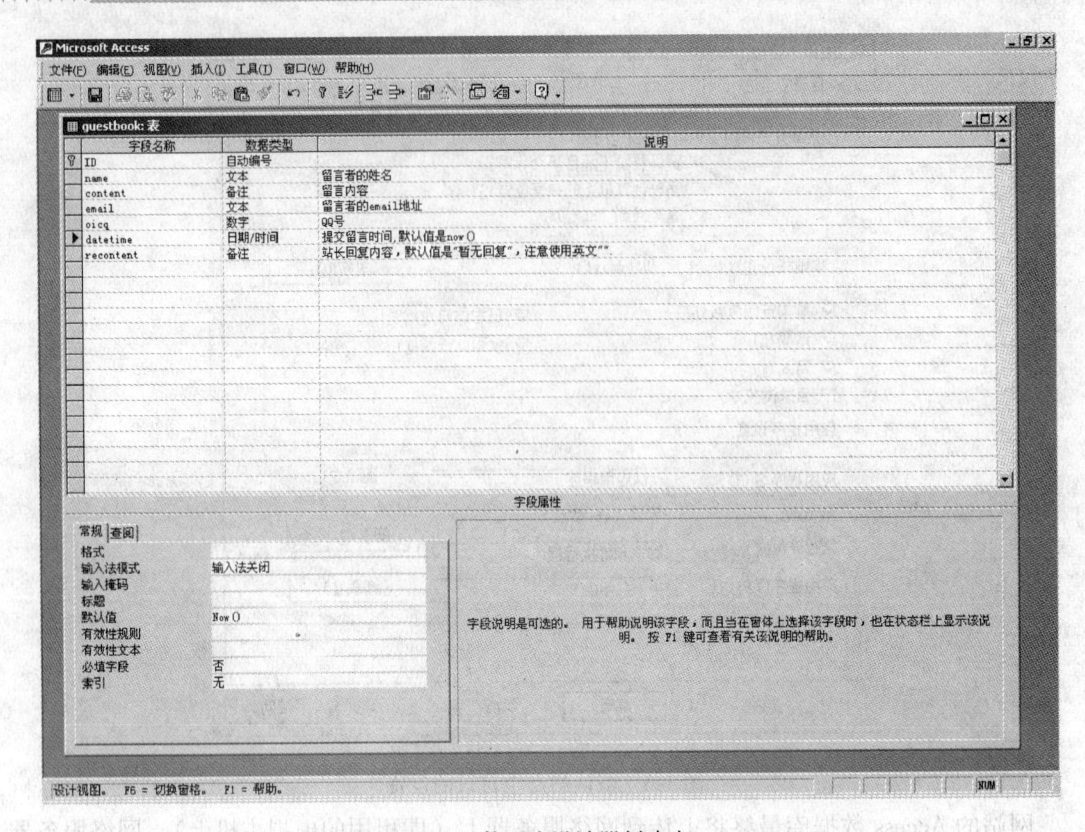

图4-4 使用表设计器创建表

图4-5 创建新数据源

2）在图4-6中，为数据源名命名为“jyfs”，单击“选择”按钮，选择已建立的Access数据库。

3）至此，数据库连接成功。

ODBC 的一个特点就是它不需要知道一个数据库的路径和名称，只要知道这个数据库的数据源名，就能访问数据库。

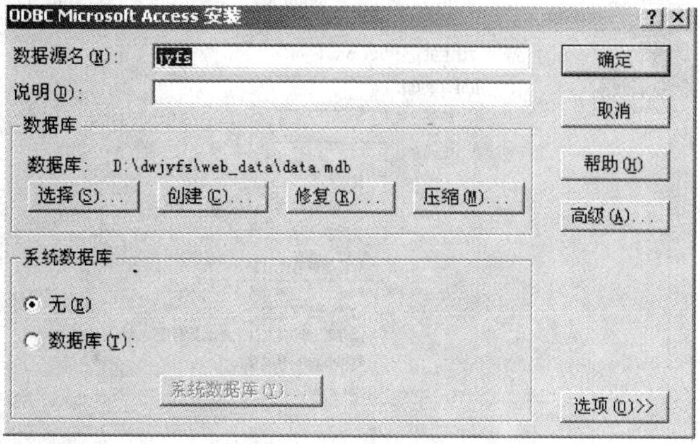

ODBC Microsoft Access 安装
数据源名(N): jyfs
说明(D):
数据库
数据库: D:\dwjyfs\web_data\data.mdb
选择(S)... 创建(C)... 修复(R)... 压缩(M)...
系统数据库
无(E)
数据库(T):
系统数据库(Y)...
确定
取消
帮助(H)
高级(A)...
选项(O)>>

图 4-6　ODBC 数据源管理器

3. 在 Dreamweaver 中建立数据库连接

（1）站点的基本设置

打开 Dreamweaver，创建一个新的站点，并进行站点的本地信息设置（见图 4-7）和远程信息设置（见图 4-8）。

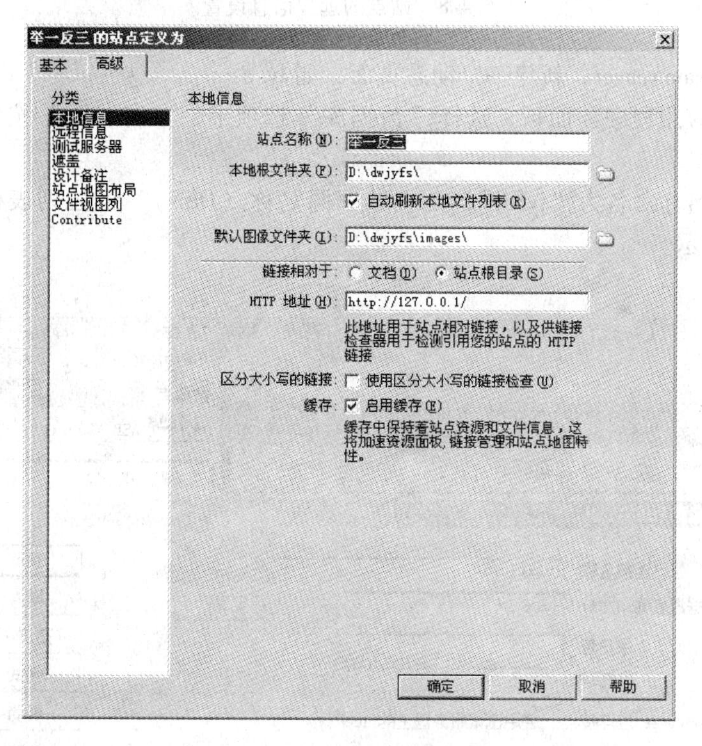

图 4-7　站点的本地信息设置

（2）建立 ODBC 连接

第一种连接方法：

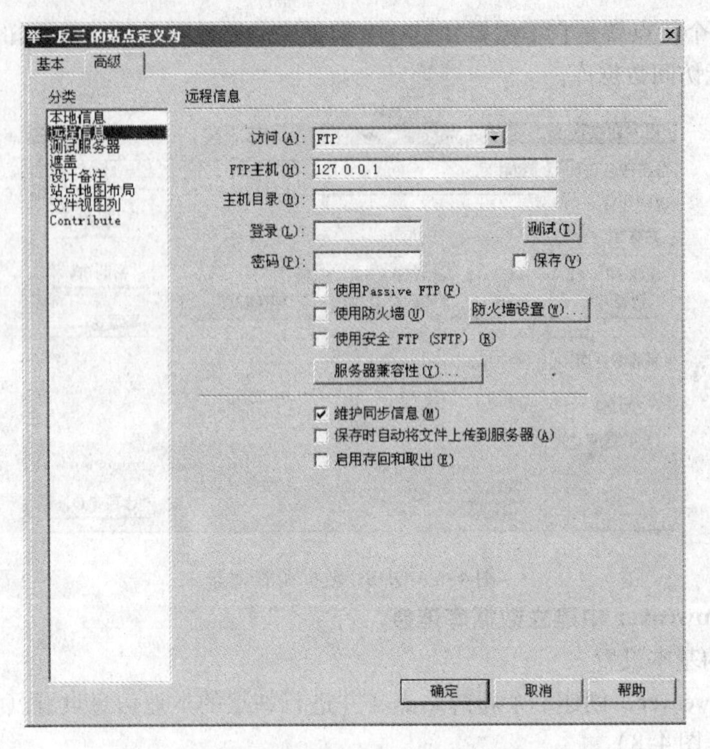

图4-8　站点的远程信息设置

1）打开 Dreamweaver，新建一个动态页面，如 ly. asp。

2）打开“应用程序”面板，选择“数据库”选项卡，单击“+”按钮，打开“数据源名称”对话框。

3）为连接名称命名为“jyfslj”，在“数据源名称（DSN）”下拉列表框中选择“jyfs”项，如图4-9所示。

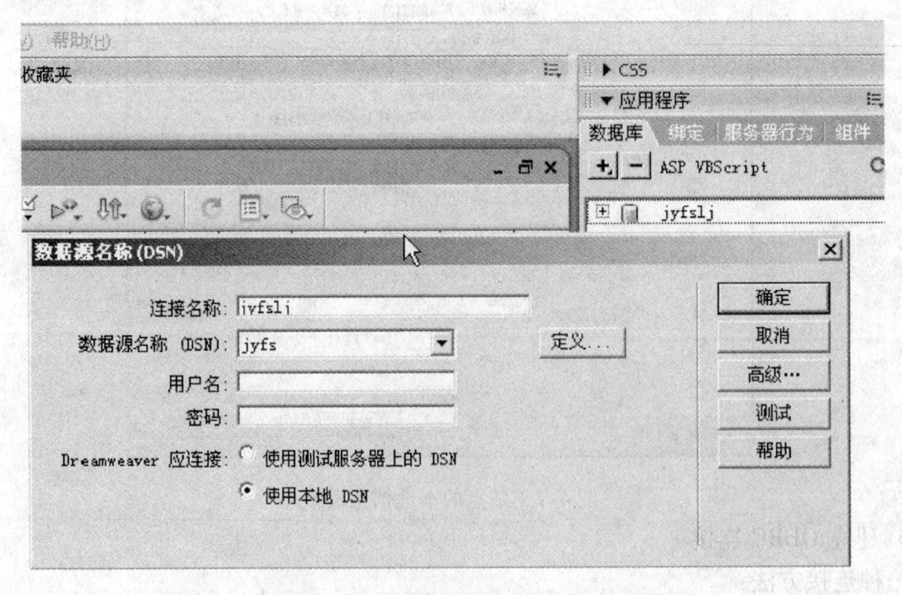

图4-9　“数据源名称”对话框

4）单击“测试”按钮，提示“成功创建连接脚本”。

注意：在上传到服务器之前，使用本地 DSN 即可。在本地机上调试通过之后，在上传服务器时要重新建立连接。

第二种连接方法：

1）打开“应用程序”面板，选择“数据库”选项卡，单击“+”按钮，选择“自定义连接字符串”选项，如图 4-10 所示。

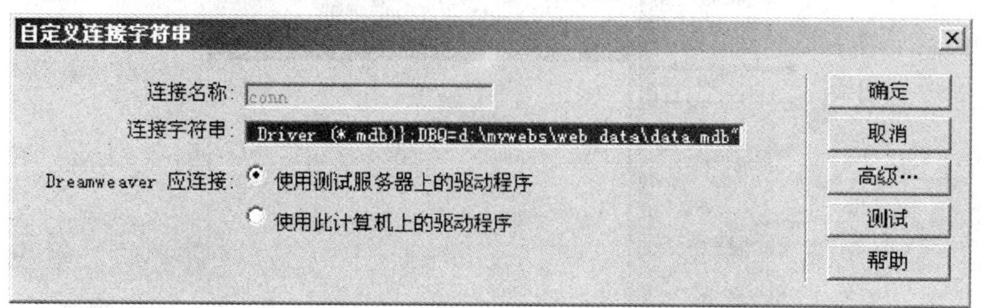

图 4-10　自定义连接字符串

2）输入数据库所在的绝对路径：

"Driver = {Microsoft Access Driver（*. mdb)}；DBQ = d：\mywebs\web_data\data. mdb"。

然后将已经建好的网站上传到服务器上，你会发现论坛等动态页面不能正常运行。原因是上传到服务器上的数据库物理路径地址和本地数据库物理路径地址是一样的。所以，只需要获得上传到服务器空间上的数据库文件在服务器上是处于什么物理地址就行了。怎样获得？操作步骤如下：

① 建立一个 path. asp 文件，内容很简单，为：<% =server. mappath（“data. mdb")% >。

② 将该文件和数据库文件 data. mdb 放在同一个文件夹，捆绑式一同上传。

③ 在 URL 地址栏查看 path. asp，即可得到 data. mdb 在服务器上的物理地址，如图 4-11 所示。

图 4-11　运行 path. asp 显示结果

④ 替换本地的 jyfslj. asp 中的物理路径。删除原来的连接 jyfslj，如图 4-12 所示。

⑤ 重复进行第二种连接方法的操作步骤，按图 4-10 重新定义连接字符串，输入字符串："Driver = {Microsoft Access Driver（*. mdb)}；DBQ = e：\w128\weizhl\wwwroot\web_data\data. mdb"，如图 4-13 所示。重新上传网站的全部文件即可。

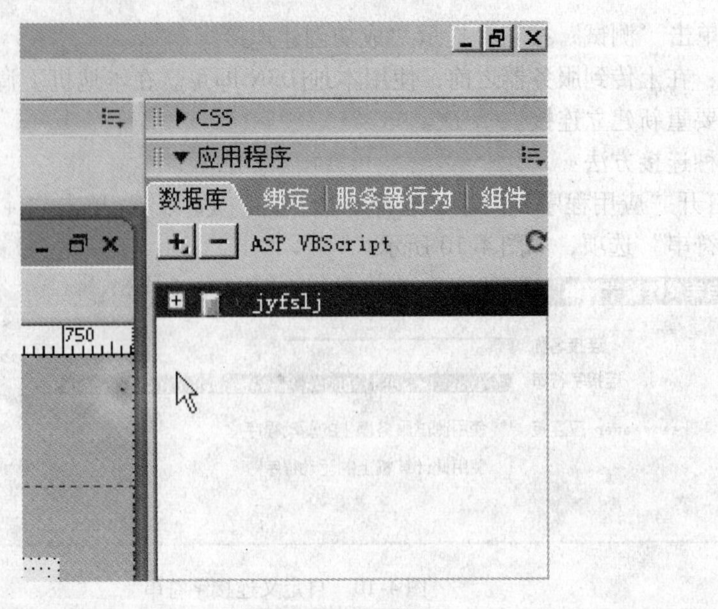

图 4-12　使用本地 DSN 连接

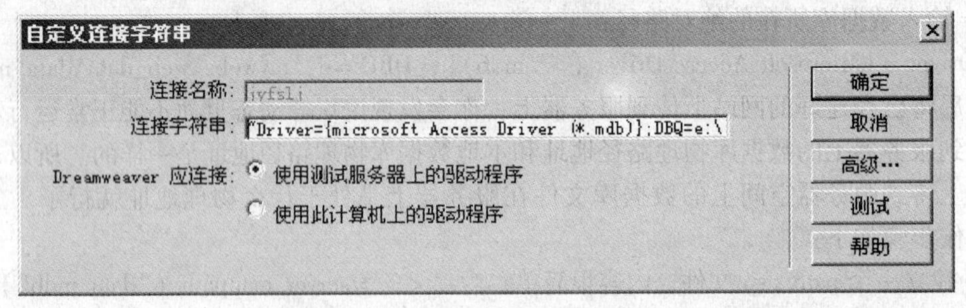

图 4-13　自定义连接字符串

思 考 题

1. 企业网站与电子商务网站的功能有什么不同?
2. 按照企业网站的功能，可以将企业网站分为哪三种基本形式?
3. 一个优秀的网站，有哪些基本的要素?
4. 一个结构完善、设计合理的网络营销站点应具备哪些功能?
5. 企业网站的基本内容有哪些? 请用一个网站为例进行说明。
6. 如何设计网页版面? 网页版面的布局方法有哪几种? 每种布局方法的优缺点各是什么?
7. 如何进行网络营销站点的建设?
8. 网站服务器的设立方式有几种? 最常用的是哪一种?
9. 网站建设策划书中通常包括哪些内容?
10. 在老师的指导下，自命题规划一个企业网站，要求:

1）确立网站类型。

2）确定站点的结构、内容、网站服务和功能。

3）CIS 和页面布局设计。

第5章　搜索引擎优化

【本章要点】

- 域名优化
- 关键词优化
- 链接与反向链接优化
- Meta 标签优化
- 常见 SEO 作弊手法
- SEO 操作法则

搜索引擎优化（Search Engine Optimization，SEO）是通过了解各类搜索引擎如何抓取互联网页面、如何进行索引以及如何确定对某一特定关键词的搜索结果排名等技术，来对网页进行相关的优化，使其提高搜索引擎排名，从而提高网站访问量，最终提升网站的销售能力或宣传能力的技术。

5.1　正确认识 SEO

1. SEO 适合哪些人

SEO 适合以下人员：

1）网站设计人员。网站设计人员掌握网站的代码，有能力和权限修改网站的结构，可以从代码层面开始构建或者优先优化网站。网站设计人员包括网站的前台、网站后台、网站美工、网站构架等。

2）网站管理人员。网站管理人员可以使用 SEO，使网站获得看得见的效果。网站管理人员包括企业站站长、产品站总监、网站运营总监、网站策划总监等。

3）内容编辑人员。SEO 不只是技术及设计人员的任务，在搜索引擎越来越强调内容后，内容就成为提高搜索引擎权重、改善和促进用户转化率的关键因素。网站的内容编辑人员目前在 SEO 方面的重要作用不可忽视。网站的内容包括许多方面，如新闻资讯、产品信息、公司简介、联系方式、促销信息等。网站编辑从内容组织、段落结构、标题设置、关键词分布、内容隐藏链接和相关链接等方面来优化文章，使普通的文字稿变成一篇生动的符合搜索引擎营销优化规则的软文，这一点是至关重要的。网站编辑的岗位包括专职的网站内容编辑、营销部门的方案策划人员、市场销售人员、新闻工作者等。

4）网络创业人士。想用 SEO 技术作为自己创业出路的人士，包括个人站长、网络商店的店主，都可以加入到 SEO 中。

2. SEO 不等于作弊

SEO 不是钻空子找窍门，而是做强网站。有很多人认为 SEO 是利用搜索引擎算法的漏洞钻空子，实际上SEO是遵循搜索引擎的“爬行”规律，去迎合搜索引擎的做法，从各个角度把网站做强。在SEO过程中，有些人运用不正当的手法，所以网站被搜索引擎惩罚，完全不收录网站任何页面。

3. SEO与SEM的关系

SEM是Search Engine Marketing的缩写，中文意思是搜索引擎营销。SEM是一种新的网络营销形式。SEM的服务主要有竞价排名、固定排名和搜索引擎优化。目前，SEM正处于发展阶段，它将成为今后专业网站乃至电子商务发展的必经之路。

SEM与SEO的关系体现在：

1）SEO属于SEM的一部分，SEO和SEM最主要的区别是最终目标不同。

2）SEO是通过对网站优化设计，使网站在搜索结果中靠前。

3）SEM所做的就是全面而有效地利用搜索引擎来进行网络营销和推广，SEM追求最高的性价比，以最小的投入，获得最大的来自搜索引擎的访问量，并产生商业价值。

国外有一些相关的书籍和文章把SEM和SEO放在并列的位置来看待，认为SEM就是付费排名，SEO就是自然排名，这样的提法也无不可，但我们还是把SEO看做是SEM的一个部分。

4. SEO与付费排名的关系

投放搜索引擎的付费广告有一个前提，即必须事先规划好关键词。网页中绝大多数文字内容都能被搜索引擎索引到，这就意味着网站的任何文字都有可能成为目标关键词。当用户搜索某个关键词时，网站可能在搜索结果中出现，通过SEO有目的地对这个关键词进行优化，也可能使其在搜索结果中的排名提升，但是可能排在数十页之后，这样网站被用户点击的可能性几乎为零。如果有一些关键词通过分析和实践，确实能带来有效的访问者和潜在客户，而网站在这个关键词的搜索结果中的排名又不是非常理想，同行的竞争也比较激烈的话，就有必要购买相关关键词的付费广告了。

网站实施SEO确实会减少某些关键词的广告投放量，但因为通过SEO，使网站本身各方面都得到改善，客户转化率提高了，就可能加大企业在其他关键词上的广告投放量，而且通过SEO工作，能够分析出更多的相关关键词，从而使企业在更多关键词上投放广告。

综上所述，SEO和付费排名并不矛盾。从事SEM，必须把二者有机地结合起来，以期从搜索引擎中带来尽可能多的目标客户，使搜索引擎带来的价值最大化。

5.2 选择搜索引擎喜欢的域名

SEO首先要从域名开始，域名虽小，但是也会造成优化结果的千差万别。域名的后缀、长短以及拼写不同都会带来不同的结果。

5.2.1 域名后缀

域名后缀有以下几种。

1）国际顶级域名：. com . org . net . biz . info . mobi 等。

2）国家顶级域名：. cn . us . ca . uk 等。

3）其他域名：. tv . io . ws . vc job . pro 等。

域名的后缀有数百种，不同域名的后缀在搜索引擎中的权重（即搜索引擎对域名质量的认可程度）是不同的。

一般情况下，.edu、.gov、.org域名在搜索引擎中权重比一般的域名高。其原因是.edu和.gov域名具有被信任的特征，.edu和.gov域名在任何情况下都不可以被转移，包括买卖、出租等任何形式的转移。.edu域名只可以被教育机构注册，.gov域名只可以由政府机构注册。而.com是国际域名，.cn是我国域名，所以.com域名会得到更高的权重。

尽管.gov.cn等域名的权重高，但它不是个人能注册下来的。从SEO及商业的角度来看，首选还是以.com为后缀的域名。

如果注册了国外的域名，那么对使用地点也有了限制。比如，注册了德国的域名，使用中文建站，那么在中国搜索相关的网站时，这个德国“籍贯”的网站就会比在我国国内的网站权重要低。相反，如果在德国使用搜索引擎输入中文关键词，则这个网站的权重就会高于我国国内的网站。在域名后缀的选取上，这点也是需要强调并注意的。

5.2.2 域名长短与域名历史

大部分短域名，包括我们比较喜欢的数字域名已经被注册殆尽，现在所谓的好的域名，也只能从比较有创意的角度上来定义。

域名越短越容易记忆，但域名长短并不能影响网站在搜索引擎中的排名。例如，http：//www.mamashuojiusuannizhucedeyumingzaichangbaidudounengsousuochulai.cn/ 意思是：妈妈说就算你注册的域名再长百度都能搜索出来，输入这个域名后大家会发现，已经指向了百度首页。尽管域名长达60多位，但在搜索引擎中照样有不错的排名。

从SEO整体的角度来看，短域名便于用户记忆，增加回访度，所以短域名还是首选。

域名历史包括注册时间以及第一次被搜索引擎抓取到页面的时间。显然，注册越早的域名被信任度越高。对于网站来说，收购老域名会让新网站快速发展。不过收购这些老域名的前提是，之前这些域名绑定的网站没有作弊。

5.2.3 域名的选择

1. 域名应该简明易记，便于输入

一个好的域名应该具备以下特点：短、顺口、便于记忆，最好让人看一眼就能记住，读起来发音清晰，不会导致拼写错误。此外，域名选取还要避免同音异义词。

2. 域名要有一定的内涵和意义

用有一定意义和内涵的词或词组作为域名，不但方便记忆，而且有助于实现企业的品牌建立。如果和企业品牌相关的名称被抢注了，那么域名一定要选择符合网站总体运营思路的，且必须与网站的需求一致。

5.2.4 域名的取名技巧

在我国，对域名的管理按照《中华人民共和国商标法》执行，受国家法律保护，以其他公司域名或产品商标名来命名自己的域名属违法行为。在不违背以上原则的前提下，谁先注册域名就属于谁。综合考虑以上因素，在为域名取名时应该注意以下几点。

1. 用企业名称的汉语拼音作为域名

这是为企业选取域名的一种较好的方式，实际上大部分我国企业都是这样选取域名的。

例如，我买网的域名为 womai. com，新飞电器的域名为 xinfei. com，海尔集团的域名为 haier. cn，四川长虹集团的域名为 changhong. com，华为技术有限公司的域名为 huawei. com。这样的域名有助于提高企业在线品牌的知名度，即使企业不做任何宣传，其在线站点的域名也很容易被人想到。

2. 用企业名称相应的英文名作为域名

这也是我国许多企业选取域名的一种方式，这样的域名特别适合与计算机、网络和通信相关的一些行业。例如，长城计算机公司的域名为 greatwall. com. cn，中国电信的域名为 chinatelecom. com. cn，中国移动的域名为 chinamobile. com。

3. 用企业名称的缩写作为域名

有些企业的名称比较长，如果用汉语拼音或者用相应的英文名作为域名就显得过于烦琐，不便于记忆。因此，用企业名称的缩写作为域名不失为一种好方法。缩写包括两种方法：一种是汉语拼音缩写；另一种是英文缩写。例如，广东步步高电子工业有限公司的域名为 gdbbk. com，泸州老窖集团的域名为 lzlj. com. cn，石家庄市环保局的域名为 sjzhb. gov. cn，计算机世界的域名为 ccw. com. cn。

4. 用汉语拼音的谐音形式给企业注册域名

在现实中，采用这种方法的企业也不在少数。例如，美的集团的域名为 midea. com. cn，康佳集团的域名为 konka. com. cn，格力集团的域名为 gree. com，新浪用 sina. com. cn 作为它的域名。

5. 以中英文结合的形式给企业注册域名

荣事达集团的域名是 rongshidagroup. com，其中"荣事达"三字用汉语拼音，"集团"用英文名。这样的例子还有许多：中国人网的域名为 chinaren. com，华通金属的域名为 htmetal. com. cn。

6. 在企业名称前后加上与网络相关的前缀和后缀

常用的前缀有 e、i、net 等；后缀有 net、web、line 等。例如，中国营销传播网的域名为 emkt. com. cn，网络营销论坛的域名为 webpromote. com. cn，联合商情域名为 it168. com，脉搏网的域名为 mweb . com. cn，中华营销网的域名是 chinam - net. com。

7. 用与企业名不同但有相关性的词或词组作域名

一般情况下，企业选取这种域名的原因有多种：或者是因为企业的品牌域名已经被别人抢注不得已而为之，或者觉得新的域名可能更有利于开展网上业务。例如，The Oppedahl & Larson Law Firm 是一家法律服务公司，而它选择 patents. com 作为域名。很明显，用"patents. com"作为域名要比用公司名称更合适。又如，Best Diamond value 公司是一家在线销售宝石的零售商，它选择了 jeweler. com 作为域名，这样做的好处是：即使公司不做任何宣传，许多顾客也会访问其网站。

8. 不要注册其他公司拥有的独特商标名和国际知名企业的商标名

如果选取其他公司独特的商标名作为自己的域名，很可能会惹上一身官司，特别是当注册的域名是一家国际或我国国内著名企业的驰名商标时。换言之，当企业挑选域名时，需要留心挑选的域名是不是其他企业的注册商标名。

9. 检查域名是否被使用

在注册域名时，尽量要检查此域名是否曾经使用过。部分使用过的域名因为使用不当被搜索引擎封杀，导致不能收录，以致放弃，注册到这样的域名只会影响网站的发展。通常使用过的域名会在网络中留下一些痕迹，这时可以搜索域名的名称检查是否有相关结果。

10. 选择权威的域名代理商注册域名

在注册域名时，不要贪图便宜，去很小的域名代理商那里注册。有的人曾经反映，自己第一年注册时只要30元每年的注册费，但在续费时，却开出上百元的价格，这无疑是先用诱饵诱惑你，再进行谋利。还有的注册商因为机构小，技术能力不强，导致域名经常出问题。所以选择一家权威的域名代理商是必须的，推荐我国的如新网、万网等运营商。

5.3 选择搜索引擎喜欢的空间

5.3.1 主机的地理位置会影响网页排名在不同国家的表现

搜索引擎会根据主机地理位置、域名类型、用户地理位置，对排名作一定的调整。

例如，如果一个网站的主机放在中国，那么这个网站排名在雅虎中国（http://cn.yahoo.com/）一定比在雅虎（http://www.yahoo.com/）中要好些。同样，中国用户在http://www.yahoo.com/中的搜索，主机在国内的网页排名也会好些。

那么，如何知道网站的空间位置呢？通过IP查询网站可以查到空间所在的位置。打开www.ip138.com，在IP查询输入框内输入想要查询的网址或IP，就可以得到该网站所在的位置，如图5-1所示。

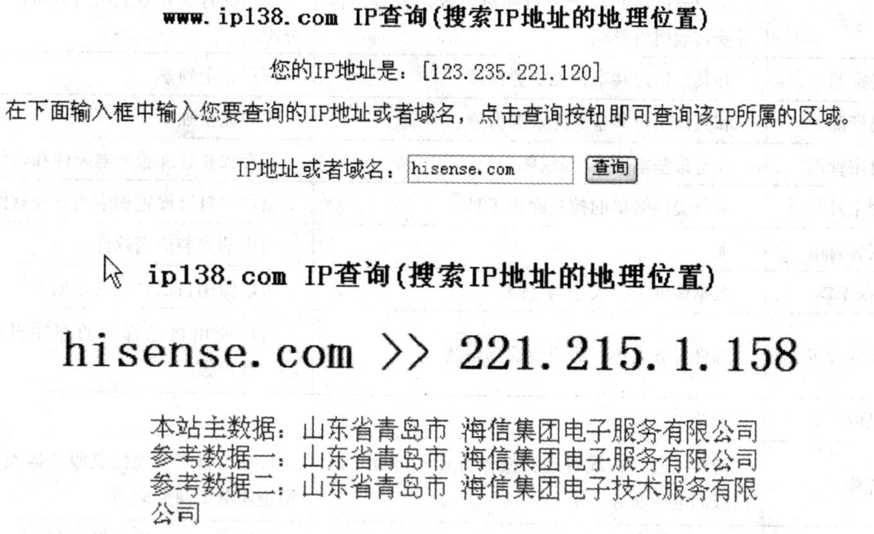

www.ip138.com IP查询(搜索IP地址的地理位置)

您的IP地址是：[123.235.221.120]

在下面输入框中输入您要查询的IP地址或者域名，点击查询按钮即可查询该IP所属的区域。

IP地址或者域名：hisense.com 查询

ip138.com IP查询(搜索IP地址的地理位置)

hisense.com >> 221.215.1.158

本站主数据：山东省青岛市 海信集团电子服务有限公司
参考数据一：山东省青岛市 海信集团电子服务有限公司
参考数据二：山东省青岛市 海信集团电子技术服务有限公司

图5-1 IP查询页面

5.3.2 网站空间速度对SEO的影响

网站空间速度的快慢对于用户来说非常重要，一个网页6秒之内打不开，则被用户直接关掉的概率非常大。网站打开的速度，不仅影响用户的体验，还影响SEO的排名。搜索引擎在spider抓取网页内容的同时，会判断网站的打开速度，作为进行网站排名的一个依据。

网上测试空间速度的工具有很多，“百度一下”就能找到。

打开 http：//www. linkwan. com/gb/broadmeter/speed/responsespeedtest. asp，在输入框内输入想要查询的域名或 IP，就可以得到该空间的反应速度。如图 5-2 所示。

查询网站	反应时间
http://211.64.192.2	0.06秒

图 5-2　网站空间反应速度测试

5.3.3　选择空间还是选择服务器

从搜索引擎的角度上讲，选用服务器要比选择虚拟主机占优势。通常情况下，成百上千个虚拟主机共用一个 IP 地址，假设有一个或多个作弊网站在当前 IP 下，其他网站则会被牵连受到惩罚（即使一个网站受到惩罚，其他网站也会受到拖累）。服务器则不同，它单独使用一个 IP，不会出现被连带惩罚的后果。虚拟主机与服务器的性能参数对比见表 5-1。

表 5-1　虚拟主机与服务器的性能参数对比

功能	虚拟主机	服务器
操作系统平台	支持 Windows 和 Linux	由用户自行安装操作系统
性能	运行不稳定、安全性差、速度较慢	运行稳定、安全高效
适用范围	适合初级使用者	适合高级使用者
支出费用	低	高
用户隔离	用户通过访问权限进行隔离，效果较差，容易受其他用户影响	用户拥有服务器上的所有资源，完全自主分配
硬件资源	和其他用户共享，无资源保障	用户完全独享
网络资源	和其他用户共享，无资源保障	用户完全独享
客户自主管理	仅有最基本的读/写权限	具有独立管理服务器硬件和软件的权限
管理工具	部分提供简单的控制面板工具	由用户自己设置相应的管理软件
软件安装自由	无	自由的安装应用软件
数据库	数据库种类、大小均受限	可以使用自己喜欢的数据库
电子邮件设置	邮件服务大小、账户数受到限制	可以使用自己喜欢的邮件服务，不限大小、账户数
扩展性	较差	最高
优势	价格便宜，在线管理，操作方便。可针对入门级的电子商务应用	可完全自主管理控制服务器硬件，适合大型企业电子商务应用
劣势	功能限制较多，可管理性不高，性能一般	价格高，自主管理成本高

5.4　关键词与 SEO

5.4.1　关键词的重要性

当通过搜索引擎查找相关信息时，在搜索框里输入的那些核心词就是关键词。关键词的选择应该在网站设计开始之前就着手。如果关键词选择不当，则后果是灾难性的。可能你选择的关键词很少有人搜索，那么你的网站排名再高，流量也不会大。关键词选错可能会影响你整个网站的写作内容，要想更正不是一件轻巧的事情。

5.4.2 关键词密度

在网页中关键词出现的频率越高，搜索引擎便会认为该网页内容与相应关键词的相关性越高，从而越容易出现在搜索结果页面的前端。

关键词密度（Keyword Density）与关键词频率（Keyword Frequency）实质上是同一个概念，它是指关键词在网页上出现的总次数与其他文字的比例，一般用百分比表示。例如，如果某个网页共有100个词，关键词在其中出现五次，则可以说关键词密度为5%。

但是，这个例子是一种简化方式，它没有有效包括HTML代码里的诸如Meta标签中的Title、Keywords、Description，图像元素的Alt文本、注释文本等。我们在计算关键词密度时，要把这些也都考虑在内。同时，还要考虑停用词（Stop Words），这些词往往会在很大程度上稀释关键词密度。

一般来说，在大多数的搜索引擎中，关键词密度在3%～8%是一个较为适当的范围，有利于网站在搜索引擎中的排名，同时也不易被搜索引擎视为关键词填充。但相信大家都见过一些排名很靠前的网站，其关键词密度特别不符合这个要求，有的关键词密度甚至高达30%，而有的可能完全没有关键词。所以，只要按逻辑、按正常的语法来写网页，关键词密度完全不必考虑。比如，一些SEO网站导航的每个栏目上都有SEO关键词存在，这种堆积符合逻辑，从另一个角度上说这是栏目设计的需要。

关键词密度只需要通过网站本身的内容来实现，做多了反而会触发关键词堆砌过滤器（Keyword Stuffing Filter）。只有正确地理解关键词密度的概念，才能使你的网站优化在不会被判为作弊的基础上显得更有效。

下面列出几个关键词密度查询工具，供参考：

- http：//www. webconfs. com/keyword－density－checker. php。
- http：//www. keyworddensity. com。
- http：//www. seo－sh. cn/keywords。

5.4.3 关键词摆放位置

在进行页面的SEO时，关键词需要出现在整个页面的适当位置。下面列出几个重要的关键词摆放位置，也是本书最为核心的内容之一。

- 网页Title部分。
- 网页Meta Keywords部分。
- 网页Meta Description部分。
- 在body的文本部分，越靠近页面的开头越好。
- 在整个body文本的第一句话中。
- 在网址中。
- 在网页H1或者H2标签中。
- 在站内链接的链接文本中。

- 在站外链接的链接文本中。
- 在图片标签的 Alt 属性中。

上面的这些位置都可以放置关键词，越前面的位置对于搜索引擎来说权重越大。

这里有一个度的问题，如果在上面列出的 10 个位置中都放上了关键词，那么很有可能会受到搜索引擎的惩罚，认为这是过度优化。

这里需要说明一点，在放置关键词时要自然，在出现的地方有一到两次就可以了。

5.4.4 长尾理论与长尾关键词

1. 长尾理论

长尾理论（The Long Tail）是网络时代兴起的一种新理论，由美国人克里斯·安德森（Chris Anderson）在 2004 年提出。长尾理论认为，由于成本和效率的因素，当商品储存流通展示的场地和渠道足够宽广，商品生产成本急剧下降以至于个人都可以进行生产，并且商品的销售成本急剧降低时，几乎任何以前看似需求极低的产品，只要有卖，都会有人买。这些需求和销量不高的产品所占据的共同市场份额，可以和主流产品的市场份额相比，甚至更大。

克里斯·安德森通过对亚马逊书店、国外著名搜索引擎以及网上录像带出租网站 Netflix 等的消费数据的研究，得出这个长尾理论。

在传统媒体领域，大众每天接触的都是经过主流媒体，如电视台、电台、报纸所挑选出来的产品。诸如各个电台每个月评选的十大畅销金曲，每个月票房最高的电影。图书市场也如此，权威的报纸杂志经常会推出最畅销书名单。大众消费者无论自身品味的差距有多大，在现实中都不得不处在这种主流媒体的狂轰滥炸之下，使得消费不得不趋向统一。所有的人都看相同的电影、书籍，听相同的音乐。

但是互联网和电子商务改变了这种情况。比如，亚马逊书店及 Netflix 这样的录像带出租网站，其销售场所完全不受物理空间限制。实体商店再大，也只能容下一万本左右的书籍。在亚马逊书店，网站本身只是一个巨大的数据库，能提供的书籍可以毫无困难地扩张到几万、几十万甚至几百万。实体唱片行、CD 商店，所能容纳的 CD 就更少了。在音乐电影网站上能销售的产品数目不受任何场地限制。

任何消费者都可以在网上找到自己喜爱的书籍和唱片。它可以做到的，哪怕这个网站一年只卖出一本非常罕见的书给消费者，营销成本并不显著增加。但实体商店就无法做到这一点，它不可能为了照顾那些有另类爱好的人，而特意把一年只卖一本的书放在店面里，因为成本和货架空间都决定了这不可能。

根据克里斯·安德森对亚马逊书店、Netflix 网站以及国外著名搜索引擎的研究，这种另类的、销售量极小的产品，其销售总数并不少于流行排行榜中的热门产品。这类网站典型的销售数字曲线如图 5-3 所示，也就是著名的长尾示意图。

在图 5-3 中，曲线横坐标表示产品受欢迎程度，从左到右由高至低。纵坐标显示的是相应的销售数字。可以看到，最受欢迎的一部分产品，也就是左侧所谓的主体部分，数量不多，销量很大。长尾指的是右侧部分，数量巨大，但每一个单个产品需求和销售都很小的那部分。长尾可以延长到近乎无穷。虽然长尾部分每个产品销量不多，但因为长尾很长，总的销量及利润与主体部分可以媲美。这就是只有在互联网上才实现的长尾效应。

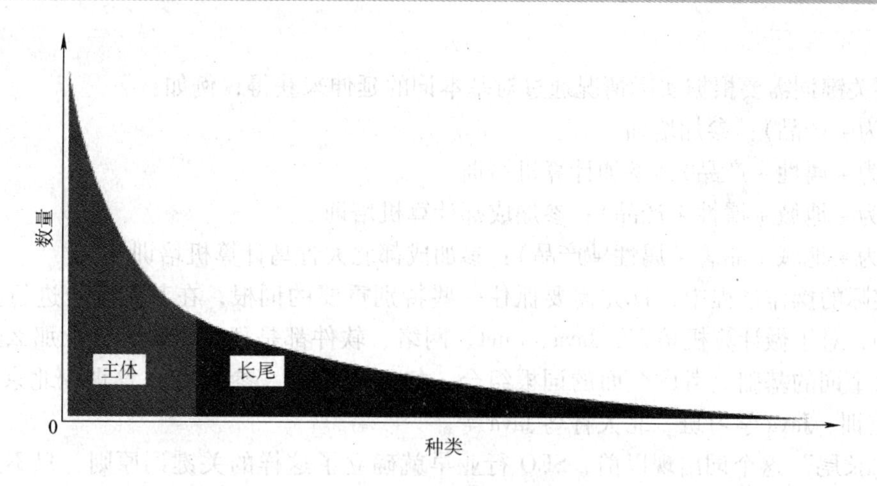

图5-3　长尾示意图

（资料来源：管理巅峰网 http：//www. g8844. com/2009/0501/19025. shtml）

2. 长尾理论是对经典商业活动中的二八定律的颠覆

二八定律指的是80%的结果，往往是来自于20%的出处。比如，对一个公司来讲，80%的利润常常是来自于20%最畅销的产品；80%的利润来自于最忠诚的20%客户等。

在现实生活中有许多二八现象。80%的收获往往来自于20%的时间或投入，而其他80%的投入只产生了20%的收益。所以经典的商业理论都是提醒大家找到最有效的20%的热销产品、渠道或销售人员，在最有效的20%上投入更多努力，尽量减少浪费在80%低效的地方。

二八定律与长尾理论相对照，营销人员的行动方向就可能产生分歧。按照长尾理论，那些需求不高、销售不高的80%产品或用户所贡献的总销售额和利润，并不一定输给那20%的处在头部的产品和用户，所以不能忽视处于长尾中的市场。而二八定律则建议不要浪费时间在这部分长尾上。

原因就在于长尾理论的前提是商品销售的渠道足够宽，并且商品生产运送成本足够低。比如，在亚马逊书店上，由于网站规模足够大，已经有了几十万甚至上百万的不同产品，这种情况下就能显示出长尾效应。但对很多中小企业的网站来说，只有几十种产品，或者多至几百几千种，这都不足以产生长尾现象，起支配作用的依然是二八定律。

长尾理论对网络营销人员选择利基市场的思路有积极的指导意义。

3. 长尾关键词

选择关键词的重要原则之一是尽量选择一些转化率较高、针对性较强的关键词，这就是所谓的长尾关键词。

比如，一个提供法律服务的网站，目标关键词不要定为“律师”，甚至不用“北京律师”，而可以定为“北京遗产律师”。从搜索次数上来说，搜索“北京遗产律师”的人比搜索“北京律师”或“律师”的当然要少得多。但搜索“北京遗产律师”的用户具有高度针对性，很明显他已经在找具体的服务，当然转化率也要高得多。而搜索“律师”的人到底想要找什么信息就很难讲了。像这种较长的、针对性较高，但搜索次数比较低的词就是长尾关键词。用户使用的关键词越专业、越具体，他们的需求越明确，但是这类用户的数量较少。

长尾关键词需要根据实际情况通过对基本词的延伸来获得，例如：

(行为+产品)：参加培训

(行为+属性+产品)：参加计算机培训

(行为+地域+属性+产品)：参加成都计算机培训

(行为+地域+品牌+属性+产品)：参加成都北大青鸟计算机培训

在实际的操作过程中，首先需要抓住一些特别重要的词根，在其基础上进行全面的组合。比如，对于做计算机培训，Java、.net、网络、软件都是很重要的词根。那么这个时候就要在每个词的基础上考虑全面的词根组合，如Java培训、参加Java培训、北京Java、北京Java培训、Java学习班、北大青鸟Java等。

在“长尾”这个词出现以前，SEO行业早就确立了这样的关键词原则，只不过没有长尾关键词这个说法而已。长尾理论被提出以后，最先并且经常使用的就是SEO行业，因为这个词非常形象、非常贴切地说明了大家一直以来已经在遵循的关键词选择原则。

5.4.5 选择关键词的主要原则

1. 关键词不要太宽泛

宽泛的关键词竞争太巨大，要想在“房地产”、“广告”、“旅游”等关键词排到前十名或前20名，所要花费的恐怕不是几万或者几十万，而是上百万。更不划算的是，就算你的网站在这类关键词排到前面，搜索这类词的用户的目的很不明确，转化率也不会高。搜索“房地产”的，他的目的是想买房子吗？那很难讲。这种词带来的流量目标性是很差的，转化为订单的可能性就更低，所以这类宽泛的关键词效率是比较低的。可以肯定地说，做房地产的公司，你应该忘掉“房地产”这种关键词。

因此，选择的关键词应该比较具体，且有针对性。

2. 不要以公司名做主要关键词，没人会搜索你公司名

3. 选择的关键词必须是用户有可能来查询的词

网站经营者、设计者由于过于熟悉自己的行业和自己的产品，在选择关键词的时候容易想当然地觉得某些关键词是用户会搜索的，但真实用户的思考方式和商家不一定一样。比如，一些专用词汇、行业用语，普通用户可能很不熟悉，也不会用它去搜索，但卖产品的人因为每天接触，却觉得这些词很重要。

选择关键词时应该做一下调查，问问公司之外的亲戚朋友，如果要搜索这类产品他们会用什么词来搜索。

4. 选择被搜索次数最多，竞争最小的关键词

最有效率的关键词就是那些竞争网页最少，同时被用户搜索次数最多的词。有的关键词很可能竞争的网页非常多，使得成本效益很低，要花很多钱、很多精力才能排到前面，但实际搜索这个词的人并不是很多。

因此，应该做详细调查，列出综合这两者之后效能最好的关键词。

5. 关键词要与网站的内容有关

前几年很流行的做法是瞄准一些热门，但和网站销售物品不太相关的词，希望招徕最多的用户，现在也有不少人在这么做，这是很过时的手法。目标定在这些词上，基本上只能用作弊手法，那么你的网站可能随时被惩罚、被封掉。从这种词搜索来的用户对你的产品也不感兴趣，看一眼网站就离开了，有流量却没有销售又有什么用呢？

5.4.6　关键词的选择步骤

1. 列出大量相关关键词

若要找出合适的关键词，首先就要列出尽量多的相关关键词，可以从以下几方面得到：

1）了解所要优化的网站所在的行业，运用你的常识，问问自己，如果你自己是用户，会用什么词搜索。

2）问周围的亲戚、朋友、同学等，他们会用什么关键词来搜索。

3）去看看同行业竞争者的网站，去搜索引擎看一下前 20 名的网站，他们都在标题标签里放了哪些关键词。

4）搜索引擎本身也会提供相关信息。在搜索一个关键词的时候，很多搜索引擎会在底部列出“相关搜索”或写着“搜索了 ABC 这个词的人，也搜索了 DEF”等，这些都是可以扩展关键词的地方。

5）有一些线上工具会提供近义词、错拼词等，可惜这种工具一般都是英文。

关键词研究工具也会列出扩展关键词，可到网上下载有关工具。百度关键词推荐工具需要开通百度推广方可查询，进入百度推广网站，用户注册并登录，建立推广计划，在选择关键词时即可看到关键词推荐工具，或者单击“工具”选项卡，进入“工具箱”，单击“立即使用”关键词推荐，如图 5-4 所示，在指定的文本框中输入一个基本关键词，然后单击

图 5-4　百度关键词推荐工具页面

“获取推荐”按钮，可得到若干扩展的关键词。

2. 关键词竞争程度

经过第一步以后，应该有一大串备选关键词，至少有几十个，若是大项目也可能备选关键词有成百上千。然后需要研究这些关键词的竞争程度如何，希望找到竞争比较小，同时搜索次数比较多的关键词。

看关键词的竞争程度，主要有两个指标：

1）各个搜索引擎在搜索结果右上角列出的某个关键词返回的网页数。这个数字大致反映了与这个关键词相关的网页数，而这些网页都是你的竞争对手。

2）判断关键词竞争程度的是在竞价排名广告中需要付的价钱。可以开一个百度推广账号，进入百度推广工具箱，选择“工具”→“估算工具”项，百度会为客户预估关键词在一定出价时的状态、每次点击费用、排名等信息，如图 5-5 所示。这些关键词的竞价排名价

图 5-5 百度关键词点击费用和排名估算工具

格比竞争网页数更能说明竞争程度，因为在每一个价钱的背后，都有一个竞争对手做过市场调查，并且愿意出实实在在的钱来和你竞争。

3. 关键词被搜索次数

关键词的竞争程度是一方面，还有一个重要的方面是这些关键词是否真的被用户搜索？搜索的次数是多少？当然被搜索的次数越多越好。

百度关键词推荐工具列出了相关关键词被搜索的具体次数，如图5-3所示。

百度指数中显示了关键词被“关注”的程度。所谓“关注”是指我们不必关心具体数字指的是什么，只要把它当做被搜索次数的一种度量。本书第7章市场调查有详细说明。

4. 计算关键词效能

有了关键词的竞争程度和被搜索次数，就可以计算出哪些关键词效能最高。搜索次数越多，潜在效能就越大；竞争越大，潜在效能就越小。

所以最简单的计算方法是：

$$\text{关键词的效能} = \text{搜索次数} \div \text{竞争程度}$$

其中竞争程度主要取决于：搜索关键词时返回的搜索结果数和PPC（Pay Per Click）价格（即搜索竞价）。返回的搜索结果数越多，竞争就越大；PPC价格越高，竞争就越大。

这个公式还可以做适当的变化。比如，在竞争程度中，若觉得PPC价格重要性更高一点，则可以把除数改为：

$$0.4 \times \text{搜索结果数} + 0.6 \times \text{PPC 价格}$$

也就是给总相关网页数和PPC价格不同的权重，而权重各占多少则是你的判断和偏好了。例如，这组关键词的效能数据见表5-2。

表5-2 关键词效能计算

关键词	搜索结果数	规格化搜索结果数	百度推广价格	搜索次数	关键词效能
减肥有效	9420000	0.4958	0.95	40500	52712
针灸减肥	1410000	0.0742	1.58	27100	27718
减肥方法	3880000	0.2042	1.67	201000	185479
减肥健康	19000000	1	2.08	49500	30036
苦瓜减肥	387000	0.0204	0.76	14800	31891

说明：①关键词效能=搜索次数÷(规格化搜索结果数×0.4+百度推广价格×0.6)；②表中数据仅为示意。

PPC价格通常是个位数，一元两元，或者几毛钱之类的数字，而搜索结果数通常是几十万、上百万量级，这两个数字加在一起，PPC价格所起的作用将微乎其微，对总数几乎没有影响。

所以引进“规格化搜索结果数”（Normalization）的概念，也就是把搜索结果数的绝对数字降到0~1范围，与PPC价格处于同一量级。当然搜索结果数之间的比例是保持的。

具体方法是，把最大的搜索结果数设置为规格化搜索结果数1，其他搜索结果数按比例缩小。例如，

- 减肥健康：搜索结果数19000000，规格化搜索结果数1。
- 减肥有效：搜索结果数9420000，规格化搜索结果数9420000/19000000=0.4958。
- 减肥方法：搜索结果数3880000，规格化搜索结果数3880000/19000000=0.2042。

这样，规格化搜索结果数与 PPC 价格共同决定竞争程度，而且两者量级相当，都对结果有影响。

这里需要注意的是，无论是哪个关键词工具，显示数据的绝对误差是相当大的，数据的准确性也有很多人怀疑。但在关键词研究时，重要的是列出这些关键词之间的相对值。通过这些查询和计算，你可以看出所列出的关键词哪些具有相对高的效能。

5. 选择关键词

选择关键词就是选择效能最高的 2~3 个关键词作为你主页的目标关键词。剩下其他的相关关键词别扔掉，可以作为辅助关键词优化栏目页和内容页面。

5.5 链接与 SEO

5.5.1 外部链接的数量与质量

外部链接数目越大，质量越高，对排名越有利，质量比数量更重要。

搜索引擎认为，内容差的网站很难吸引别的网站来主动链接。这样，一个网站被链接得越多，就意味着越受欢迎。但是，搜索引擎对各个链接的衡量也是按照链接网站的质量来定的，而不是一概而论，质量比数量更具有分量。如果你的网站某一页被新浪或者搜狐网站链接了，这个链接的质量是普通链接的好多倍。打个比方，如果有三个人都说北京大街上出现了老虎，那么也许会有人信以为真，如果这三个人都是享有一定知名度的人物的话，那么相信北京大街上有老虎的人会大大增加。

外部链接的网站与你的网站要有内容相关性，假如对方网站内容和你的网站内容相差十万八千里，就算在首页上给你个链接，对你的排名也帮助不大。当然假如对方 PR 值很高，带给你的好处是你的网站 PR 值也会相应提高。

PR 值的查询可利用有关的站长工具，如 http：//pr. chinaz. com/等。

5.5.2 怎样获得外部链接

首先，要说明的一个原则是，获得外部链接的根本在于提供对用户有用的内容，只要你写出独特的有用文章，别人就会主动链接您的网站。

1. 参与博客论坛等社区

虽然论坛博客等地方都不允许发广告与垃圾链接，但只要提供有用的信息，对社区有贡献，很多人会把您当成专家，就会点击你签名中的链接。搜索引擎也同样，虽然搜索引擎给论坛和博客评论里的链接权重都很低，但积少成多。另外，通过论坛、博客让更多人认识你，自然有更多机会被其他人在自己博客里评论你。

2. 发表文章

写出文章后，不仅可以发到自己的网站上，也可以发到其他接受客座作者文章的网站和电子杂志等。英文网站中有不少是专门收集这些文章的，其他站长也会到这些文章收集网站来寻找有用的东西放在自己的网站或电子杂志里。这些文章中的作者信息会包含原出处的链接。

3. 提供免费又有用的线上服务

写一个小程序放在自己网站上，如果这个小程序真有用的话，其他有共同爱好的人很自然地会链接到你。比如，我们经常看到在线PR查询程序、查询关键词密度的在线工具、计算自己是否超重的小工具等。

4. 免费下载资源

免费下载资源不是指免费下载小电影、非法盗用的源程序等，而是自己写出来的独特资源。比如，免费电子书、免费博客模板、免费博客或论坛插件等，这是非常有效的方法。很多博客和论坛软件官方网站，像WordPress，权重极高，不可能交换链接，但是会在模板资源区链接其他网站的免费模板资源，免费使用你的资源的网站一般也会保留原作者链接。

5. 写博客

博客的性质决定了博客作者比较喜欢互相链接、互相评论。除了blogroll，博客文章中也经常会提到并连到其他人的博客。在各自的博客帖子中讨论感兴趣的话题，互相引用链接，已经是一种博客文化。积极参与到博客圈中是当前最好的吸引外部链接的方法之一。

6. 提交分类目录

权重高的网站分类目录（如雅虎、开放目录、hao123等）对网站排名还是有很大作用的。

但是进入这几个目录比较困难，雅虎英文目录收取每年299美元的审查费，却不保证收录，雅虎中文目录已经被取消了。开放目录由志愿编辑审查网站，不仅收录要求高，而且处理比较慢，有时还带有一些偏见。

还有不少行业性或地区性的网站分类目录，可以向这些目录申请登录。

7. 向个人网站寻求链接

互联网在刚开始的时候没什么商业性，很多个人网页历史非常早，PR值很高，被信任度也很高，尤其是一些大学或非营利组织网站中的个人网页。

很多大学老师都在所在学校域名有专门的网页，很多学生也有建在学校域名的网页。而不少大学网站PR值和信任度都相当高，这些具有个人性质和研究性质的网站也都有很高的链接投票权重。

找到和你行业相近的这类网站，不妨直接和网页的主人联系，如果你有一个内容丰富的网站，看对方能不能给你一个外部链接。

8. 买链接

搜索引擎非常不喜欢买卖链接，尤其是以PR为目的的买卖链接，如果被检测到是买卖的链接，一般链接的投票权重都会消失。但毕竟买卖链接是网络广告的一种，即使没有搜索引擎，买来的链接也会带来直接点击流量，有助于搜索排名。而且区分自然链接和买卖链接是很困难的。搜索引擎怎么会从链接本身知道私下有金钱交易呢？

在购买链接时，应尽量避免那些经常被判断为买卖链接的特征，比如在链接周围有广告赞助等字样，链接出现在左面菜单下面通常出现赞助链接的地方，链接网站和你网站主题完全无关，整站链接向你，等等。

9. 交换链接

交换链接是指我链接向你，你链接向我。有的站长用三向间接交换链接，即A链接向B，B链接向C，C再链接向A，其目的是希望让搜索引擎认为是单向链接。但是这种三向模式对搜索引擎来说并不难判断，还是能检测出是交换链接。对搜索引擎排名来说，交换链接的价值越来越低，但是两个相关的网站，或者是好朋友的站长之间交换链接是很正常、很自然的一件事情。只要内容相关，交换链接在一定时期内不会完全没有作用。

10. 发新闻稿

你的网站或公司如果有什么具有新闻价值的事件发生，可以向新闻类网站发新闻稿。在英文网站中有不少专门提供发送新闻稿服务的网站，一些小的新闻类网站也到这些新闻发布网站抓取新闻，所以你只要把新闻稿发到这几个新闻稿服务网站就可以了。

这些链接都是单向的，而且一般来说新闻类网站的权威度和被信任度都比较高。

11. 网摘和书签

现在有不少社会化网摘和书签类网站，只要没有打开隐私设置，这些网摘里的链接都可以分享给所有人，链接也就会在网摘站上出现。而且这类链接是由读者自愿提供的，在一定程度上是用户对你网站的评价，这种用户行为方式对排名的影响越来越被重视。

12. 充分利用维基（Wiki）百科

可以在维基（Wiki）找一下和你行业相关的条目，或者自己写新条目，然后在外部链接部分列上你的网站和其他相关网站。当然前提是你的网站必须是真的相关、有价值，否则你的条目很快就会被别人修改。

13. 链接诱饵

在获得了一定的排名后，其他人可以找到你的网站。这时你应该尽最大的努力，吸引自发性的外部链接，也就是其他站长因为喜欢你的网站而链接过来，无须你链接回去。

SEO 行业给靠内容吸引外部链接起了个有趣的名字链接诱饵（Link Baiting），这听起来不像一个好词，但实际上是完全合理、搜索引擎和用户都接受的方法。

以下内容比较容易成为链接诱饵。

1）做一些行业调查，发表有意义的研究报告。比如，深入比较一下各个重要的搜索引擎针对某一组特定关键词的排名比较，从这些比较当中研究和分析各个搜索引擎的相同点和不同点。

2）有创意的点子。如果你有编程能力的话，写一个搜索引擎优化小工具，如查反向链接数目、查关键词密度、查某个网页的 PR 值等，当然这些工具都已经存在了，只是一个例子，你可以想想自己所在的行业有什么小工具能给用户省点时间，解决一些问题，只要你能弄出有创意的东西，站长们就会向其他人推荐。

3）做些研究，列出行业中有用的所有参考资料或应用工具。比如，列出你觉得有用的 SEO 工具，很多人会连到这种网址。

5.5.3 反向链接及查询工具

SEO 中谈到的反向链接也称为外部链接，或称为导入链接（Backlink）。

搜索引擎本身有个运算符 link:，可以在 link：后面加上网页地址或者域名，查看反向链接的情况，如图 5-6 所示。

还有一个工具称为 LinkSurvey，在百度上搜索一下，找到之后下载试用版并安装。操作步骤如下：

1）运行 LinkSurvey。

Sogou搜狗　新闻　网页　音乐　图片　视频　问答　地图　说吧　更多

link:www.qtech.edu.cn

设搜狗为首页　按时间排序　　您对搜索结果满意吗？满意　不满意

::青岛理工大学::Welcome to Qingdao Technological University
English Version 旧版 更多更多招生大事表理工新闻网图书馆人才引进住房调售校友总会OA办公邮箱公共服务费县校区网站地图
www.qtech.edu.cn/ - 搜狗评级:46/100 - 20k - 2010-04-14 - 搜狗快照 - 网页预览

查询包含"link:www.qtech.edu.cn"的所有网页，请点击这里

以下为"www.qtech.edu.cn"站内的所有网页

::青岛理工大学::Welcome to Qingdao Technological University
English Version 旧版 更多更多招生大事表理工新闻网图书馆人才引进住房调售校友总会OA办公邮箱公共服务费县校区网站地图
www.qtech.edu.cn/ - 20k - 1天前 - 搜狗快照 - 网页预览

图 5-6　link 运算符反向链接查看结果

2）右键单击菜单栏下面的空白处，弹出“newsite”选项，如图 5-7 所示。单击“new site”选项，弹出“site”对话框。

3）在弹出的“site”对话框中输入要查看反向链接的网站域名，如 www. hisense. com，单击“OK”按钮，如图 5-8 所示。

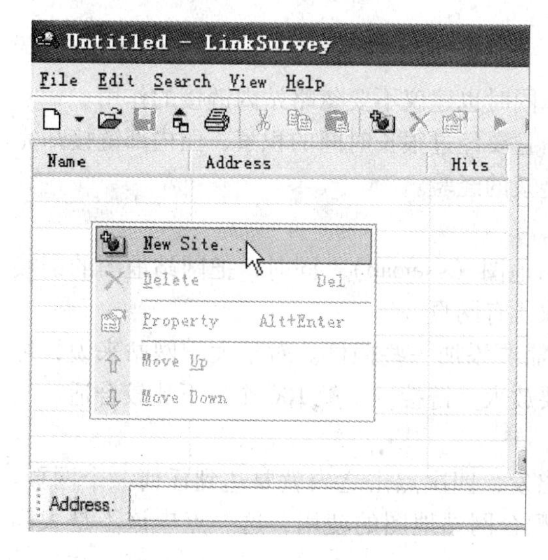

图 5-7　LinkSurvey 使用界面

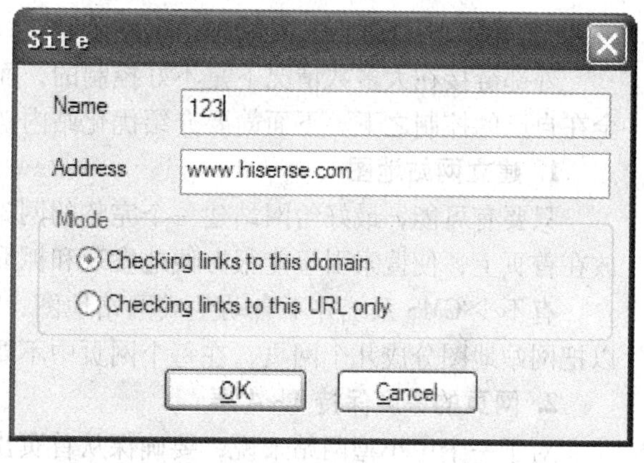

图 5-8　输入要查询反向链接的网站域名

4）单击菜单栏中的“start”按钮，即可看到所有反向链接的网站，如图 5-9 所示。

5）双击“address”栏中的任何一个域名，即可看到反向链接的网站，如图 5-9 所示。

在进行搜索引擎优化时，把你选中的关键字在搜索引擎中搜一下，看看排名靠前的网站，把它们的域名或者网页地址输在 LinkSurvey 输入框中，可以看到它们的连接结构。你也可以建造一个类似于这样的连接结构，如果做了，那么对你的网站排名肯定是大有好处的。

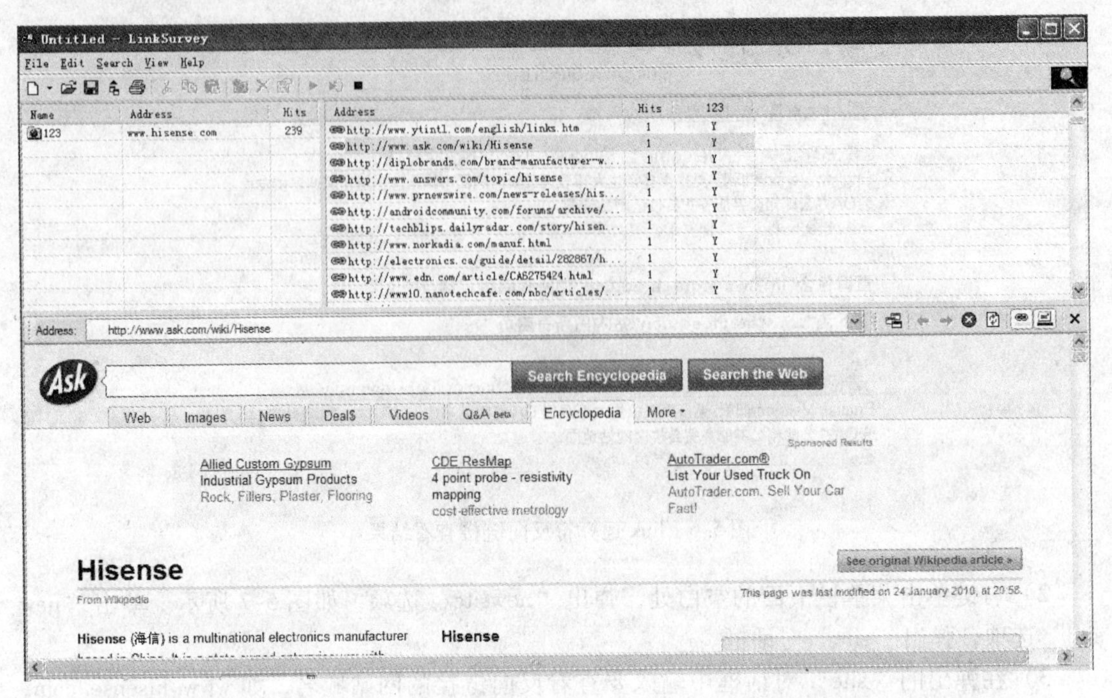

图 5-9 用 LinkSurvey 搜索的 www. hisense. com 的链接结构

5.5.4 网站内部链接优化

大家都知道外部链接对网站排名的重要性，同时也建议不要忽略站内链接的作用。

外部链接在大多数情况下是不好控制的，而且要经过很长时间的积累，而内部链接却完全在自己的控制之下。下面简要介绍优化站内链接的经验。

1. 建立网站地图

只要有可能，最好给网站建一个完整的网站地图（sitemap）。同时，把网站地图的链接放在首页上，使搜索引擎能很方便地发现和抓取所有网页。

有不少 CMS 系统并不自动生成网站地图，需要添加一些插件。对于大型网站来说，可以把网站地图分成几个网页，在每个网页中不要放太多链接，一般 100 个以下比较合适。

2. 网页的深度保持 3～4 层

对于一个中小型网站来说，要确保从首页出发，四次点击之内就要达到任何一个网页。当然如果在三次点击之内更好，两次就更好。配合网站地图的使用，这一点应该不是大问题。

3. 尽量使用文字导航

网站的导航系统最好使用文字链接。有的网站喜欢用图片或者 JS 下拉菜单等，但 SEO 效果最好的是文字链接，可以使搜索引擎顺利抓取，而且通过链接文字也能突出栏目页的具体内容。

如果为了美观不得不使用图片或者 JS 脚本导航，至少在网站底部或者在网站地图中应该有所有栏目的文字链接。

4. 链接文字

网站导航中的链接文字应该准确描述栏目的内容，自然而然在链接文字中就会有关键词，但是也不要在这里堆砌关键词。

5. 网页的互相链接

整个网站的结构看起来更像蜘蛛网，既有由栏目组成的主脉，也有网页之间的适当链接。

6. 消除死链接

死链接又称无效链接，即那些不可达到的链接。以下情况会出现死链接：①动态链接在数据库不再支持的条件下变成死链接；②某个文件或网页移动了位置，导致指向它的链接变成死链接；③网页内容更新并换成其他的链接，原来的链接变成死链接。

用户可通过在线工具或通过 Xenu Link Sleuth 软件检查死链接。

5.6　Meta 标签优化

Meta 标签指的是网页 HTML 文件中的一些文件标签。近几年，百度等搜索引擎给予标题（Title）标签比较高的权重，但是完全忽略描述（Description）标签和关键词（Keyword）标签，这导致很多 SEO 人员不在 Meta 标签上放任何精力，搜索引擎就算不把描述和关键词标签当做排名因素，也会把这些标签抓取到数据库中。既然所有的搜索引擎排名算法都是保密的，且是不断变换的，谁也不敢保证今后搜索引擎会不看重这些标签。很有可能描述和关键词标签一直都是排名算法的因素之一，只是比重占得很小而已。所以，每一个网页都应该认真写好标题、关键词和描述标签。

5.6.1　标题的设计技巧

标题是一个页面的核心，对页面进行优化首先就是从标题开始的。

<title> * * * * * * <title>，我们所说的标题描写就是两个 <title>之间的内容。设计标题的 6 个技巧如下：

1. 只放 1 ~ 2 个关键词

因为太多的关键词会稀释核心关键词，搜索引擎也不知道页面要突出哪个关键词，所以哪个关键词都没有好的排名。

2. 不要超过 25 个汉字，50 个英文字母

标题只把核心的关键词描写清楚就可以，若标题太长，搜索引擎会省略掉后面的部分，使标题无法突出重点。

3. 越核心的关键词排放位置越靠前

很多网站把公司的名称放在了标题的最前面，这是错误的，除非公司名称中含有网站关键词，因为搜索引擎认为最前面的关键词是最重要的关键词。

4. 不要有特殊标点符号

若分隔符号用“、、★、◆”等，则搜索引擎会看作是一个字符或多个字符，从而增加了干扰因素。

5. 每个页面不要雷同

不同的网页必须要写出针对这个网页具体内容的标题标签。如果网站的每个页面的 Title 都一样，那么对于搜索引擎来说没有任何意义，所以也不会给予好的排名，同时网站也会因此不能获得较高的流量。

6. 融入长尾关键词

搜索的用户不同，搜索的关键词也会不同，这就要考虑长尾关键词的融入。比如，"网站策划·为300家企业提供了网站策划解决方案!"，不但核心关键词重复了两遍，而且很自然地融入了"方案"长尾关键词。当用户搜索"网站策划方案"时，网站也会排在搜索引擎的前面。

5.6.2 描述的设计技巧

虽然搜索引擎没有把它定为排名因素，但它可以引导搜索引擎寻找需要的内容。

正常的描述应该是：

<meta name = "description" content = "描述你的网页的描述语">

在设计描述时，要遵循以下原则：

1. 只放4个关键词为佳

这要看实际情况，若是老网站、大型网站、热门关键词的情况下，可以多重复几次关键词，因为网站已经有一定的权重，不会轻易地受到搜索引擎惩罚。

如果是刚建成的网站、中小型网站，千万不要堆积关键词，4个关键词是最佳的选择。

2. 不要超过100个文字、200个英文字母

最好用最短的术语进行描述，不但要控制字数，而且要保持语句的通顺。

3. 越核心的关键词越放在首面

与标题的道理相同，但这个设计会更难些，因为语句相对比较长。

4. 不要有特殊标点符号

特殊的标点符号一直是搜索引擎不喜欢的，所以在任何地方都不要让它们出现。

5. 融入更多的长尾关键词

描述要融入更多的长尾关键词，应尽可能地把用户常搜索或会搜索到的关键词都自然地融入到描述里，这样会增加不同关键词搜索带来的排名和流量。

6. 每个页面都要不同

每个页面的标题不一样，那么描述也要不一样，并且要与本页面的内容是相关的。

5.6.3 关键词（Keywords）的设计技巧

下面是一个关键字标签"Keywords"的使用样例：

<meta name = " keywords" content = " 租房，青岛短期租房">

关键字标签"Keywords"，曾经是搜索引擎排名中很重要的因素，但现在已经被很多搜索引擎完全忽略，尽管如此，我们加上这个标签对网页的综合表现并没有坏处，但如果使用不恰当的话，非但对网页没有好处，而且还有欺诈的嫌疑。在使用关键字标签"Keywords"时，要注意以下几点：

1）不同的关键词之间，应用半角逗号隔开（英文输入状态下），如果不隔开则搜索引擎会认为是一个关键词，不要使用空格或"|"间隔。

2）是"keywords"，不是"keyword"。

3）关键字标签中的内容应该是一个个的短语，而不是一段话。

4）关键字标签中的内容要与网页核心内容相关，确信使用的关键词出现在网页文本中。

5）使用用户易于通过搜索引擎检索的关键字，过于生僻的词汇不太适合做 Meta 标签中的关键词。

6）不要重复使用关键词，否则可能会被搜索引擎惩罚。

7）一个网页的关键词标签里最多包含 3 ~5 个最重要的关键词，不要超过 5 个。

5.7 SEO 作弊与惩罚

5.7.1 “白帽”与“黑帽”

在搜索引擎优化业界，人们把使用作弊手段称为“黑帽”，使用正当手段优化网站称为“白帽”。

“白帽”技术在于确保搜索引擎索引抓取的内容与用户将看到的内容是一样的。“白帽”技术一般归结为满足用户的需要去创建内容，而不是为搜索引擎去创建内容，然后用一些合理的技术使这些内容很容易被 spider 接触到，而不是试图诱导算法。

“黑帽”SEO 是指在优化过程中，使用作弊手段，如垃圾链接、关键字堆砌（Keyword Stuffing）、隐藏链接（Hidden Link）、隐藏文本（Hidden Text）等。“黑帽”技术大多被人用来做短期优化，以最快的速度获取收益。

搜索引擎会对 SEO 的优化方法进行判断，发现使用“黑帽”SEO 的网站，轻则降权，重则被封。

5.7.2 常见的 SEO 作弊手法

1. 关键词叠加

关键词叠加（Keyword Stacking）是指为了增加关键词密度，在网页上大量重复关键词的行为。最基本的叠加方式是在网页中访客看不见 HTML 文件中的一些地方，如标题标签、描述标签、图片的替代文字中等使用叠加。比如：

网站策划 网站策划 网站策划 网站策划 网站策划 网站策划 网站策划 网站策划 网站策划 网站策划

策划 策划 策划 策划 策划 策划 策划 策划 策划 策划 策划 策划 策划

这些词语或许大家也已经看到了，经常被一些人放在网页的尾部，字体很小，其目的就是让搜索引擎看见，“认识”这个网页的主题是“网站策划”或者“策划”，从而试图让搜索引擎给予此页在这两个关键词搜索中以有利排名。

关键词叠加是一种典型的 SEO 作弊行为，搜索引擎判断这种作弊行为的算法已经相当成熟，所以，一旦网页上出现关键词叠加现象，一般整个网站会被搜索引擎封掉。很多网站不被搜索引擎收录，往往也是因为这个原因。

2. 隐藏文字

隐藏文字（Hidden Text）是指在网页中放上含有关键词的文字，但这些字不能被用户看到，只能被搜索引擎看到。可以有几种形式，如超小字号的文字、与背景同样颜色的文字、放在表格 input 标签中的文字、通过样式表把文字放在不可见的层上，或者通过样式表把文字放在远远超出屏幕尺寸的地方等。其目的也是想提高网页的相关性和关键词密度。

有的人选择很热门的关键词隐藏在与内容无关的网站上，希望网页能在搜索这些热门关键词时得到好的排名和流量。

3. 隐藏链接

隐藏链接（Hidden Link）和隐藏文字相似，其区别是把关键词放在链接中，而这个链接也是用户看不到的。

4. 链接工厂

链接工厂（Link Farm）也称为链接农场。建立大量没什么实质内容的网站，其目的是互相链接或者整个链接工厂一起推一个目标网站，企图获得好的搜索引擎排名或者流量。通常他们通过工具自动建立与大量内容无关的链接，是公认的一种网络垃圾，常常让用户陷入链接农场而找不到一点相关内容。那些运用黑帽 SEO 方法的人利用链接农场，在一个页面中增加大量链接，希望通过这种方式使搜索引擎误认为这个页面很有链接的价值。外部链接是 SEO 最难做的部分之一，掌握了一个大型链接工厂就等于掌握了大量自己能控制的外部链接。

5.7.3 域名被封怎么办

打开百度网站，在百度网站的搜索栏中输入“domain：＊＊＊.com”，如果有记录，则使用“site：＊＊＊.com”若无记录就说明域名被封了。

首先要确定网站哪里违反了百度的规则，一般被封都是某些所谓的优化技术不当造成的。

1）网站是否过度优化？

前面谈了很多具体的优化技巧和手段，如关键词选择、标题标签的写作、关键词位置密度、网站结构等。但如果把这些技术都用上，那离出问题就不远了。

过度优化往往是排名被惩罚的重要原因。这里有个度的问题，做到哪样是适当优化，哪种程度是过度优化，只有靠经验来掌握了。

2）是否有大量交叉链接？

有不少站长会同时掌握很多网站，并且在这些网站之间互相交叉链接，这很可能导致问题。一个人拥有四五个网站，可以理解，但如果四五十个网站，每个网站都不大，质量也不高，还都互相链接起来，这就可疑了。

3）是否链接向其他有作弊嫌疑的网站？

检查导出链接，是不是只链接向相关网站？是不是只链接向高质量网站？你链接的网站有没有被封或被惩罚的？如果有，你的网站被封或被惩罚的日子就不远了。

4）仔细检查有没有用隐藏网页？有没有发大量垃圾链接？

在检查这些的时候，不能骗自己，在网站上用了哪些手段，只有站长自己最清楚，外人很难一眼看出来。

确定好你的网站有没有违规，接下来就是写信给百度了，承认错误，保证不会再犯错，这样一般是会解封的。

5.8 网站常用的10个SEO操作法则

网站常用的10个SEO操作法则如下：

1）网站选择的关键词要有搜索量，而且与网站内容相关。

2）网站标题最多融入2～3个关键词。

3）网站重要页面一定要静态化。

4）要学会自己来写网站的原创内容。

5）内容要保持及时更新。

6）网站内部链接要形成蜘蛛网状，相互链接。

7）多增加相关网站的反向链接。

8）不要主动链接被搜索引擎惩罚的网站。

9）不要为SEO而SEO，网站面向的是用户。

10）不要作弊，搜索引擎比你聪明。

思考题

1. 什么是SEO？其基本原理是什么？
2. SEO与SEM有何区别？
3. SEO能使网站排名靠前，所以不需要购买关键词的付费广告。这种说法正确吗？
4. 从SEO及商业的角度来看，应选取怎样的域名？
5. SEO对网站空间有何要求？
6. 什么是关键词密度？什么是长尾关键词？如何系统优化网站的长尾关键词？
7. 链接与SEO有何关系？怎样获得更多的外部链接？
8. 使用link survey查询反向链接意义何在？
9. 在进行Meta标签优化时，尽可能放置更多的关键词或公司名称，对吗？
10. 什么是“白帽”与“黑帽”？过度优化会导致怎样的后果？
11. 网站优化常用的操作法则有哪些？
12. 将第4章作业中规划的网站进行优化，并提出优化方案。

第6章　网络市场与网络消费者

本章要点

- 网络市场的特征
- 网络消费者的特征及购买动机

6.1　网络市场

6.1.1　网络市场的发展

1. 网络市场演变的阶段

企业开展网络营销活动的空间称为网络市场，网络市场是由Internet上的企业、政府和网络消费者组成的。

从网络市场交易的方式和范围看，自20世纪60年代末以来，网络市场经历了3个发展阶段：

第一阶段是生产者内部的网络市场。本阶段的基本特征是工业界内部为缩短业务流程时间和降低交易成本，所采用电子数据交换系统所形成的网络市场，即所谓的电子数据交换（Electronic Data Interchange，EDI）。

第二阶段是国内的或全球的生产者网络市场和消费者网络市场。其基本特征是企业在Internet上建立一个站点，将企业的产品信息发布在网上，供所有客户浏览，或销售数字化产品，或通过网上产品信息的发布来推动实体化商品的销售；如果从市场交易方式的角度讲，这一阶段也可称为"在线浏览、离线交易"的网络市场阶段。

第三阶段是信息化、数字化、电子化的网络市场。这是网络市场发展的最高阶段，其基本特征是虽然网络市场的范围没有发生实质性的变化，但网络市场交易方式却发生了根本性的变化，即由"在线浏览、离线交易"演变成了"在线浏览、在线交易"，这一阶段的最终到来取决于以电子货币及电子货币支付系统的开发、应用、标准化及其安全性、可靠性。

2. 网络市场的现状

从网络市场交易的主体来看，网络市场可以分为企业对消费者、企业对企业、国际性交易三种类型。企业对消费者的网上营销基本上等同于商业电子化的零售商务。企业对企业的网络营销是指企业使用Internet向供应商订货、签约、接受发票和付款（包括电子资金转移、信用卡、银行托收等）以及商贸中其他问题如索赔、商品发送管理和运输跟踪等。国际性的网络营销是不同国家之间，企业对企业或企业对消费者的电子商务。互联网的发展，国际贸易的繁荣和向一体化方向的发展，为在国际贸易中使用网络营销技术开辟了广阔前景。

从网上交易的业务来看，有以下6种类型：

1）企业间从事购销、人事管理、存货管理、处理与顾客关系等。

2）有形商品销售。先在网上进行交易，然后送货上门，如书籍、花卉、汽车、服装等。

3）通过数字通信在网上销售数字化的商品和服务，使顾客直接得到视听等享受，目前主要销售的是音乐、电影、游戏等产品。

4）银行、股票、保险等金融业务。

5）广告业务。目前已形成庞大的产业规模。

6）交通、通信、卫生服务、教育等业务。

3. 网络市场的发展趋势

网络市场的发展趋势体现在以下几个方面：

1）互联网技术正走向成熟，企业间或企业与个人之间的电子网络已加速普及。

2）各国政府、社会和个人对加快信息化建设表现出了极大的热情，采取各种适合本国的措施。

3）世界经济的全球化和网络化。

4）全球消费者的网络购物观念和网际生活方式正在快速地形成。

5）“电子空间商场”已成为诱人的、高利润的投资方向。

6.1.2 网络市场的特征

1. 无店铺的经营方式

运作于网络市场上的是虚拟商店，它不需要店面、装潢、摆放的货品和服务人员等，它使用的媒体为互联网。例如，1995年10月“安全第一网络银行”（Security First Network Bank）在美国诞生，这家银行没有建筑物，没有地址，只有网址，营业厅就是首页画面，所有的交易都通过互联网进行。

2. 无存货的经营形式

一些电子商务网上的商店可以在接到顾客订单后，再向制造的厂家订货，而无须将商品陈列出来以供顾客选择，只需在网页上打出货物菜单以供选择。这样一来，店家不会因为存货而增加其成本，其售价比一般的商店要低，这有利于增加网络商家和“电子空间市场”的魅力和竞争力。

3. 成本低廉的竞争策略

网络市场上的虚拟商店，其成本主要涉及自设Web站成本、软硬件费用、网络使用费以及以后的维持费用。它通常比普通商店日常运营成本要低得多，这是因为普通商店需要昂贵的店面租金、装潢费用、水电费、营业税及人事管理费用等。Cisco在其Internet网站中建立了一套专用的电子商务订货系统，销售商与客户能够通过此系统直接向Cisco公司订货。此套订货系统的优点是：它不仅能够提高订货的准确率，避免多次往返修改订单的麻烦，而且最重要的是缩短了出货时间，降低了销售成本。据统计，电子商务的成功应用使Cisco每年在内部管理上能够节省数亿美元的费用。EDI的广泛使用及其标准化使企业与企业之间的交易走向无纸贸易。在无纸贸易的情况下，企业可将购物过程的成本缩减80%以上。在美国，一个中等规模的企业一年要发出或接受订单在10万张以上，大企业则在40万张左右。因此，对企业，尤其是大企业，采用无纸交易就意味着节省少则数百万美元，多则上千万美元的成本。

4. 无时间限制的全天候经营

虚拟商店不需要雇用经营服务人员，可不受劳动法的限制，也可摆脱因员工疲倦或缺乏训练而引起顾客反感所带来的麻烦，而一天 24 小时，一年 365 天的持续营业，对于平时工作繁忙、无暇购物的人来说有很大的吸引力。

5. 无国界、无区域界限的经营范围

互联网创造了一个即时全球社区，它消除了与其他国家客户做生意的时间和地域障碍。面对提供无限商机的互联网，我国的企业可以加入网络行业，开展全球性营销活动。例如，浙江省海宁市皮革服装城加入了互联网络，通向了世界的信息高速公路，很快就尝到了甜头。该服装城把男女皮大衣、皮夹克等 17 种商品的式样和价格信息输入互联网，不到两小时，就分别收到英国威斯菲尔德有限公司等十多家海外客商发来的电子邮件和传真，表示了订货意向。服装城通过网上交易仅半年时间，就吸引了美国、意大利、日本、丹麦等 30 多个国家和地区的 5600 多个客户，仅雪豹集团就实现外贸供货额 1 亿多元。

6. 精简化的营销环节

顾客不必等待企业的帮助，可以自行查询所需要的产品信息。客户所需信息可及时更新，企业和买家可快速交换信息，网上营销比传统市场传递信息更加快速。今天的顾客需求不断增加，对欲购商品资料的了解，对产品本身要求有更多的发言权和售后服务。于是精明的营销人员能够借助联机通信所固有的互动功能，鼓励顾客参与产品更新换代，让他们选择颜色、装运方式、自行下订单。在定制、销售产品的过程中，为满足顾客的特殊要求，让他们参与越多，售出产品的机会就越大。总之，网络市场具有传统的实体化市场所不具有的特点，这些特点正是网络市场的优势。

6.2 网络消费者

研究潜在的用户特征可以通过以下几个问题：

1）什么人在网上买东西？

2）为什么在网上买？

3）会买什么产品？

4）买多少钱的产品？

5）购买频率如何？

6）通过哪些方式找到购物网站？

7）浏览和购买行为有什么特点？

对这些问题进行研究和了解，可有助于我们在产品策划、优化网络购物渠道、网络营销手段的选择等方面作出正确决策。

网民购物基本情况通常可以从市场调研机构发布的报告中找到比较准确的数据。比如，2009 年中国互联网络信息中心（CNNIC）发布的中国网络购物市场研究报告，就提供了很有价值的信息。下面选其中与网络营销人员比较相关的内容简要介绍一下。

6.2.1 网购用户规模及渗透率

1. 网民规模持续扩大，网购人数不断增多

截至 2009 年 6 月，我国网民规模已达 3.38 亿，其中有 8788 万网购用户，年增加 2459

万人，年增幅达 38.9%，这一规模较 2004 年翻了近两番，如图 6-1 所示。由于我国网民基数庞大，随着新增网民网络使用逐步成熟化，以及网络购物相关服务不断优化，可以预见的是，我国网购网民数量在未来可能会有较大规模的增长。

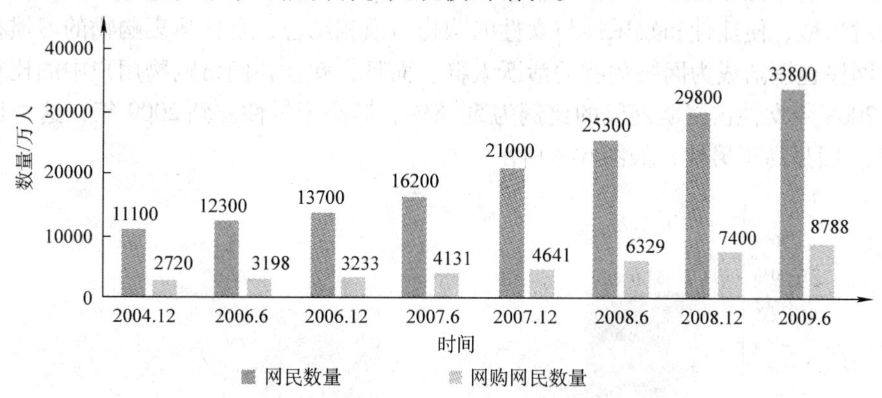

图 6-1 2004 年 12 月至 2009 年 6 月我国网民和网购网民规模变化

（资料来源：www.cnnic.cn，2009.11）

2. 网络购物渗透率较低，提升的空间和潜力较大

虽然目前我国网络购物用户数量在持续快速增长，但网络购物渗透率较低，与发达国家的差距十分明显。目前，全国网络购物渗透率只有 26%，相比而言，日本和韩国这一比例已经分别达到 53.6% 和 57%，美国的网购渗透率甚至达到 70%，如图 6-2 所示。我国网络购物渗透率还亟待进一步提高，随着人们对网络购物接受度的提高，以及物流支付等配套服务更加完善，我国网络购物渗透率可能会随之有较大的提升，网络购物市场发展的潜力较大。

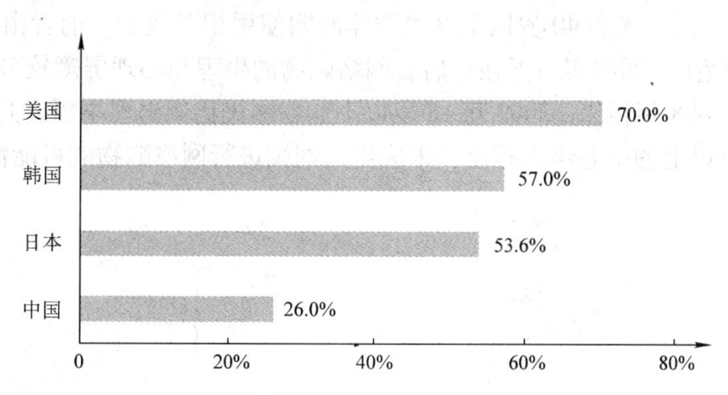

图 6-2 部分国家网民网络购物渗透率

（资料来源：2009 年 APIRA 对比报告及 http：//wygtcn.com/html/wodebowen/2009/1023/487.html）

6.2.2 网络购物用户特征

目前，我国网民存在群体偏年轻化的特点，并且有从较高学历和收入群体向较低学历和收入人群扩散的趋势。网购用户特征的变化也呈现类似的特点，网购市场用户具有一定的独特性。在性别上，女性网民成为网络购物的活跃人群，在网络购物用户中的比例在逐步加大，已超过男性。网购用户年龄大多集中在 18～30 岁，月收入集中在 1000～3000 元，并且以企业白领和学生为主。

1. 性别结构

从网购用户的性别结构看，网购群体中女性显优，占比高于男性。在当今这个网络普及化的年代，女性和男性拥有几乎同样的网络资源，网民的男女比例为53:47。但是，由于网络购物的时尚性、便捷性和娱乐性与女性的购物习惯相结合，女性热衷购物的习惯在线上延伸，女性网民也逐渐成为网络购物的活跃人群。而且，女性在网络购物用户中的比重也在逐步提高。2008 年女性占网购网民的比例为50.8%，略高于男性。到2009 年，这一比例提升到61.5%，明显高于男性，如图6-3 所示。

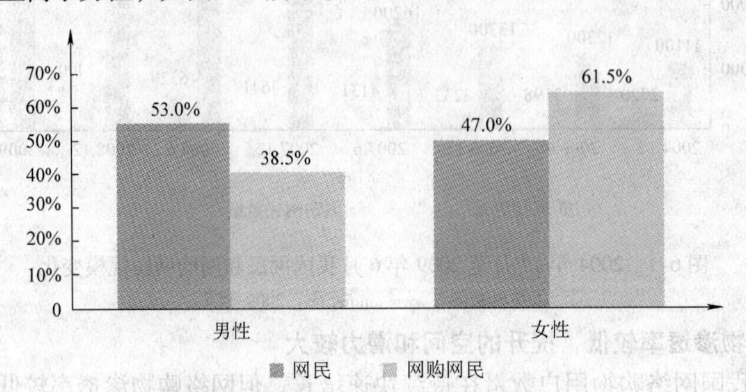

图6-3　网购网民与网民性别结构对比

（资料来源：www. cnnic. cn，2009. 11）

2. 年龄结构

从网购用户的年龄构成看，网购群体较一般网民更偏年轻化。18 ~30 岁的网民是网购的主力，占网购用户总数的81.7%。其中，18 ~24 岁的网购用户占比还在提升，年增幅达15.4 个百分点。未成年人和40 岁以上网民群体网购使用相对较少。前者由于经济独立性较差，可支配收入较少，网购实力不强；后者网络购物的生理和心理屏障较多，网络购物动力较弱。但是，与2008 年相比，2009 年18 岁以下购物网民比例出现小幅上升，增长了0. 2 个百分点。与40 岁以上的中老年人相比，未成年人网民进行网络购物的可能性更大，如图6-4 所示。

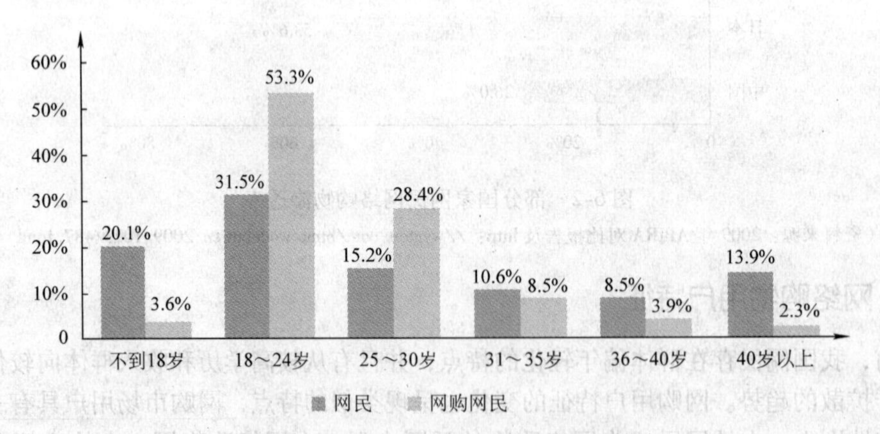

图6-4　网购网民与网民年龄结构对比

（资料来源：www. cnnic. cn，2009. 11）

3. 学历结构

从网购用户的学历结构看，网购用户整体学历偏高，但有逐步向低学历渗透的趋势。与普通网民相比，网购用户中高学历群体占比较高，大学本科学历的占到73.8%，初中以下的只有4.4%。从变化趋势看，大专学历用户已经取代大学本科学历用户，成为网购用户的主体，网购用户的学历结构发生较大变化；同时，低学历网购用户的比例逐步提高。其中，初中、高中以及大专学历网购用户占比分别上升了0.8、12.3和13.4个百分点。网购用户向低学历渗透，表明我国网络购物门槛开始降低，从少数人使用的另类方式向大众服务转变，如图6-5所示。

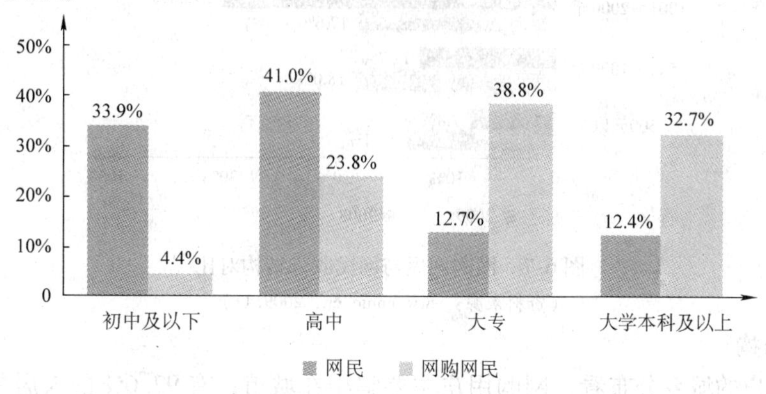

图6-5 网购网民与网民学历结构对比

（资料来源：www.cnnic.cn，2009.11）

4. 职业结构

从网购用户的职业分布看，目前我国网购用户以企业公司人员为主，这一群体占比达43.4%。学生群体是网购市场第二大用户群体，占比达20.1%，低于整体网民中学生占比(31.7%)。这主要是由于中小学生网络购物比例较低，使用网络购物的学生群体主要是大专院校的学生，如图6-6所示。

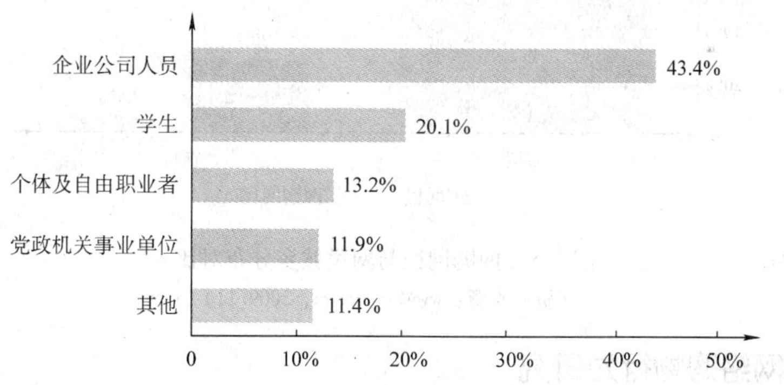

图6-6 2009年网购用户职业结构

（资料来源：www.cnnic.cn，2009.11）

5. 收入结构

从网购用户的收入分布看，我国网购用户中收入在1000～3000元的人群较多，并且在网购用户中的占比在逐步增大。目前，这一群体已经占到了网购用户总数的54.7%。其中，收入在1001～2000元的网民是网购用户中最多的群体，达到29.8%。其次是月收入在

2001~3000元的网民，占比为24.9%，如图6-7所示。

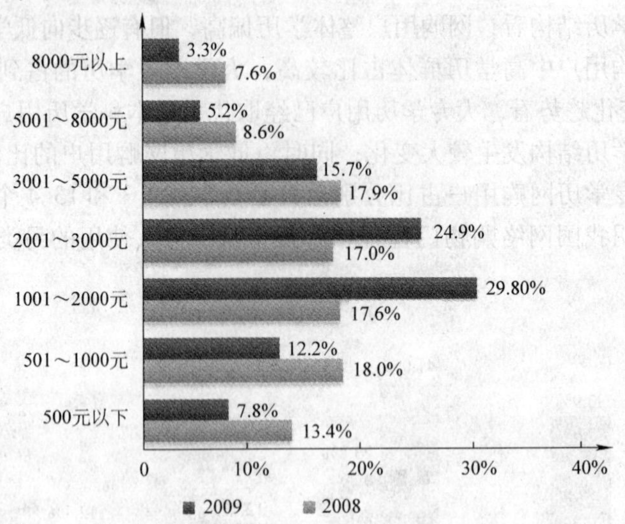

图6-7 网购网民与网民收入结构对比

（资料来源：www. cnnic. cn，2009. 11）

6. 城乡结构

从网购用户的城乡分布看，网购用户主要集中在城市，有92.6%的人居住在城镇。与农村网民快速增长相比，网络购物在农村地区的渗透难度较大。农村地区网络使用率不高，网络使用时间较短，人均消费水平远低于城市。农村网民网络使用也更加偏向娱乐化，网络购物等较为深度的应用在农村地区推广难度较大，如图6-8所示。

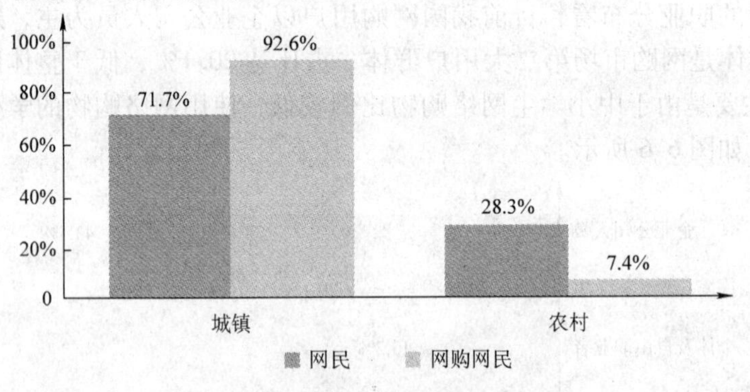

图6-8 网购网民与网民城乡分布对比

（资料来源：www. cnnic. cn，2009. 11）

6.2.3 网民网络购物行为研究

通过对网民品牌知晓、商品浏览、购买决策和支付方式等行为的差异分析，发现口碑营销和网络营销是网络购物市场发展最有效的两种营销方式。亲朋好友的推荐是网民知晓购物网站的主要方式，搜索是用户查找目标商品最重要的渠道，用户评论是影响消费者进行购买决策最关键的外部因素。目前，网民网购的频率还不高，近九成的网民半年进行网购的次数在10以下。从商品类别看，用户网购的生活化趋势十分明显，服装家居饰品购买率排名第一。不同性别、年龄、职业和收入的网民在网购频率和金额上具有差异。男性通过网络购买高额产品多于女性；随着人们收入的提高，用户网购的金额和频率在提升；30～40岁网民网络购物频率和金额最高。支付宝仍是目前网购用户使用的最主要的电子支付工具，但有逐步从支付宝向其他支付方式渗透的趋势，手机支付在用户中的发展初现端倪。

1. 购物网站品牌认知渠道

口碑是用户知晓购物网站的重要因素，亲朋好友的推荐成为网民尝试网购的主要原因。网民知晓购物网站最多的方式是通过亲朋好友的推荐，占比达到48.7%。其次是网络渠道，有32.8%的人通过网络知晓购物网站。通过传统媒体得知购物网站的比例较低，通过电视、杂志和报纸得知购物网站的用户比例分别只有5.8%、4.4%和2.9%，如图6-9所示。由此可见，口碑营销和网络营销是目前电子商务市场拓展最重要的两种模式。

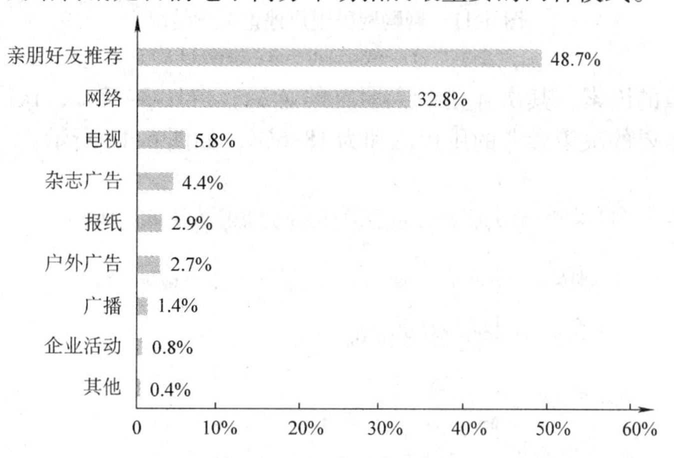

图6-9 网民获知购物网站的认知渠道

（资料来源：www. cnnic. cn，2009. 11）

通过网络了解购物网站的用户，主要是通过网上搜索和网站链接进入购物网站，分别有34%和29.6%的网民是通过网上搜索和搜索引擎广告进入购物网站的，如图6-10所示，显示了搜索营销及网络联盟在吸引网民点击，进而实现用户转化上的重要作用。

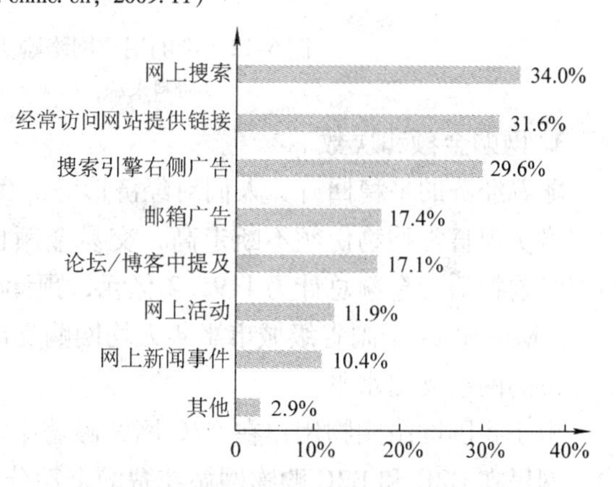

图6-10 网民通过网络知晓购物网站的方式

（资料来源：www. cnnic. cn，2009. 11）

2. 用户评论

大部分用户搜索到目标商品后，除了关注商品本身属性之外，还会浏览用户评论等商品相关信息。有41.1%的网民在购买每件商品前都会看用户评论，26%的用户购买大多数商品前都会看。只有17.9%的用户表示购物前不看用户评论，如图6-11所示。用户评论通过传递他人的直接经验，避免买家选购失误，成为用户购买决策的重要助手。

用户评论是影响消费者进行购买决策最关键的因素，网上买家评论信息超过了亲人朋友的意见，成为目前网购者购物前最关注的外部信息。有43.3%的人表示网上买家评论是其

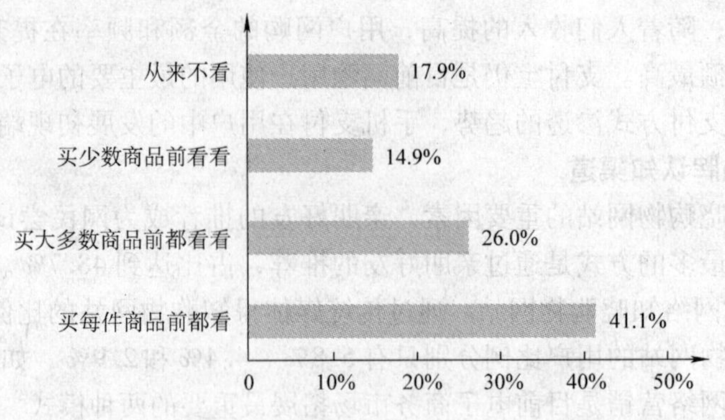

图 6-11 网购网民用户评论阅读情况

（资料来源：www. cnnic. cn，2009. 11）

购买决策前最看重的因素，其次才是亲人朋友的意见，占比 34. 7%，认同专家意见和知名网站评论作为最重要的决策参考的用户总和为 18. 6%，如图 6-12 所示。

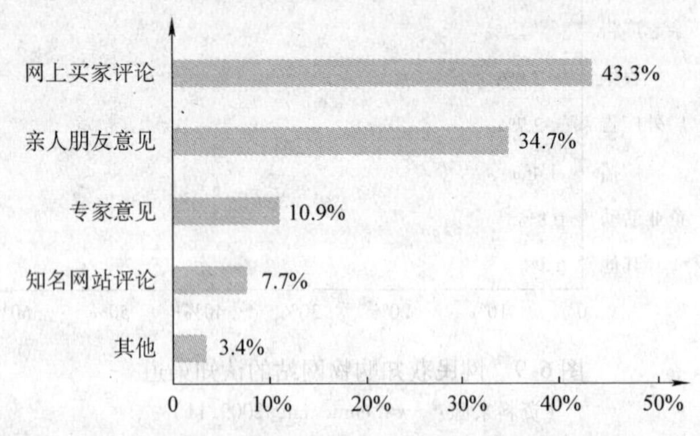

图 6-12 影响用户网络购买决策最关键的外部因素

（资料来源：www. cnnic. cn，2009. 11）

3. 网购金额和次数

随着经济的平稳回升，人们对经济形势的良好预期拉动了新一波的购物热潮。消费者通过网络实现日常购物份额不断走高，交易金额也滚雪球式地持续增大。2009 年上半年，全国网络购物消费金额总计为 1195. 2 亿元，预计全年网购总额将达到 2500 亿元左右。调查的 3 个直辖市和 14 个副省级城市半年人均网购支出为 1360 元，高于去年人均网购金额最高的上海市的网购支出水平。

由于我国网络购物用户在 C2C 网站渗透率较高，网购金额大部分流向 C2C 网站。半年内，网民在 C2C 和 B2C 购物网站花费的金额分别为 1063. 7 亿元和 131. 5 亿元，网民在 C2C 购物网站上购物支出占整体网购金额的 89%。与国外成熟的网络购物市场不同，我国 C2C 购物网站（零售商圈）无论是在用户规模还是交易金额上都领先于 B2C 购物网站。

虽然我国网民的网购金额在大幅度提升，但由于网购市场还处于成长期，网民网购的频率还不高，近九成的网民半年进行网购的次数在 10 次以下。最近半年网购 1 ~ 2 次的网民占比最多，为 32. 3%；其次是购物 5 ~ 10 次的网民，占比 30. 5%；购买 10 次以上的网民只占 10. 9%，如图 6-13 所示。随着我国网民规模持续扩大，会有更多的新网民进入网民群体，成为网购群体的新生力量，但由于大部分新网民还处在网络购物的尝试期，用户频繁使用网购进行日常购物的情形尚未形成。

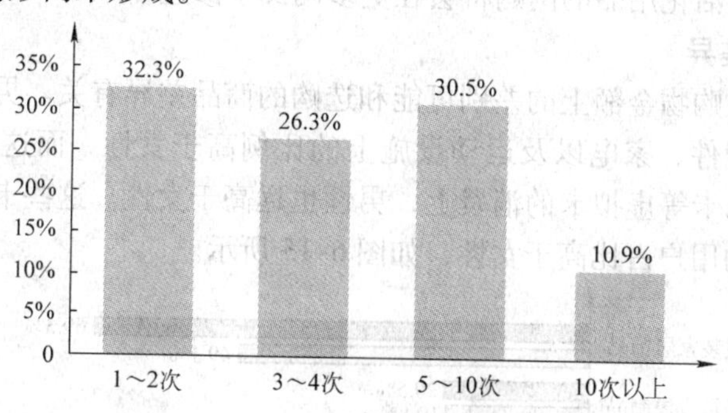

图 6-13 2009 年上半年网民网购次数

（资料来源：www. cnnic. cn，2009. 11）

4. 网购商品类别

从半年内网民购买的商品类别来看，用户网络购物的生活化趋势较明显。2009 年上半年，服装家居饰品稳坐购买用户数首位，超过半数的网民都在网上购买过服装家居饰品。化妆品及珠宝的购买比例超过了书籍音像制品，二者分列用户购买数量的第二、三位，如图 6-14 所示。

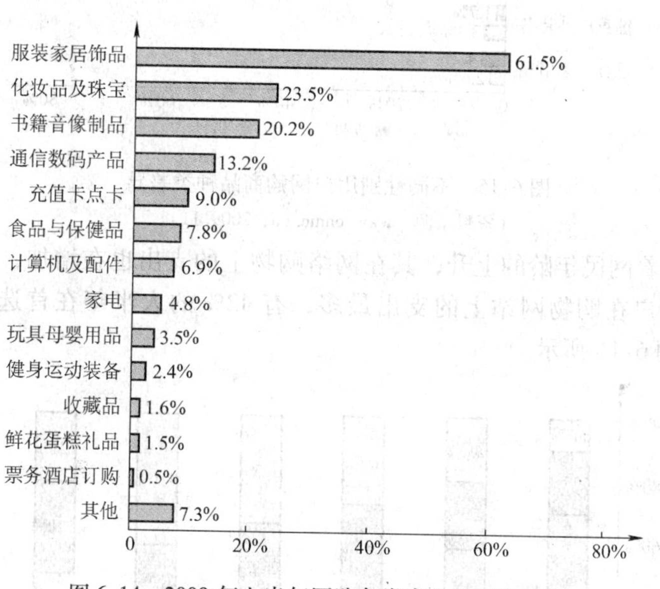

图 6-14 2009 年上半年网购各类商品的网民比例

（资料来源：www. cnnic. cn，2009. 11）

服装家居用品销售的走俏，与商品、渠道和用户特点有关。其一，服装家居产品是易耗品，其更新换代的短时消费和网络流行时尚、产品多样化结合，能较好地发挥网络购物的优势。其二，服装家居用品具有金额小、易保存、体积小等特点，在各大网购商家拓宽产品线的今天，逐渐成为商家纷纷上架的产品。其三，随着时尚元素向网购市场的渗透，与男性在 3C 产品上的消费热度对应，女性在服装饰品上展现了强大的购买力。由于女性往往是家庭采购的主力，对服装饰品的网购具有良好体验的女性，可能将家庭日常购物中的部分商品也通过网上购买来实现，从而带动了日用品网络零售的增长。目前，服装家居饰品的购买潜力还未完全释放，未来生活化用品的网购将会在更多网民中渗透。

5. 用户网购行为差异

不同性别的用户在购物金额上的差别可能和选购的商品差异有关。男性在购买个人通信数码产品、计算机及配件、家电以及运动设施上的比例高于女性，而这些物品单价相对较高。在充值卡、游戏点卡等虚拟卡的消费上，男性也远高于女性。这些卡品的购买频率相对较高，使男性高频网购用户占比高于女性，如图6-15所示。

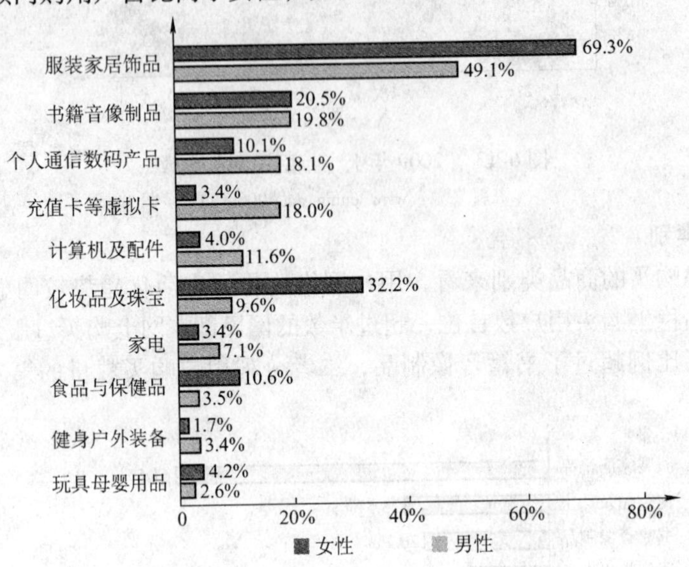

图6-15 不同性别用户网购商品种类差异

（资料来源：www.cnnic.cn，2009.11）

分析发现，随着网民年龄的上升，其在网络购物上的支出也在增加，36～40岁达到顶峰，该年龄段的用户在购物网站上的支出最多，有42%的人半年在首选购物网站上花费1000元以上，如图6-16所示。

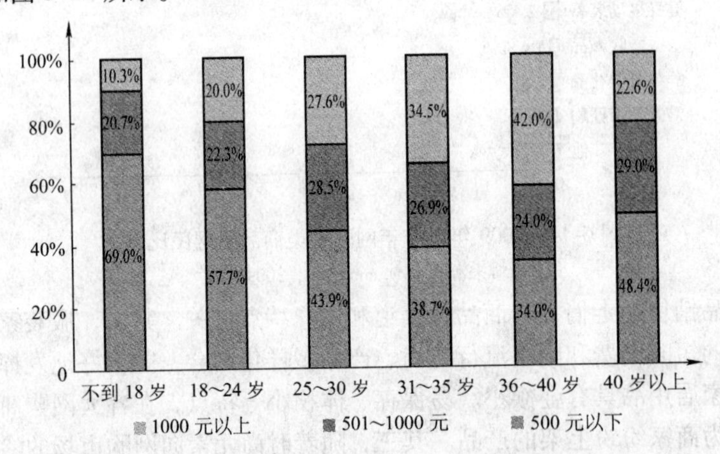

图6-16 不同年龄用户半年在首选购物网站花费金额

（资料来源：www.cnnic.cn，2009.11）

6. 网购用户支付方式

支付宝是目前网购用户使用的最主要的电子支付工具。在使用电子支付的网民中，使用支付宝的用户占64.6%。通过银行汇款的用户占34.9%，使用财付通的用户有14.9%，二者占比均远低于使用支付宝的用户占比。

然而，支付市场用户有逐步从支付宝向其他支付方式渗透的趋势。与2008年相比，使用信用卡和财付通的用户占比分别上升了8.2和9.1个百分点。手机支付初现端倪，目前网购用户中使用手机进行支付的比例为10.3%，如图6-17所示。

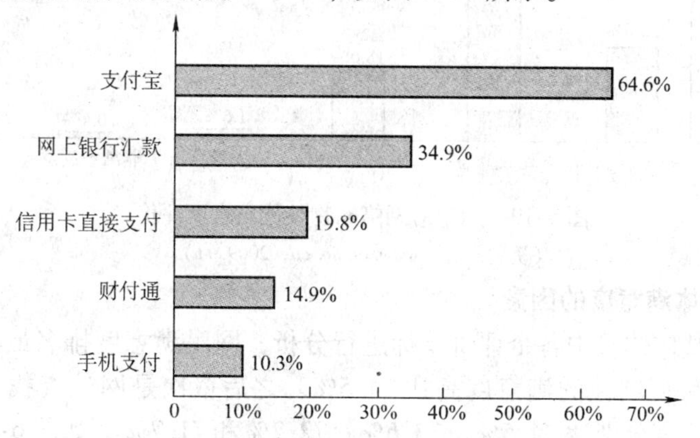

图6-17　用户使用率排名前五的电子支付类型

（资料来源：www.cnnic.cn，2009.11）

7. 网购用户分享方式

目前，用户在网购后分享购物信息的现象还并不普遍。购物网民中只有29.5%的人购物后在网上发表过商品相关信息，有分享购物信息的行为。这些网民发表商品评论的主要渠道是购物网站。63.8%的网民在原购物网站商品下方发表评论，有17.5%的网民在原购物网站社区中发表评论，另外27%的网民在自己的博客或个人空间中发表商品评论，还有21.2%的用户在社区类网站发表商品评论，如图6-18所示。

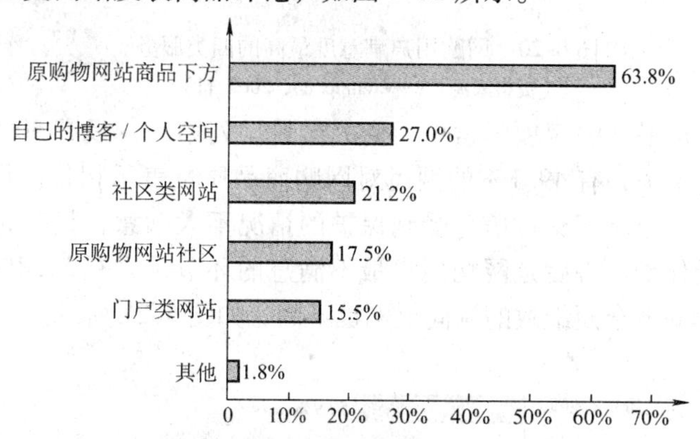

图6-18　用户发表用户评论的主要渠道

（资料来源：www.cnnic.cn，2009.11）

6.2.4　网络购物用户满意度研究

1. 网购整体满意度

整体而言，用户对网购经历的满意度较高。其中，有54.4%的人对网络购物比较满意，25%的人非常满意。不太满意和非常不满意的总计只有2%。我国网民网络购物的体验在不断优化，目前有 86.8% 的网民过去半年没有不愉快的网购经历，高于去年 79.7% 的比例，如图 6-19 所示。

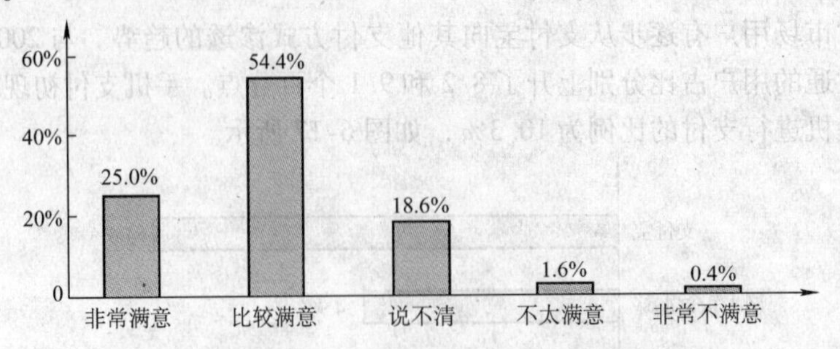

图 6-19 用户对网络购物整体满意度评价

（资料来源：www. cnnic. cn，2009. 11）

2. 影响网购整体满意度的因素

对用户对网购整体体验中各个评价指标进行分析，网民满意度排名最高的是支付便利。目前网购用户对支付便利性的满意度高达 74.5%。之后依次是网站查找方便、运行快速、信息有用，用户认可度分别达 74.5%、73.6%、72.2% 和 71.7%，如图 6-20 所示。

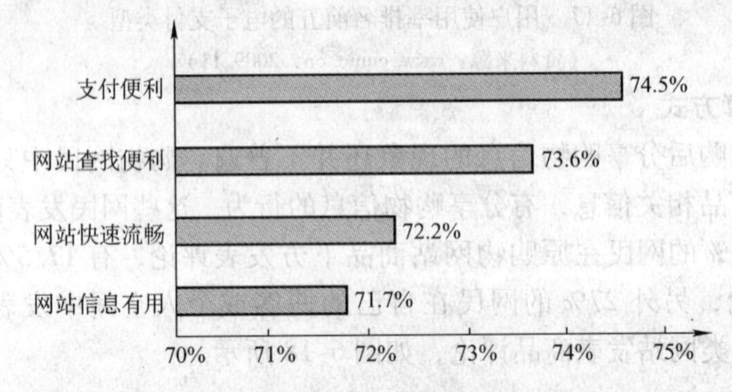

图 6-20 网购用户满意度最高的四类服务

（资料来源：www. cnnic. cn，2009. 11）

在网络购物满意度最低的四项因素中，商品质量排列第一，只有 50.9% 的网民认为网络购物的商品质量有保障，有 49.1% 的网民对网购商品质量表示担忧。用户对网购支付环节的便利性赞同率高，但对于支付信息受到保护的情况不太满意，只有 51.8% 的用户认为网络购物支付信息受保护。售后是网购用户最不满意的环节，只有 51.8% 的用户认为售后服务有保障，对售后服务全面细致的认同比例也不高，如图 6-21 所示。

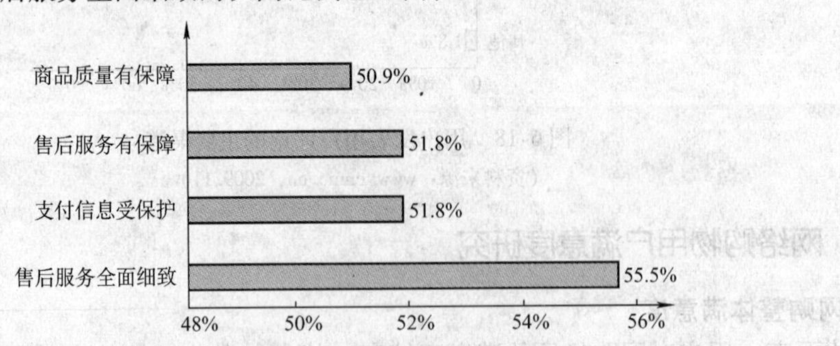

图 6-21 网购用户满意度最低的四类服务

（资料来源：www. cnnic. cn，2009. 11）

3. 用户不满意的原因

商品品质问题是造成网民网购不满意的主要原因。在13.2%的有过不满意网络购物经历的用户中，有52.3%的人是因为商品与图片不符。产品品质问题也容易引起用户的不满，在有过不满意网络购物经历的用户中，有25%的用户是因为商品是仿冒的，22.7%的网民遇到了伪劣和残损物品。物流问题也是造成用户不满意的原因之一，有21.2%的不满意用户是因为送货时间太长，15.7%的用户认为快递人员服务态度不好，10.8%的用户认为运费过高，如图6-22所示。

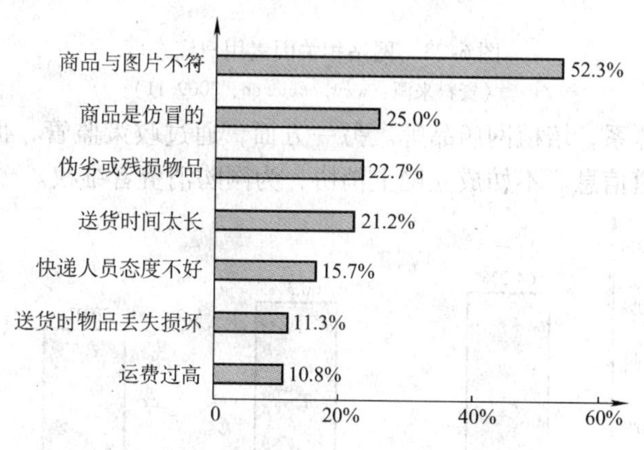

图6-22　网民网络购物不满意的原因

（资料来源：www.cnnic.cn，2009.11）

4. 用户满意度提升对策

通过回归分析看，网站、商品、售后和物流的体验都是影响网购整体满意度的显著因素。支付体验相对而言对整体满意度影响不明显，这是由于支付仅仅是一种交易手段。如果具备了安全性保障后，支付体验不会大幅提升用户网购的满意度。但是，这一保障性因素如果没有满足，支付不安全会导致用户失去网购的安全感和动机。

从网站、商品、售后和物流满意度上看，目前用户对网站使用，如流畅性和丰富性等满意水平相对较高。对商品的质量、价格满意度中等。售后服务和物流目前是引起网民不满意较多的因素，也是目前最有可能较快提升用户满意度的环节。因此，商品、物流和售后服务是目前用户满意度提升的主要方向。

（1）加强网站信息的归类整理，创新商品信息提供方式

消费者对网站各项服务的满意度均在70%以上，如图6-23所示。购物网站在使用便利性和流畅性上比较人性化，用户满意度较高。但是，网站信息有用性还不足，是造成网站满意度相对较低的因素。一方面，在不断丰富网站商品信息的同时，信息的杂乱也会影响用户接受，因此需要对网站信息进行明确归纳，特别是要对用户评论和专家意见进行整理和排列。另一方面，除对商品本身的规格描述外，还要充分反映同一种类商品的差别信息，这对帮助用户进行合理的购买决策有重要作用。

（2）完善网店商品质保服务，健全网店认证体系

用户对网购商品价格低廉的满意度较高，但对商品质量满意度最低，如图6-24所示。对商品质量的担忧影响到用户的购买热情。目前，B2C购物网站由于是厂家供货，信任度较高。但是，市场上份额较大的C2C购物网站，其商品质量的保障还比较欠缺。为此，一方

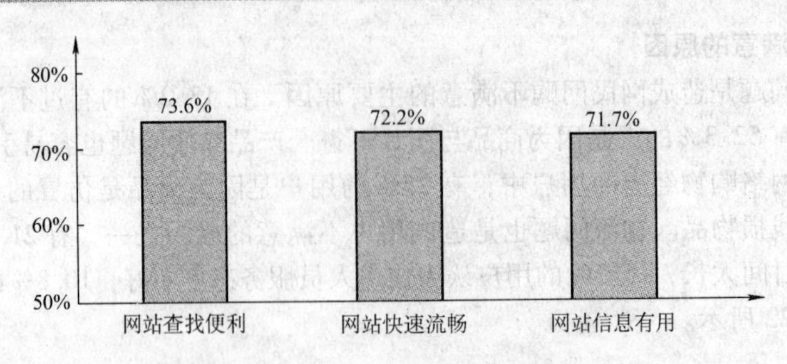

图 6-23　网站相关因素用户满意度

（资料来源：www.cnnic.cn，2009.11）

面要完善网店认证体系，培植网店品牌。另一方面，通过政策监管，促进进货渠道透明化，给消费者更多的渠道信息。不妨成立网上消协，为网购消费者维权。

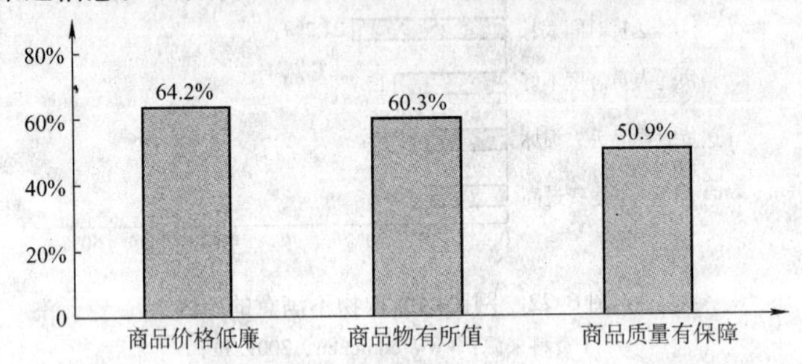

图 6-24　商品相关因素用户满意度

（资料来源：www.cnnic.cn，2009.11）

（3）统一物流标准，将物流服务纳入电子商务运行体系

用户对网购物品递送速度满意度较高，有 65.7% 的用户表示满意，如图 6-25 所示。目前，更多的问题集中在物流服务态度和送货可靠性上。相对而言，B2C 购物网站自建物流的方式能够满足用户一定的送货需求，但是对于 C2C 市场的广大用户，目前的物流体系无论从服务态度还是质量上都不能满足目前的市场需要。为此，政府应该将物流服务纳入电子商务运行体系，制定统一的网购物流标准，加强对从业人员的培训，逐步规范物流市场。

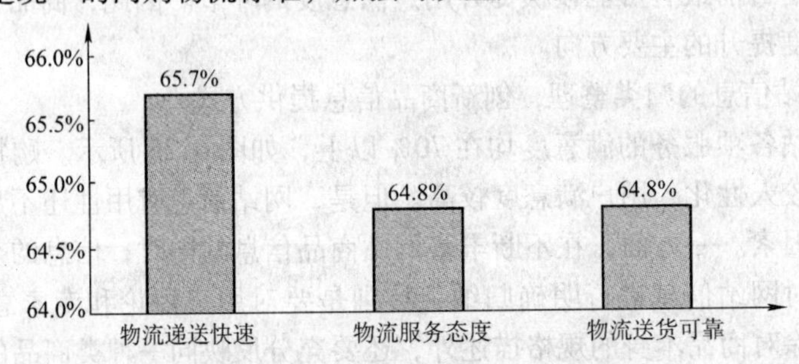

图 6-25　物流相关因素用户满意度

（资料来源：www.cnnic.cn，2009.11）

（4）明确网购售后责权，尝试售后质保金服务

售后服务是用户满意度最低的方面，只有 58.5% 的人满意售后服务态度，认为售后服务有保障的只有 51.8%，如图 6-26 所示。不能提供等同于线下店面等值的售后服务，是影

响网民使用网络购物和满意度提升的重要因素。目前，市场上对网站经营者和网购商家在网购售后服务的责任归属上还没有统一的标准。B2C 网站用户往往将购物网站作为主要的售后服务提供者。然而，大部分的产品售后服务可能是由厂家提供的，在购物网站和商家的信息沟通中，产生的延误和推诿会使用户感到售后服务的不便，从而影响购物体验。因此，要加强网购用户对于售后服务提供的责权知晓。同时，可以通过售后质保金等措施，将售后服务纳入有偿服务体系，通过责任内化来保障用户网购的售后服务的权利。

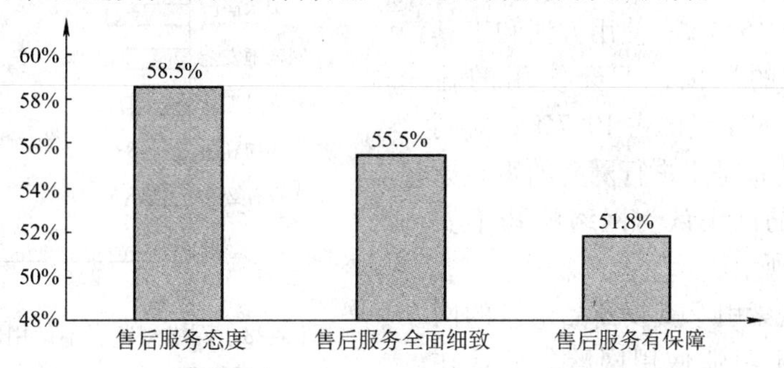

图 6-26　售后服务相关因素用户满意度

（资料来源：www. cnnic. cn，2009. 11）

6. 2. 5　潜在网络购物群体分析

网络购物用户狭义上是通过网络进行物品交易的人。但是，目前网民中还存在网上查找商品，但不进行网上购买的用户，简称网络"浏览者"。目前，有 85. 7% 的网民半年内在网上查询过商品信息，但是其中只有 26% 的人在网上购买商品。网络浏览者是网购市场发展最可能突破的群体。

1. 网络浏览者信息获取方式

网络浏览者查找商品的方式主要集中在购物网站上。有 53. 5% 的浏览者最常在 B2C 购物网站上查找商品信息，最常在 C2C 上查找商品信息的也有 32. 5%。最常使用通用搜索引擎查找商品信息的只有 4. 3%，如图 6-27 所示。

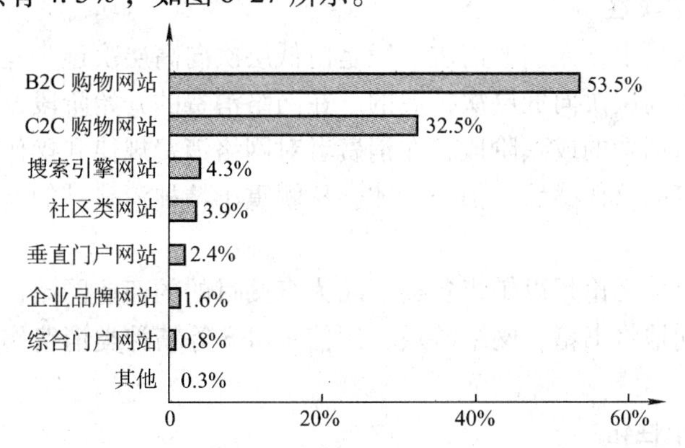

图 6-27　网络浏览者最常查找商品信息的网站

（资料来源：www. cnnic. cn，2009. 11）

对于大部分网络商品信息浏览者，他们有自己常去的购物网站，浏览购物网站已经成为其线下购物前的一种信息渠道。同时，在 B2C 上查找商品信息的网民还多于 C2C 购物网站，而目前在C2C网站购物的网民规模远大于B2C网站。这说明网民在查找商品信息和实现购买的渠道上有所差异，由于B2C购物网站产品线具有独特性和差异性，成为用户获得特定商品信息的主要渠道，但是在实际的购买环节，C2C购物网站品类丰富、低价优惠的模式更适宜目前用户的偏好。

2. 网络浏览者不网购的原因

网民不使用网络购物，其首要原因是不习惯使用，占45.3%；使用方法和工具欠缺是第二位的原因，不会使用的占15.4%，没有支付工具的占10.7%；对网络购物安全担忧也是不进行网购的重要原因，有12.2%的网民认为网络购物不安全，如图6-28所示。

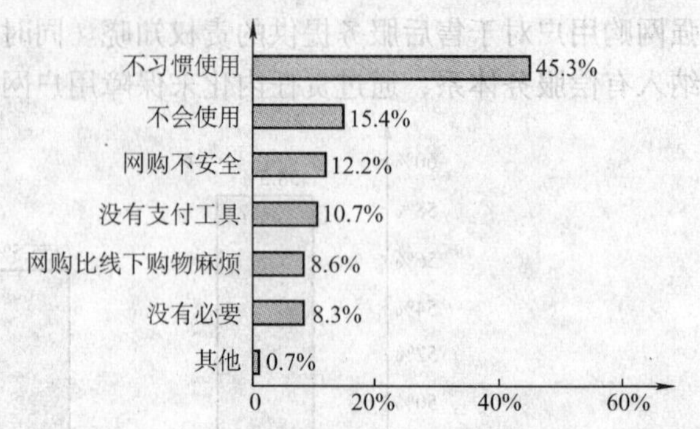

图6-28 网络浏览者不使用网购的原因

（资料来源：www.cnnic.cn，2009.11）

最常使用搜索引擎查找商品信息的网民，有78.9%不习惯使用网购。最常在B2C购物上查找商品信息的网民，除了31.5%的人是由于使用不习惯外，还有18%的人是因为没有网络支付工具。因此，对B2C购物网站而言，在短时间内无法改变用户习惯的情况下，解决潜在用户的支付疑问和支付障碍，是扩大用户最直接的措施。

浏览C2C网站查询商品信息的网民，有70.2%的人是因为对网络购物的方式不习惯，还有18.5%的人是由于不会使用网购。同时，在社区类网站查询商品信息的网民，除了32.6%的人不习惯使用网络购物外，还有20.4%的网民是由于使用方法欠缺而没有进行网购。借助C2C购物网站和社区类网民较高的人群渗透度，进行网络购物的方法介绍和实际讲解，也会促进潜在网购人群向实际网购用户的转化。

6.2.6 网络消费者的需求特征

1. 需求结构的层次性

在传统的商业模式下，人们的需求一般是由低层次向高层次逐步延伸的，而在网络消费中，人们的需求是由高层次向低层次扩展的。在网络消费的开始阶段，消费者偏重于精神产品的消费，到了网络消费的成熟阶段，在消费者对网络消费规律和操作有了一定的了解，对网络购物产生了一定的信任感后，消费者才会从侧重于精神消费品的购买转向日用消费品的购买。

正因为如此，目前无论是以销售各类产品为直接目的的商业网站，还是其他各类非商业性网站，都不约而同地将书籍、网络游戏，短信+BBS等精神类消费作为推动网站各项业务发展的基础。

2. 需求内容的个性化

在消费内容上，消费者开始制定自己的消费准则，个性化消费成为消费主流，大众化消费日渐失势。一方面是社会的发展，网络技术的应用，消费品市场变得越来越丰富，产品设计多样化，消费者进行产品选择的范围开始全球化；另一方面，目前的网络购买者多以年轻、高学历顾客为主，具有独立的见解和想法，对自己的判断能力也比较自负，对产品的要求也越来越独特，在接受产品或服务时的“非从众”心理日益增强。内外因素的驱动使得个性消费成为网络消费最明显的特征。

3. 需求目标的多样性

在需求的价值目标上，对购物结果的关注与购物过程的关注并存，网络消费者不仅仅关注得到怎样的产品，而且更关注如何得到这一产品，购物乐趣成为购买的一部分。消费者的网络购买行为除了目标导向型购买以外，体验购买也是最主要的一种购买行为。例如，消费者可以充分感受购物的快捷性、方便性，体验网络技术带来的生活改变。

6.2.7 网络消费者的购买动机

动机是指推动人进行活动的内部原动力，即激励人们行为的原因，人们的消费需要是由购买动机引起的。消费者的网络购买动机是指在网络购买活动中，能使网络消费者产生购买行为的某些内在的动力。

消费者的网络购买动机基本上可以分为两大类：需求动机和心理动机。

1. 网络购买的需求动机

消费者的网络购买需求动机是指由需求而引起的购买动机。要研究消费者的购买行为，首先必须研究网络消费者的需求动机。马斯洛把人的需要划分为五个层次，即生理、安全、社会、尊重和自我实现的需要。需求理论对网络需求层次的分析，具有重要的指导作用。而网络技术的发展，使现在的市场变成了网络虚拟市场，但虚拟社会与现实社会毕竟有很大的差别，在虚拟社会中人们希望满足以下三个方面的新的需求：

1）兴趣的驱动。互联网作为一种生存方式的科技进展引发了许多人的探究兴趣，这种兴趣的产生，主要出自于两种内在驱动：

① 内在的探索驱动力。蕴藏丰富的网络包容了各种各样的知识与信息，人们出于好奇的心理，驱动自己沿着网络提供的线索不断地向下查询，希望能够找出符合自己预想的结果，有时甚至到了不能自拔的境地。

② 内在的成功驱动力。当人们在网络上找到自己需求的资料、软件、游戏，自然产生一种成功的满足感。这种源于探索与成功的兴趣会使消费者不由自主地选择网络这一媒介。

2）聚集的需要。人是社会的动物，从本质上来说，人们都有参与社会集体活动的需求。由于现代生活节奏的加快，人们很难找出共同的闲暇时间来进行集体活动。虚拟社会提供了具有相似经历的人们聚集的机会，这种聚集不受时间和空间的限制，给孤独的人提供了交友聊天的便利，如聊天室、游戏室等，并以此形成富有意义的个人关系。此外，通过网络聚集起来的群体是一个极为民主的群体。在这样一个群体中，所有成员都是平等的，每个成员都有独立发表自己意见的权利，使得在现实社会中经常处于紧张状态的人们在虚拟社会中得到放松。

3）交流的需要。聚集起来的网民，自然产生一种交流的需求。随着这种信息交流频率的增加，交流的范围也在不断地扩大，从而产生示范效应，带动对某些种类的产品和服务有相同兴趣的成员聚集在一起，形成产品信息交易的网络，即网络产品交易市场。这不仅是一个虚拟社会，而且是高一级的虚拟社会。在这个虚拟社会中，参加者大都是有目的，所谈论的问题集中在产品质量的好坏、价格的高低、库存量的多少、新产品的种类等。他们所交流的是买卖的信息和经验，以便最大限度地占领市场，降低生产成本，提高劳动生产率。也就是说交流需要，可以分为两类：一类并不涉及经济利益，纯属沟通的需要；另一类则是希望通过沟通，能获得某些经济利益。

2. 网络购买者的心理动机

消费者的网络购买心理动机是由于人们的认识、感情、意志等心理过程而引起的购买动机。网络消费者购买行为的心理动机主要体现在理智动机、感情动机和惠顾动机三个方面。

1）理智动机。这时购买动机是建立在人们对于在线商店推销的产品的客观认识基础之上的。众多网络购物者大多是中青年，具有较高的分析判断能力。他们的购买动机是在反复比较各个在线商店的产品之后才作出的，对所要购买的产品的特点、性能和使用方法，早已心中有数。理智购买动机具有客观性、周密性和控制性的特点。在理智购买动机驱使下的网络消费购买动机，首先注意的是产品的先进性、科学性和质量高低，其次才注意产品的经济性。这种购买动机的形成，基本上受控于理智，而较少受到外界气氛的影响。

2）感情动机。感情动机是由于人的情绪和感情所引起的购买动机。这种购买动机还可以分为两种形态：一种是低级形态的感情购买动机，它是由于喜欢、满意、快乐、好奇而引起的，一般具有冲动性、不稳定性的特点；还有一种是高级形态的感情购买动机，它是由于人们的道德感、美感、群体感所起的，具有较大的稳定性、深刻性的特点。而且，由于在线商店提供异地买卖送货的业务，大大促进了高级形态的感情购买动机的形成。

3）惠顾动机。这是基于理智经验和感情之上的，对特定的网站、图标广告、产品产生特殊的信任与偏好而重复地、习惯性地前往访问并购买的一种动机。惠顾动机的形成，经历了人的意志过程。从它的产生来说，或者是由于搜索引擎的便利、图标广告的醒目、站点内容的吸引或者是由于某一驰名商标具有相当的地位和权威性；或者是因为产品质量在网络消费者心目中树立了可靠的信誉。这样，网络消费者在为自己作出购买决策时，心目中首先确立了购买目标，并在各次购买活动中克服和排除其他的同类水平产品的吸引和干扰，按照事先购买计划行动。具有惠顾动机的网络消费者，往往是某一站点的忠实浏览者。他们不仅自己经常光顾这一站点，而且对周围的网民也具有较大的宣传和影响功能，甚至在企业的产品或服务一时出现某种过失的时候，也能予以谅解。

6.2.8 影响消费者网上购物的外在因素

影响消费者上网购买的因素有社会阶层、家庭环境、风俗时尚、个人心理等多方面，除此之外，在网络环境中主要还受到以下几点外在因素的影响。

1. 商品的价格

按照销售学的观点，影响消费者消费心理及消费行为的主要因素是价格，即使在今天完备的营销体系和发达的营销技术面前，价格的作用仍是不可忽视的。只要价格降幅超过消费者的心理界限，消费者因此心动而改变既定的消费原则也是在所难免的。对一般商品来说，价格与需求量常常表现为反比关系，同样的商品，价格越低，销售量越大。目前在网上行销的商品多是计算机软硬件、书籍杂志、娱乐产品等，这些商品的价格一般都不太高，加上网上直接销售减少了许多中间环节，使得网上销售的商品价格低于传统流通渠道的商品价格，因此对消费者产生了越来越大的吸引力。

2. 购物的时间

这里所说的购物时间包含两方面的内容：购物时间的限制和购物时间的节约。传统的商店，每天只能营业十几个小时，而网上商店的全天候营业，使消费者在任何时间都可以上网购物，没有任何时间的限制。

现代社会中人们生活节奏的加快，使时间对于每个人来说都变得十分宝贵，人们用于外出购物的时间越来越少。拥挤的交通、日益扩大的购物场所，延长了购物所消耗的时间和精力；商品的多样化使得消费者眼花缭乱，而层出不穷的假冒伪劣商品又使消费者应接不暇，人们迫切需求新的快速方便的购物方式和服务，而网上购物适应了人们的这种愿望。人们可以坐在家中与厂商沟通，及时得到邮寄的商品或获得上门服务，从而节省了购物时间。

网上购物顺应了现代社会生活的快节奏，理所当然地成为人们上网购买的动机之一。

3. 购买的商品

从购买方式上看，目前在网上销售的一些商品尤其能体现方便快捷的特色，下面来分析一下如今网上销售的部分商品的特点：

1）软件。销售者可以借助网站来发布试用版本的软件，让消费者试用，然后在一定期限内提供服务，如果消费者满意就会购买。

2）书籍杂志。在网上可以提供试阅读版本，使消费者先了解该书籍或杂志的基本内容，然后再订购，这种把自主权交给消费者的做法是比较受欢迎的，而不是那种“强迫”式的购物方法。

3）鲜花或礼品。由于网络是跨时间、跨地域性的媒体，在网上可以订购任何地方的鲜花或礼品，并由对方送货上门。

纵观这些商品都具有某些网络化的特点，借用网络可以使它们更易转播和出售。虽然市场还未成熟到可以随时到网上去购买面包或香蕉的地步，但消费者在经过比较后觉得，网上购物的方便程度超过他亲自去商店的花费，他当然愿意到网上购买。

4. 商品的选择范围

在 Internet 这个全球化的市场中，商品挑选的余地大大扩展，而且消费者可以从两个方面进行商品的挑选，这是传统的购物方式难以做到的。

一方面，网络为消费者提供了多种检索途径，消费者可以通过网络，方便快速地搜寻全国乃至全世界相关的商品信息，挑选满意的厂商和满意的产品，从而获得最佳的商品性能和价格。另一方面，消费者也可以通过新闻组、电子公告牌等，告诉千万个厂商自己所需求的产品，吸引众多的厂商与自己联系，从中筛选符合自己要求的商品或服务。有这样大的选择余地，精明的消费者自然会倾向于网上购物了。

5. 商品的新颖性

追求商品的时尚与新颖是许多消费者，尤其是青年消费者重要的购买动机。这类消费者一般经济条件较好，他们特别重视商品的款式、格调和流行趋势，而不太在意商品使用价值和价格的高低。他们是时髦服装、新潮家具和新式高档消费品的主要消费者。网上商店由于载体的特点，总是跟踪最新的消费潮流，适时地为消费者提供最直接的购买渠道，加上最新产品的全方位网上广告，对这类消费者所产生的吸引力越来越大。

6. 卖方的控制系统

卖方的控制系统包括后勤支持（支付、配送）、技术支持（网站设计、智能代理）、客户服务（常见问题集、电子邮件、呼叫中心、一对一服务）等。

思 考 题

1. 网络市场经历了哪几个发展阶段？
2. 网络市场具有哪些基本特征？
3. 网络消费者的总体特征有哪些？
4. 简述网络消费者的需求特征。
5. 虚拟社会中的消费者需求有何新特点？
6. 影响网络消费者网上购物的主要外在因素有哪些？

第7章　网络市场调查

本章要点

- 定性调查与定量调查方法的结合
- 利用搜索引擎进行市场调查的方法

7.1　市场调查的误区

市场调查是指采用科学的方法，系统地收集、整理、分析和研究各种营销信息，为企业开展营销活动提供依据。例如，收集市场信息、了解竞争者情报、调查顾客对产品或服务的意见等，其目的是帮助企业管理者准确地思考，避免错误的决策。网络市场调查是指利用互联网进行的市场调查，我们浏览网站时经常会看到一些小调查，如一些网站在新改版之后对访问者所进行的调查，一般有少数几个选择项目，如“满意、不满意、一般”等，当你选定一个答案并单击“提交”按钮，就是参加了一次在线调查，这种方式所获得的结果就是最简单的网上调查。本章将帮助大家更加准确地理解什么叫市场调查以及如何更好地操作，使市场调查得到一个更加理想的结果。

7.1.1　市场调查的常见误区

1. 调查范围过小

市场调查应该在一定数量的人群范围内进行，调查的人群范围过小就会失去代表性，从而导致调查结果不准确。

2. 调查对象不是随机抽样

接受调查的人群来源也是应该注意的问题。一般来讲，抽样和随机调查会更有代表性，如果调查范围是为了共同目的而聚集到一起的人群，则调查的结果会有失客观。

例如，在一次企业管理培训班上，培训者在讲课之前请进行过市场调查的学员举手，这样培训者就获得了一个数据：该培训公司学员进行过市场调查者占学员总数的三分之一。请问：该结论能否作为调查的结果对外公开？

答案显而易见，不能作为调查结果公开。因为调查范围不能是为了共同目的而聚集到一起的人群（如某培训班学员），所以调查的结果会有失客观；调查不宜在公开场合面对面提问，这样容易获得不真实的回答。

现实生活中有很多的调查不够专业，不专业的调查在准确性方面存在很大问题，因此企业决策不能建立在电台、网络等媒体调查的基础上。与其得到错误的信息，还不如没有信息，错误的信息会给人错误的诱导。不专业的市场调查，其结果不仅会误导企业的决策，而且会影响市场调查本身的可信度，由于不专业，使得市场调查的需求和受重视程度降低。

7.1.2 对市场调查的错误认识

长期以来，人们对市场调查的认识存在很多误区，主要体现在对市场调查内容的误解、必要性的忽视等方面。以下是几种常见的错误说法。

1. 市场调查很简单

若干年前，中国电信在市场调查方面是很薄弱的，其设计的市场调查问卷存在不少缺憾。而且当时该公司的电话调查员均由客户服务人员培训而成，对待消费者是居高临下的俯视姿态；在电话调查过程中，一旦遇到访问对象的不配合，就立刻灰心，不能继续调查下去，这导致市场调查一无所获。很多企业都认为市场调查是很容易做的，但事实上，除了要解决问卷科学设计的问题和面对被访问者的不配合，还要做好调查数据的分析和处理。

市场调查是一项比较专业的工作，因此聘用调查公司进行专业的市场调查对企业的决策是十分必要的。

2. 市场调查是不准确的

有人认为，市场调查是不准确的。事实上，要判断市场调查准确与否，应该强调以下三个前提：

（1）对市场调查的定义进行科学界定。对定义界定不同会导致调查结果千差万别，从而失去针对性。所以在做任何调查之前，都需要明确定义的范围。

（2）时间的界定。调查结果公布的时间用语也应该力求准确，如媒体公布调查结果通常用“近日”等模糊的时间概念，这种做法是极不合理的。

（3）在执行环节上，应该注意可能影响调查结果真实性的具体因素。

3. 大企业才有必要做市场调查，小企业不必要做调查

无论大企业或小企业，市场调查都是非常必要的，因为市场调查偏差会导致决策失误，而决策失误对后期市场的影响对任何公司而言都是百分之百的。如果产品上市以后却卖不出去，它所占用的是营销成本、机会成本、时间成本以及渠道资源，这些成本累加起来的数值是非常高的。所以，市场调查应该与产品机会成本等联系起来进行比较。

4. 做一次市场调查就可以了

无论是企业自身还是外部市场及竞争对手，都是时刻变化的，所以企业不应该只满足于做一次市场调查就可以了，应该定期做市场调查。

有的企业把市场调查看成是“一竿子买卖”。不少企业等到产品投产前，才意识到有必要做市场调查，于是忙着联系市场调查公司，然后做街访、搞座谈，确定产品定位。可一旦产品投放市场，便把市场调查抛之脑后，以为一次足矣，只解燃眉之急。其实，现代意义的市场调查贯穿于市场运营的每个阶段：生产、流通、分配、消费。它不仅是短期的“战术”制定，更是长期的“战略”研究。各行业和产品的长期追踪调查，有利于集团掌握行业和产品的发展趋势，有利于进行战略上的安排。

5. 市场调查可以发现全新的商业机会和模式

市场调查人员应该对所调查的领域具备一定的视野基础，否则就会使调查陷入盲目状态。市场调查所提供的不会是全新的结论，而是对以往结论或假设具有修正、补充和验证意义的结论，因为市场调查更多的是以过去为基础。

6. 市场调查报告提出解决方法和行动方案

这种看法也是市场调查的误区之一，因为市场调查得出的基本数据偏多，而数据并不代表决策，数据可能意味着市场潜力，但是决策不仅仅基于数据，还要衡量企业自身的资源、人员、外部竞争环境及政策等。

7. 其他常见错误认识

此外，对市场调查常见的错误认识还有：

- 领导让做市场调查才去做。
- 市场调查所得出的结论是绝对的。
- 市场调查的结果应该是我完全不知道的新东西。
- 市场调查结果不应该出乎意料，市场调查就是决策本身等。

7.2　市场调查的科学基础及价值

生物界中，许多微小的个体被有效地汇集成群，如蜜蜂通过对每个类别个体的细致分工，大大提高了日常生活中每个细节的效率；蚂蚁通过释放信息素，跟踪其他蚂蚁的痕迹。同理，消费者群体就是消费者个体被某种共识汇集成的群体。通过科学化的方法进行调查，群体内的共同规律和本质便可显示出来，群体间的差异也凸显出来。所以，市场调查的意义是：通过数量优势发现看似无规律事物的规律，发现不同群体之间的差异。

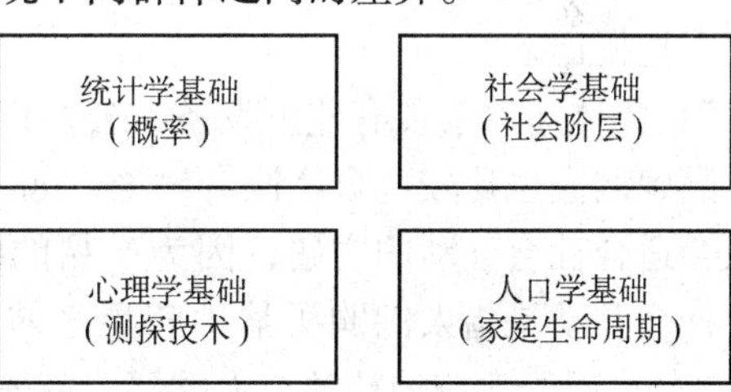

图7-1　市场调查的科学基础

市场调查需要多方面的知识来辅助，如图7-1所示。统计学的基础即概率，如投硬币100次得到的正反面概率可能是5:5，投1000次的结果可能4.5:5.5。因此，没有必要为了0.5的百分比多扔900次，所以市场调查的对象并不是多多益善。按照统计学的原理，调查到达一定规模之后，就足够说明问题了。另外，社会学基础知识也很重要，如社会学中如何进行收入的划分及阶层的划分，阶层的划分不仅与收入相关，还与生活形态、教育程度等密切联系。在心理学方面，市场调查实质上是与人的心理进行问答（消费心理、购买心理、意愿心理等），是通过人的表情和语言探测其真正的想法。在人口学方面，人口学讲到家庭的生命周期不同阶段的消费模式是截然不同的。

7.3　定性调查与定量调查

定性调查就是确认某一事物的构成以及各组成部分的性质区别。定量研究是指建立在大量问卷基础上的调查。定量调查是将各组成部分量化的过程。而事实上定性研究才是调查领域普遍采用而且效果良好的调查研究方法。对鸡蛋定量研究是分出蛋黄、蛋清和蛋皮，而鸡蛋为什么有营养，如何吃更有益健康则是定性调查解决的问题。

7.3.1　定性调查方法

一种偏见认为调查就是发问卷，这种看法忽视了定性调查的作用。定性调查有以下几种方式：座谈会、深度访问和观察法。座谈会是指通过相关人员开会来了解情况，一般有严格的具体要求。深度访谈是通过一对一的访谈了解情况。观察法是实地考察，通过观察对方行为发现和总结情况。

1. 焦点团体座谈会

焦点团体座谈会是针对可形成焦点的座谈会而演变产生的，与会者在专门培训的 FG 主持人的引导下对某产品或服务的优势和劣势进行即时的激发和发掘，并留下录像及文字记录，以便对复杂问题进行深入细致的解析，对存在的问题进行性质判定。在座谈会中，客户可通过单面镜直接观察会场动态。该种方法对与会者具有严格要求，所以又称集体座谈会。

焦点团体座谈会不同于公司内部座谈会，这样的座谈会对与会者和主持人及会议的论题都有很高的要求，其特点是：

1）集体座谈要求与会者彼此不认识，这样可以避免与会者在熟人面前讲假话，保证座谈的真实性。

2）集体座谈会的与会者是经过严格挑选的，要求与会者对议题所涉及的产品和服务有过深入接触，而且有独立的见解。

3）集体座谈会的与会者充分互动，不需要排列等级，主持人不是来自于企业内部。其作用仅仅是引导和调动与会者畅所欲言的积极性，而自己并不发表看法，甚至对与会者对产品和服务的偏激意见也不予争论，保持中立态度。

4）集体座谈会探讨的议题集中而且是经过设计的，以便最大程度地把被访者的态度和价值观挖掘出来。

5）集体座谈会装有监测设备，公司内部人员不参加座谈，但是可以监测。

品牌调查也比较适合座谈会讨论，如品牌个性、品牌价值、品牌满意度等。综合来看，座谈会适合社会互动的主题，因为产品的购买是由社会互动产生的而不是由个人决策购买的。社会互动是指人们购买某种商品之前听取别人的意见，会受到外在的影响。某些产品（如汽车）属于比较纯粹的个人购买，就不用开座谈会，可以采用深度访谈的方式。

2. 深度访谈

深度访谈是一对一的谈话，在访谈之前应准备一份逻辑清晰的提纲，按照层层递进程序进行，以达到访谈目的。对深度访谈的对象有以下要求：

1）访谈是个性化决定的。个性化决定是指在购买商品之前不需要与他人商议，完全由个人决定。

2）深度访谈的对象应设定为专家、主管、政府官员等。因为这几类人往往代表某种权威，应该一对一地深度访谈，如果参加座谈会，则会影响座谈会对问题分析和诊断的效果。此外，某些隐私性的话题（如疾病等）也应采取深度访谈的方法调查。

3）深度访谈要求访谈者与被访谈者具备较高的素质，否则访谈只能获得泛泛的结论而不会获得建设性的结论。

7.3.2 定量调查方法

定性调查的结论可能并不具有代表性，因此调查结论对于作最后判断往往还缺乏依据。因为它只能描述消费者心目中现有的某些想法，找出可能存在的问题。所以要寻找决策依据还需要进行定量调查。

1. 定量调查方法

定量调查方法包括：邮寄调查、入户调查、街头拦截访问、电话调查和网上调查。通常，定量调查一定要做配额抽样，这一点很多人会忽视。

拦截访问调查份数往往不会很多，因此为了使调查结果更加准确，要对拦截的对象进行性别和年龄等方面的比例限定。例如，某房地产的调查结果显示公司高档别墅的购买者多为30岁以下的年轻男性，这个结果显然是不客观的。原因在于此类人是访问员比较容易找到，而且配合度比较高的。所以调查应当谨慎制定前期规则，以避免结果偏颇。

电话调查（Telephone Interview）。其优势是迅速，劣势是拒绝率高、问卷问题数量少。

网上调查（Online Interview）。网上调查往往与邮寄调查、电话调查结合起来，先电话邀请调查对象到某网站点击调查，然后给调查对象邮寄资料并请求反馈。

2. 何谓定量研究

定量研究是用数据定量表示的方法，精确计量被研究对象的有关情况。一般情况下，定量研究是在定性研究的基础上开展的。通过定性研究，研究人员可以从纷繁复杂的现象中找出自己最为关心的一些项目，定量研究就是进一步对这些项目进行追踪，获得这些项目的详细资料，用来验证定性研究的假设是否正确、推断是否可靠，或用来判断定型产品的接受程度、消费者的群体特征等。

定量调查要有结构式的问卷，并有明确清晰的概念界定。为了避免由于不同人的个性和理解导致的歧义，问卷应力求简单、清晰、容易理解。

某调查问卷的一个问题是："您的家庭收入是多少?"此问题中的"家庭"是个模糊的概念，没有明确给清楚家庭的范围。在同一收入背景下，不同的"家庭"定义会得出不同的答案，使调查失去意义。

访问员应该充分理解问卷的内在逻辑和调查目的。在访问时也应该避免对调查对象言辞方面的诱导，要力求用词客观，不带褒贬的感情色彩。

定量调查的目的有时不是为了得出某种结论，而是利用调查的结果对前期的假设观点进行论证或推断，所以前期假设观点是十分必要的，否则调查就会陷入茫然；同时，中立性假设客观地罗列出可能的问题所在，避免偏见的误导，能更准确地发现问题所在。

事实上，越资深的行业内人员越容易陷入偏见，因为已经形成很多对消费者的认知。比如，认为消费者都是重价格的，在这一观念指导下的前期设计就容易偏颇，导致调查结果不准确。

3. 在线调查表中存在的问题

在线调查表存在以下问题：

1）调查说明不够清晰。这种情况容易降低被调查者的信任和参与兴趣，结果是参与调查的人数减少，或者问卷回收率低。

2）调查问题描述不专业或者可能造成歧义。这种情况会造成被调查者难以决定最适合的选项，不仅影响调查结果的可信度，甚至可能使参与者未完成全部选项即中止调查。

3）遗漏重要问题选项，没有包含全部可能的因素并且没有"其他"选项。调查选项不完整可能使参与者从中无法选择自己认为最合适的条目，这样的调查很可能得到不真实的结果，会降低调查结果的可信度。

4）调查问题过多，影响被调查者参与的积极性。同一份问卷中设计过多的调查问题，使参与者没有耐心完成全部调查问卷，这是在线调查最容易出现的问题之一。如果一个在线调查在10分钟之内还无法完成，一般的被调查者都难以忍受，除非这个调查对他非常重要，或者是为了获得奖品的目的才参与调查。

5）调查目的不明确，数据没有实际价值。由于问卷设计不够合理，即使获得了足够数量的调查结果，但有些数据对于最终的调查研究报告却没有价值，这样就失去了调查的意义。

6）过多收集被调查者的个人信息。有些在线调查对参与者的个人信息要求较多，从真实姓名、出生年月、学历、收入状况、地址、电话、电子邮箱甚至连身份证号码也要求填写。由于担心个人信息被滥用，甚至因此遭受损失，很多人会拒绝参与这样的调查，或者填写虚假信息，其结果是问卷的回收率较低，影响在线调查的效率，并且可能影响调查结果的可信度。一般来说，收集用户的个人信息应尽可能简单。

4. 适用于定量研究的主题

适用于定量研究的主题有：

（1）市场研究。产品的市场占有率、市场份额测算、新产品市场潜力与进入机会、产品市场接受度研究等是定量研究的重要主题。经过调查往往就会发现，有很多因素决定了市场不可能有想象得那么大。

（2）消费行为模式与态度。消费行为模式与态度不太容易变化，具有相对稳定性。这方面的调查需要进行轮廓的描述，如北京的消费者喜欢去大超市购物，而上海消费者愿意去小超市购物。如果不做此类调查，会导致盲目地进入这个市场，从而遇到很大障碍。

（3）广告。广告受众率、媒体接触状况与广告效果、创意、效益都需要进行定量分析。另外，企业形象和品牌、消费需求及潜量测试也是需要做定量研究的。定量和定性并不冲突，可以互相补充、互相结合，组成一个完整的调查。因此，不能简单地说定性调查好或者定量调查好。

7.3.3 定性调查和定量调查方法组合

纯粹探索性的问题不要求十分精确，可以只做定性研究；纯粹描述轮廓的研究要通过定量研究；而评估型调查研究不仅要作出定性的评价，还要分析原因，这就需要定量与定性相结合。此外，对策性的问题往往原因较复杂，也需要两种方法结合进行，如图7-2所示。

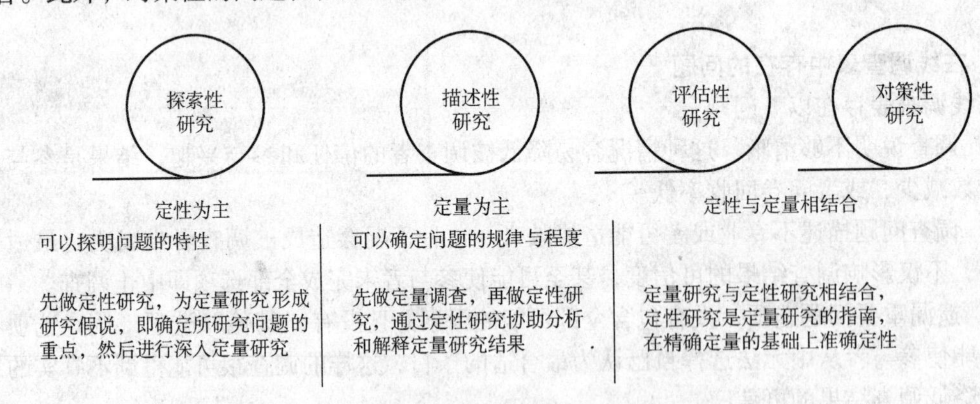

图7-2 定性与定量研究方法组合示意图

通常是在调查研究人员前期对目标市场已经比较了解，要对影响程度大小做进一步判定时，需要先做定量调查（先做百分比），后做定性调查（深度访谈、座谈会）。通过定量调查，如果发现有些问题不能解释，还要再做定性调查。

与传统市场调研方法相比，网上调研有很多优点，主要表现在提高调研效率、节约调查费用、调查数据处理比较方便、不受地理区域限制等方面。因此，网上市场调研已成为一种不可忽视的市场调研方法。网络市场调研与传统市场调研的比较见表 7-1。

表 7-1　网络市场调研和传统市场调研的比较

比较项目	网络市场调研	传统市场调研
调研费用	较低。主要是设计费和数据处理费，每份问卷所要支付的费用几乎为零	昂贵。包括问卷设计、印刷、发放、回收、聘请和培训访问员、录入调查结果、由专业公司对问卷进行统计分析等多方面的费用
调研范围	全国乃至全世界，样本数量庞大	受成本限制，调查地区和样本的数量均有限
运作速度	很快。只需要搭建平台，数据库可自动生成，几天就可能得出有意义的结论	慢。至少要 2～6 个月才能得出结论
调研时效性	全天候进行	不同的访问者对其进行访问的时间不同
被访问者的便利性	非常便利。被访问者可自由决定时间、地点回答问卷	不太方便。一般要跨空间障碍，到达访问地点
调研结果的可信性	相对真实可靠	一般有督导对问卷进行审核、措施严格、可信性高
适用性	适合长期的大样本调查，以及要迅速得出结论的情况	适合面对面深度访谈，食品类需要受访者进行感官测试

7.4　利用搜索引擎进行市场调查

网上市场调查主要分为两个方面：一是目标市场及目标用户的情况；二是竞争对手的情况。

7.4.1　目标市场和用户调查

最直观的市场需求调查就是在搜索引擎上某个特定的关键词被搜索的次数，与产品最相关的主关键词被搜索次数越多，说明市场需求就越大，用户也就越关注它。

目标市场及用户调查可以用以下几个工具来查看。

1. 关键词搜索量调查

百度关键词推荐工具需要开通百度推广方可查询，百度推广的网址是 http://e.baidu.com/，用户注册并登录，建立推广计划，在选择关键词时即可看到关键词推荐工具，或者单击“工具”选项卡，进入“工具箱”，然后单击“立即使用”关键词推荐，如图 7-3 所示，在指定的文本框中输入一个基本关键词，然后单击“获取推荐”按钮，可得到若干扩展的关键词。

如输入“减肥”，单击“获取推荐”按钮，百度推广关键词推荐工具自动生成与之相关的减肥方法、减肥瘦身、轻松减肥、七天减肥、全身减肥等数个可以考虑的关键词，并且列出了竞争激烈程度及日均搜索量，如图 7-4 所示。其中，搜索量代表用户的关注程度和市场需求。

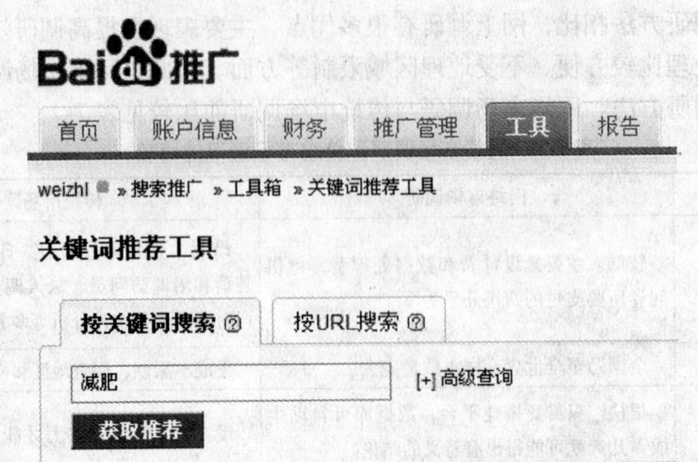

图 7-3　百度推广关键词推荐工具

关键词	日均搜索量	竞争激烈程度	操作
减肥	>20,000		添加为广泛
减肥瘦身 NEW	>20,000		添加为广泛
瘦身减肥 NEW	>20,000		添加为广泛
我要减肥 NEW	>20,000		添加为广泛
轻松减肥 NEW	>20,000		添加为广泛
全身减肥 NEW	>20,000		添加为广泛
减肥美体 NEW	>20,000		添加为广泛
我想减肥 NEW	>20,000		添加为广泛
减肥塑形 NEW	>20,000		添加为广泛
减肥效果 NEW	>20,000		添加为广泛
减肥减肥 NEW	140		添加为广泛
脂肪减肥 NEW	2,700		添加为广泛
减肥减胸 NEW	8,700		添加为广泛
胖子减肥 NEW	3,600		添加为广泛
减肥难吗 NEW	10		添加为广泛
七天减肥 NEW	12,500		添加为广泛
减肥大忌 NEW	10		添加为广泛
饭后减肥 NEW	<5		添加为广泛

图 7-4　百度推广关键词推荐工具推荐结果

2. 百度指数

百度指数的网址是 http：//index. baidu. com/，显示页面如图 7-5 所示。

在输入框中输入“减肥”和“瘦身”，百度指数显示结果如图 7-6 所示。

百度指数是以百度网页搜索和百度新闻搜索为基础的免费海量数据分析服务，百度指数

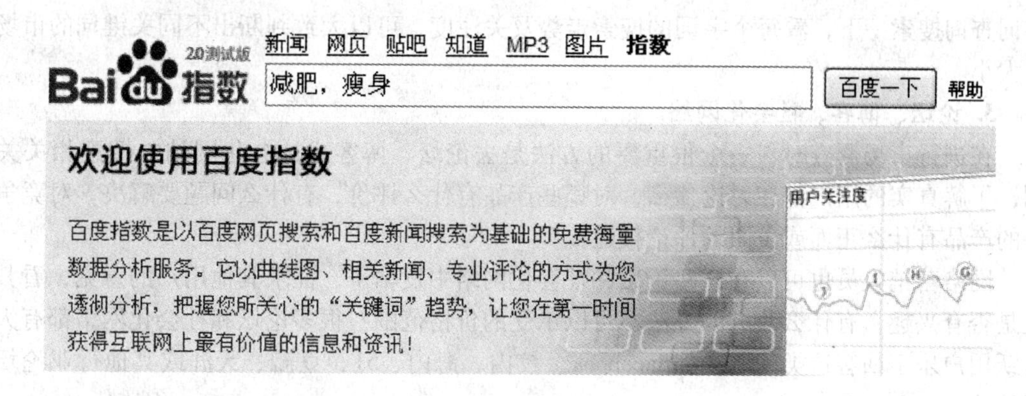

图7-5 百度指数页面

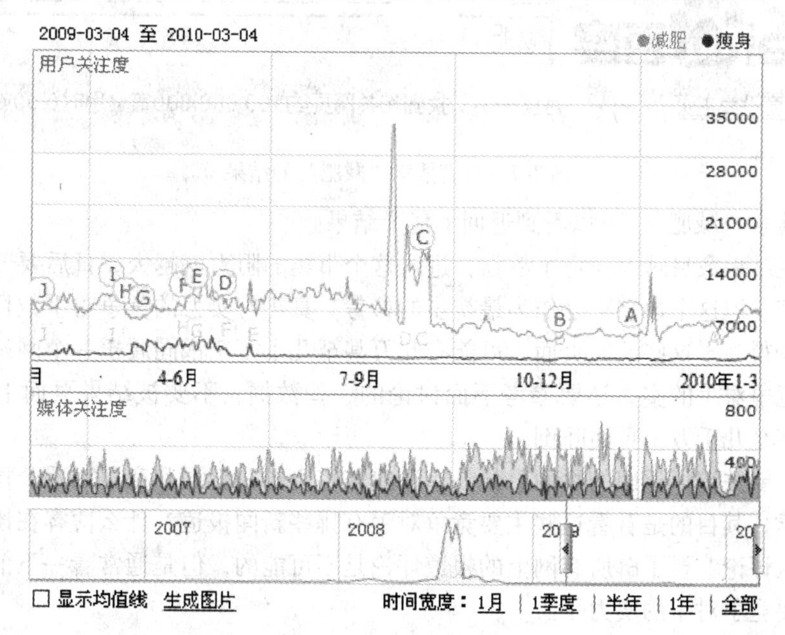

图7-6 “减肥”、“瘦身”的百度指数页面

显示特定关键词的用户关注度及媒体关注度。用户可以输入不同的关键词，比较用户关注度和媒体关注度数字，从而确定哪个关键词市场需求更大。

首先利用百度推广关键词推荐工具，查看欲选取的相关字词在搜索中的热度关注度，判断出哪几个关键字词是自己网站需要的，最好多选几个，再利用百度指数功能，分别对每个字词查询搜索一下，看每个字词的搜索走势及关注度，可以大致判断出不同关键词的市场需求大小。

3. 论坛、博客、社会化网络

在进行市场调查时，一个很重要的方法是去论坛、博客或社会化网站去搜索相关关键词，了解真实的用户都在讨论什么，对哪些产品有什么评价，有什么问题要解决，对竞争对手的产品有什么正面或负面的评论报道？

网络营销人员也可以在这些论坛和社会化网络中发帖子，征求其他用户的意见，看其他人是否有兴趣，有什么改进的方法，可以承受的价格范围？很多论坛和社会化网络都有大量活跃用户乐于回答这类问题，如facebook、校内、海内、51、豆瓣、天涯或其他行业论坛社区等。

7.4.2 竞争对手调查

1. 搜索排名结果

调查竞争对手的情况还是从搜索引擎入手。

先搜索主要关键词，然后查看搜索结果页面右上角显示的符合搜索条件的页面总数。从一定程度上说，所有这些页面都是你的竞争对手。你的网站日后要想在搜索相关关键词时出现在排名结果的前列，就要战胜这些页面。例如，在百度输入关键词“减肥”，结果如图7-7所示。

图7-7 百度搜索“减肥”的结果

在百度搜索“减肥”，可以看到返回1亿个结果。

相对来说结果数目越大，竞争越强，进入这个市场的阻力就越大，日后要开展的网络营销工作也越多。但这个数字只是作为最初步的参考。真正有实力的竞争对手数目肯定要比返回页面数目少得多。这些返回页面，可能有几万甚至几十万个都同属于一个网站，只是一个竞争对手，竞争对手的实力还要参考下面讨论的一些数据，不要被结果页面上显示的几十万、几百万甚至几千万个页面吓倒。

除了看主要关键词返回的页面总数外，还应该将主要关键词和竞争对手公司名称或品牌名称一起搜索，其目的是看看这些主要竞争对手有哪些新闻报道？什么博客在谈论他们？最终用户有什么评论？要了解所有网上的报道评论是不可能的，但是通常看一下前几个页面就可以知道主要竞争对手的实力了。

如果你发现主要竞争对手有大量来自新闻网站和门户网站的报道，这很可能是一个强劲的对手，要与之抗衡，也许不是仅仅使用网络营销就能奏效的，而要展开整体宣传攻势。如果你发现竞争对手在网上有不少软文，那么你可以猜想到这个竞争对手背后是有专业网络营销人员在操盘的。如果在搜索结果中发现大部分页面都是竞争对手的负面新闻，而对手对此没有反制措施，你就知道对手至少在网络营销方面还有待加强，你就有可乘之机。

有的竞争对手不一定是在网上搜索知道的，企业通常早就知道主要竞争对手是哪些，尤其是传统行业。如果你在搜索引擎搜索主要关键词时竟然看不到这些线下财大气粗、有实力的竞争对手的网站排在前面，那么恭喜你，你至少找到了一个追赶战胜竞争对手的可能方法，那就是搜索引擎优化。

2. 对手网站的基本情况

把主要竞争对手网站列出来，同时查一下这些网站的基本情况。

（1）网站首页PR值

PR值全称为PageRank，PageRank（网页级别）是用于评测一个网页“重要性”的一种方法。简单地说，PR值是网站重要性的一个衡量指标。

登录站长工具网站 http：//tool. cnzz. cn/，然后在“网站PR查询”文本框中输入要查询的网站的网址，单击“开始查询”按钮，即可显示其PR值，如新浪中文网的PR值为(8/10)，如图7-8所示。

图7-8 站长工具

在本站长工具看来，网页PR值最大为10，网站首页PR达到2~3，说明实力一般；达到4~5，网站重要性和权威度不错；如果达到6~7，说明你有一个非常强劲的对手。要是中文网站发现PR值是8，那么你不必考虑进入这个市场了。

（2）搜索引擎快照新鲜度

在百度搜索竞争对手名称时，看一下结果中列出的快照日期是几小时前，还是几天前，如图7-9所示。

快照的新鲜度反映了搜索引擎对这个网站抓取的频率，也在一定程度上说明了网站的重要性。只有搜索引擎看重的网站，才会抓取频繁，快照也会更新。

（3）网站年龄

首先在域名注册信息查询服务网站查域名注册信息，看域名注册日期。比如，这个域名查询网站提供很丰富的信息：http：//whois. domaintools. com/sina. com. cn，结果如图7-10所示。

域名年龄越大，积累的信任度、流量、客户就越多，战胜它难度也越大。

下面的两个网站查找对手网站最早被收录的日期：

- http：//www. archive. org/“网站档案馆”
- http：//www. infomall. cn/“中国Web信息博物馆”

通过这个历史档案网站甚至可以查看对手网站在各个时期的内容，看看竞争对手网站演

网络营销_百度百科
网络营销(On-line Marketing或E-Marketing)就是以国际互联网络为基础，利用数字化的信息和网络媒体的交互性来辅助营销目标实现的一种新型的市场营销方式。简单的说，网络营销就是以互联网为主要手段进行的，为达到一定营销目的的营..共160次编辑
baike.baidu.com/view/5422.htm 2010-2-26

整合网络营销、电子商务解决方案、上海网站制作优秀提供商上海珍...
上海珍岛有近8年的上海网站制作、网站设计、做网站经验,是上海地区专业做网站公司,公司尤其注重网络营销整合,是电子商务解决方案方面专家,中国整合网络营销学院指定实习基...
www.021com.com/ 2010-3-3 - 百度快照

网络营销 为企业提供网络营销技巧、案例及相关资讯 一大把网站
一大把网络营销,研究网络营销案例,跟踪网络营销动态,普及网络营销知识,聚集网络营销人才。
promote.yidaba.com/ 2010-3-4 - 百度快照

一比多，中国领先的一站式网络营销平台。一站式网络营销，提供营...
产品中国是知名网络营销服务商上海火速结合9年的企业网络营销服务经验,倾力打造的全新网络营销平台,致力于为广大中小企业网络营销一站式服务。产品中国从帮助企业建设网络...
www.ebdoor.com/ 2010-3-4 - 百度快照

网络营销代理商讲述：一年，从零到月绩30万
2010年3月5日...下面我们来关注一位网络营销行业创业者的发展经历。樊红艳，81年生，05年大学毕业。07年创办石家庄时代互动科技有限公司，从事网络营销业务。08年8月...
www.beareyes.com.cn/2/lib/201003/05/20100 ... 2010-3-5 - 百度快照

图 7-9 百度快照

```
Domain Name: sina.com.cn
ROID: 20021209s10011s00082127-cn
Domain Status: clientDeleteProhibited
Domain Status: serverDeleteProhibited
Domain Status: clientUpdateProhibited
Domain Status: serverUpdateProhibited
Domain Status: clientTransferProhibited
Domain Status: serverTransferProhibited
Registrant Organization: 北京新浪互联信息服务有限公司
Registrant Name: 谷海燕
Administrative Email: domainname@staff.sina.com.cn
Sponsoring Registrar: 北京新网数码信息技术有限公司
Name Server:ns3.sina.com.cn
Name Server:ns2.sina.com.cn
Name Server:ns1.sina.com.cn
Registration Date: 1998-11-20 00:00
Expiration Date: 2019-12-04 09:32
```

图 7-10 新浪中文网的域名年龄

变的过程，如图 7-11 所示。

存在越早的网站，说明对手越早进行网络营销。随时间而积累的域名信任度、搜索引擎排名、外部链接以及网上各种形式的营销活动也越多，要战胜它就要付出更多努力。

（4）搜索引擎收录数

在百度使用 site：指令，可以查询这个域名在搜索引擎所收录的所有网页。

比如要在百度查询域名 www. haier. cn 被收录的页面数，只要输入：site：www. haier. cn，结果如图 7-12 所示。

很明显，收录数越多，网站越大，实力也越强。要想与之匹敌，就要投入更多的时间和

精力在内容建设及推广上。

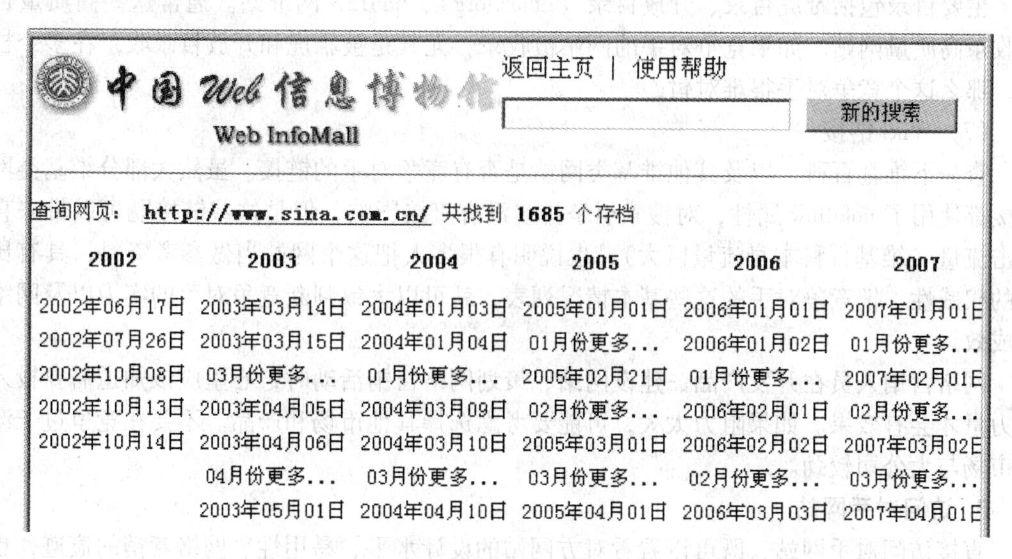

图7-11　新浪中文网被收录的历史档案

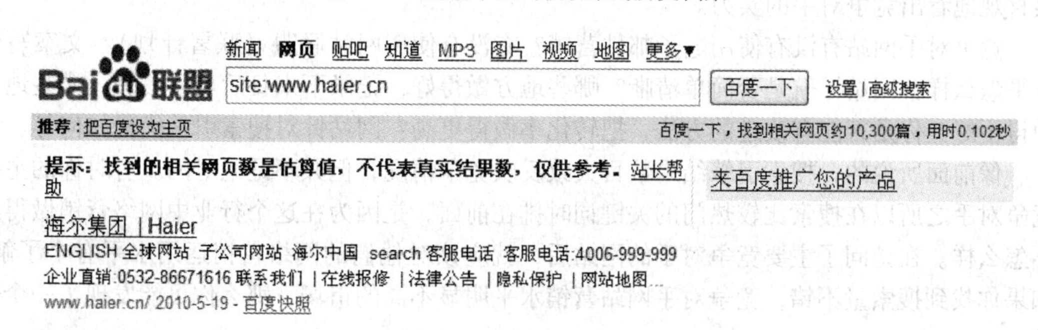

图7-12　百度中 www.haier.cn 被收录的页面数

（5）外部链接

在百度使用 link：指令，可以列出被百度所收录的特定网站的反向链接。但这个数字不准，百度并不列出自己所知道的所有链接，只给出一部分，所以查看价值不大。

查询反向链接比较准确的是雅虎 Site Explorer，URL 是 http：//siteexplorer.search.yahoo.com。

在雅虎 Site Explorer 输入网址后，雅虎就显示被雅虎所收录的页面数及反向链接，你还可以选择只显示外部链接（去掉网站本身的链接），网站外部链接越多，说明对方网站所进行的网络营销效果越好。

当然，使用 LinkSurvey 工具效果更好些，具体操作请参见第5.5节。

(6) 主要目录收录情况

主要目录包括雅虎目录、开放目录（dmoz. org）、hao123 网址站。通常这些高质量目录只收录高质量网站。如果竞争对手的网站被收录，尤其是被雅虎和开放目录收录在多个栏目中，那么这个竞争对手很难对付。

(7) Wiki 链接

查一下维基百科，以及其他维基类网站是否有竞争对手的链接。虽然大部分维基类网站链接都使用了 nofollow 属性，对搜索引擎排名没有直接影响，但是这些链接既可以带来直接点击流量（维基百科本身流量巨大），也说明有很多人把这个网站当做参考资料，具有比较高的权威性。把竞争对手的这些基本情况列表，就可以大致判断竞争对手的实力以及网络营销成效。

网络营销人员在开发产品、建设网站、策划网络营销活动时，心里应该知道需要投入多大力量才会有效果。如果阻力太大，可能要考虑选择其他市场和产品。不要在竞争过于激烈的市场与大公司较劲。

3. 访问对手网站

直接访问对手网站，既可以看看对方网站的设计水平、易用性、网络营销的痕迹，也能很直观地看出竞争对手的实力。

竞争对手网站有没有使用电子邮件营销？有没有使用网站联盟（联署计划）？文案写作水平怎么样？网站导航是否简单清晰？哪些地方做得好，记录下来日后可以参考。哪些地方做得不好？你是否能有改进的方法，把转化率做得更高？网站针对搜索引擎优化如何等。

像前面所说的，搜索引擎结果数目大致反映竞争情况，但并不是绝对的。有时你的主要竞争对手之所以在搜索比较热门的关键词时排在前面，是因为在这个行业中网络营销做得都不怎么样。在访问了主要竞争对手的网站后，就应该对他们的网络营销运用水平有个了解。如果你找到搜索量不错，竞争对手网站营销水平明显不高的市场，那么你可能发现了一个金矿。

4. 竞价排名广告商数量

在百度搜索关键词时出现的竞价排名广告商数量也是竞争程度的表现。在某些时候，这个数字更准确，因为出现在竞价中的广告商都是愿意花钱抢占位置的，他们通常都已经做了市场调研。这个市场和产品如果没有用户需求，如果没有好的利润率，他们是不会花钱竞价的。

在百度搜索关键词时，竞价广告出现在左侧正常排名的位置，没有以颜色区分，但凡是标注为“推广”的，就是竞价排名。现在，百度对竞价排名的排版有一定的调整，竞价出价低于起价时，广告会出现在搜索排名第 1 页的最后一位。

广告商多时，有可能第 1 页前 10 个都是竞价广告。目前百度的政策是在第 1 页左侧和右侧出现竞价广告，第 2 页左侧是自然排名、右侧是竞价排名。搜索某些热门关键词，你可能会发现第 1 页左侧 10 个及右侧 8 个都是竞价广告，再点击下一页，右侧广告位还是被占满，这时你就能清楚了解这个市场的竞争程度了。

5. 竞争对手网站流量情况

真实的网站流量数字只有网站运营人员才能知道，其他人是无法了解的。但是网上有一些工具可以帮助调查大致的流量数字，例如 Alexa 排名。

Alexa 排名的网址是 http：//www. alexa. com/。Alexa 是网上最常用、历史最悠久的网站流量排名工具，由亚马逊书店所拥有。在 Alexa 网站输入特定网站域名后，Alexa 会以曲线形式显示网站流量趋势及按流量所计算的世界排名。也可以输入多个域名，Alexa 会把这几个域名的流量曲线显示在一起利于比较。如图 7-13 所示，就是两个网站流量比较的 Alexa 曲线。

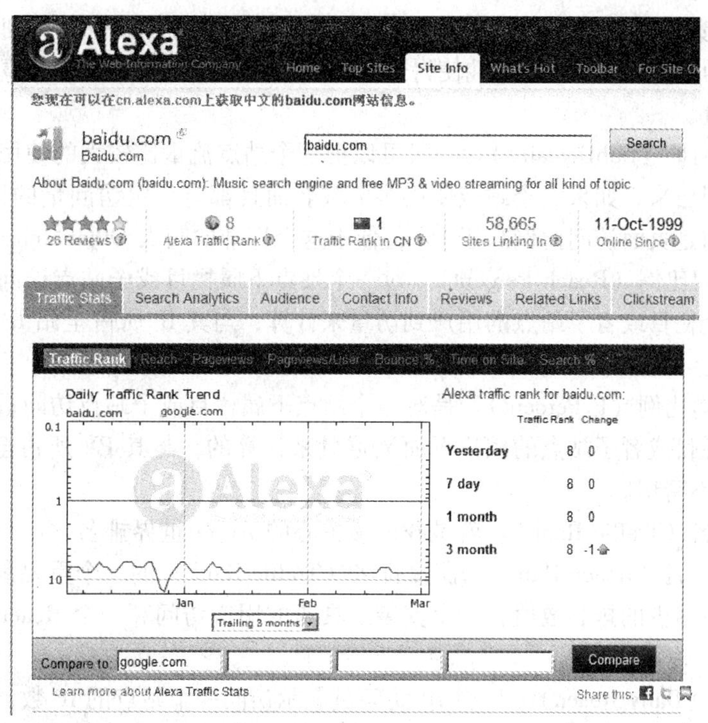

图 7-13 网站流量比较的 Alexa 曲线

Alexa 用户仅仅是互联网用户的一类样本。由于统计是建立在这些样本基础上的，因此 Alexa 流量排名对那些流量相对很低的网站并不精确。Alexa 的数据是来自几百万 Alexa 工具条用户，然而对于每月访问量少于 1000 流量排名的网站而言，这个样本数还是不足。总的来说，在 10 万名以上的网站，流量排名并不完全可信，这是因为我们收到的数据对这些网站不是非常具有统计意义。网站流量排名越靠前，流量排名越可信。

Alexa 排名查询常用术语有：

• 综合排名（Alexa Rank）。这个参数是 Alexa 根据统计到的数据综合分析后对一个网站给出的最后排名，其中流量排名（Traffic Rank）占主要，其他各项参数也有影响但比较小，所以一般这个数据接近或等于三个月平均流量排名。

• 下期排名（Next Rank）。一个预计数值，实际上是下次排名更新后的综合排名，影响因素跟综合排名一样，所以一般这个数据也同样接近或等于三个月平均流量排名。

• 网站简介（Site Intro）。顾名思义就是站点的概括性介绍，一般新网站会显示“该站未提交介绍信息”，站长可以自己去提交或修改信息，也可以放置 info. txt 文件在站点根目录下，然后通知 Alexa 的蜘蛛去抓取。

• 访问速度（Visit Speed）。这个速度是指 Alexa 蜘蛛抓取你站点页面时的访问速度，因为他们的服务器在国外，所以与我国用户正常访问速度可能不相符，就像我们国内直接访问 Alexa 官方站点一样会比较慢，这个数据与站点大小和排名没任何关系。

• 所属目录（Dmoz Cate）。Dmoz 是一个人工编辑管理的目录集合，为搜索引擎提供结果或数据，因此被收录的站点可以在其他搜索引擎上获得好的排名，这比单独在 Dmoz 上获得的好处要多，但要成功被收录难度比较大，有些站点可能要一年以上才能被审核通过。

• 反向链接（Links In）。它是指被 Alexa 的蜘蛛检测到的其他站点到当前查询站点的链接数量，因为 Alexa 蜘蛛的局限性使得这个数据所反映的数量要远小于真实的从其他站点过来的链接数量。

• 被访问网址（SubDomains）。一般可以把一个站点流量比较大的使用二级甚至更多级域名的栏目罗列出来，如果一个站点使用多个域名而且都有一定访问量的话也会全部列出，显示的标准目前是页面访问比例高于1%，低于这个标准的归入 Other websites。

• 网站访问比例（Reach Percent）。对一个站点下属栏目或子站点访问量的统计，这个参数是按照这个栏目或者子站点的用户到访量来计算，与其 IP 所占全站 IP 的比例相关，与 PV 关系不密切。

• 网页访问比例（PvPercent）。是对一个站点下属栏目或子站点访问量的统计，这个参数是按照这个栏目或者子站点的用户页面浏览量来计算的，与其 PV 所占全站 PV 的比例相关，与 IP 关系不密切。

• 流量排名（Traffic Rank）。就是我们最关心的 Alexa 世界排名。

• 到访量排名（Reach Rank）。流量排名（Traffic Rank）的一个重要参考数据，表示一个站点访问人数多少的排名数值，一个安装工具条的用户访问算一个 Reach，一天内一个用户多次访问也算一个 Reach。

• 日均 IP（Daily Reach）。日均 IP 访问量表示访问一个站点的 IP 数，局域网多台计算机共用一个 IP 访问的话算一个。

• 日均 PV（Daily PageView）。表示访问一个站点的页面浏览量，页面每被刷新或访问一次算一个 PV。

需要说明的是，Alexa 排名这些网站流量工具大体上可以揭示出竞争对手网站的流量情况。虽然不可能十分准确，但是作为参考已经足够了。

综合上面一些数据，营销人员对主要竞争对手的实力、营销效果、流量等就有了大致轮廓。再加上对市场需求和用户的调研，基本上可以判断这个市场是否值得进入？是否有能力进入？当然最理想的情况是，市场需求最大，竞争最小。现实中只能接近，无法达到，因此尽量挑选那些需求比较大，竞争比较小的市场和产品。

思考题

1. 网络市场调研的含义是什么？网络市场调研与传统市场调研有什么异同？
2. 怎样在网上开展定量调查？在抽样及问卷设计时要注意哪些问题？
3. 为什么定量调查要与定性调查结合使用？
4. 利用搜索引擎技术开展市场需求调查的工具有哪些？请举例说明。
5. 怎样利用搜索引擎技术调查竞争对手的基本情况？请举例说明。
6. 请找一个你熟悉的网站，并确定其 PR 值和 Alexa Traffic Rank。

第 8 章　网络营销产品策略

【本章要点】

- 网络营销整体产品概念
- 网络营销产品的选择
- 网络销售服务策略

8.1　网络营销产品概述

1. 整体产品概念

在网络营销中，产品的整体概念可分为 5 个层次，如图 8-1 所示。

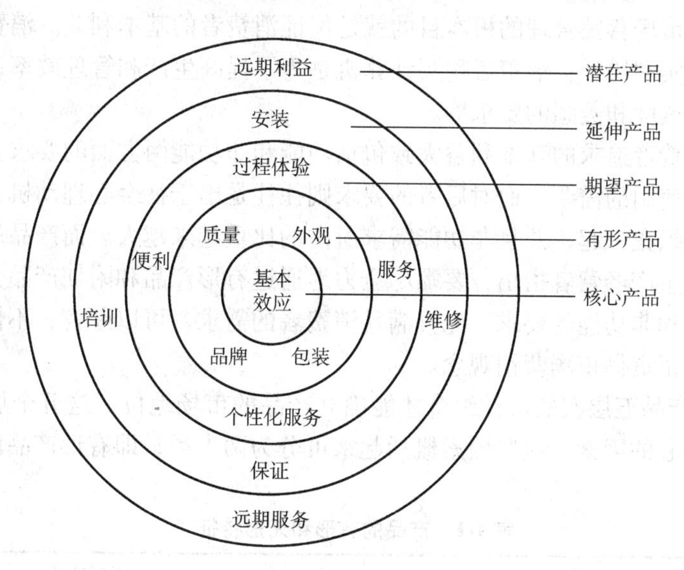

图 8-1　整体产品构成

1）核心产品层。核心产品层是指产品能够提供给消费者的基本效用或益处，是消费者真正想要购买的基本效用或益处。例如，购买一台计算机是为了上网、学习、管理的需要。在网络营销时代，产品的研发、设计更加注重产品的核心利益层次，而非产品本身。

2）有形产品层。有形产品层是产品在市场上出现时的具体物质形态。对于物质产品来说，首先产品的品质必须保障。其次，必须注重产品的品牌。因为网上顾客对产品的认识和选择主要是依赖品牌。第三，注意产品的包装。网络营销产品一般需要配送，因此包装必须标准化，而且适宜全球运输。第四，在式样和特征方面要根据不同地区的亚文化来进行针对性加工。

3）期望产品层。期望产品层是指顾客在商品交易过程完成之前对产品本身所产生的期望，包括产品本身的质量、款式、价格以及使用的便利性，人性化程度，甚至是购买过程中的体验。在网络营销中，顾客处于主导地位，消费呈现出个性化的特征，不同的消费者可能对产品的要求不一样，因此产品的设计和开发必须满足顾客这种个性化的消费需求。为满足这种需求，对于物质类产品，要求企业的设计、生产和供应等环节必须实行柔性化的生产和管理。对于无形产品（如服务、软件等），要求企业能根据顾客的需要提供服务。

4）延伸产品层。延伸产品层次是指顾客购买产品和服务所得到的附加服务，主要是帮助用户更好地使用核心产品层的服务。在网络营销中，对于网络销售的实体产品，包括送货、安装、维修等售后服务；对于通过网络销售的虚拟产品，则包括后期的培训、沟通、保证等。

5）潜在产品层。潜在产品层是指顾客由于购买某一企业的产品或服务而获得的远期利益或者服务。例如，软件公司为用户提供的免费升级、维护服务。

2. 整体产品概念对市场营销管理的意义

产品整体概念是对市场经济条件下产品概念的完整、系统、科学的表述。它对市场营销管理的意义表现在以下几个方面：

1）它以消费者的基本利益为核心，指导整个市场营销管理活动，是企业贯彻市场营销观念的基础。企业市场营销管理的根本目的就是保证消费者的基本利益。消费者购买电视机是希望业余时间充实和快乐；消费者购买计算机是为了提高生产和管理效率；消费者购买服装是要满足舒适、风度和美感的要求等。

概括起来，消费者追求的基本利益大致包括功能和非功能两方面的要求。消费者对前者的要求是出于实际使用的需要，而对后者的要求则往往是出于社会心理动机。而且，这两方面的需要又往往交织在一起，并且非功能需求所占的比重越来越大。而产品的整体概念，正是明确地向产品的生产经营者指出，要竭尽全力地通过有形产品和附加产品去满足核心产品所包含的一切功能和非功能的要求，充分满足消费者的需求。可以断言，不懂得产品整体概念的企业不可能真正贯彻市场营销观念。

2）只有通过产品五层次的最佳组合才能确立产品的市场地位。这五个层次体现了消费者购物选择时所关心的因素，这些因素概括起来可分为两大类，即有形产品因素和无形产品因素，见表8-1。

表8-1 产品的有形和无形特征

因素	有形特征	无形特征	
物质因素	具有化学成分、物理性能	信誉因素	知名度、偏爱度
经济因素	效率、维修保养、使用效果	保证因素	“三包”和交货期
时间因素	耐用性、使用寿命	服务因素	运送、安装、维修、培训
操作因素	灵活性、安全可靠		
外观因素	体积、重量、色泽、包装、结构		

因此，企业在产品设计、开发过程中，应有针对性地提供不同功能，以满足消费者的不同需要，同时还要充分重视产品的无形特征，因为它也是产品竞争能力的重要因素。

3）整体产品概念有利于企业实施差异化战略。现在的市场竞争越来越激烈，企业要在激烈的市场竞争中取胜，就必须致力于创造自身产品的特色。在竞争过程中，可供选择的战略很多。通过对产品整体化的认识，能够使我们实施差异化战略。比如，可以在产品的外观上营造一种特殊的个性，也可以在售后服务上营造一种独特的、消费者可以接受的模式，也可以在产品的功能上营造一种与竞争对手不同的方面。而这些恰恰是企业在产品的差异化中能够让顾客接受、寻找卖点的重要方面。

总之，产品整体概念五个层次中的任何一个要素都可能形成与众不同的特点。企业在产品的效用、包装、款式、安装、指导、维修、品牌、形象等每一个方面都应该按照市场需要进行创新设计，形成自己的特色，从而与竞争产品区别开来。随着现代市场经济的发展和市场竞争的加剧，企业所提供的附加利益在市场竞争中也显得越来越重要。国内外许多企业的成功，在很大程度上应归功于它们更好地认识了服务等附加产品在产品整体概念中的重要地位。

8.2 网络营销产品选择策略

8.2.1 适合网络销售的产品类型

网上零售商的目标顾客是网民，根据所选择的目标市场的情况，进行市场定位，选择合适的产品和服务进行销售。鉴于目前网民的特性和购买动机及网上零售商所面临的许多条件的制约，并不是所有的商品都适合在网上销售。随着网络技术的发展和网上零售环境的进一步完善，将会有越来越多的商品适合在网上销售。那么在现阶段，在网上商店销售哪些商品容易取得成功呢？综合考虑网上零售所面临的制约因素以及网上消费者的特点、购买动机，可以从产品的不同分类方式来探讨这一问题。

根据不同的产品划分方法，网上零售商可以找出适合在网上销售的产品，分类方法如下：

1. 根据产品的形态划分

在网上销售的产品，按照产品形态不同可分为两类：有形产品和无形产品，见表8-2。产品的选择策略也要根据产品形态的不同而采取不同的方式。

表8-2 网络营销产品按产品形态和产品类型分类

<table>
<tr><th>产品形态</th><th>产品类型</th><th colspan="2">产　品</th></tr>
<tr><td>有形产品</td><td>普通产品</td><td colspan="2">工业产品、农业产品和消费品等实体产品</td></tr>
<tr><td rowspan="4">无形产品</td><td>数字化产品</td><td colspan="2">计算机软件、软件游戏、电子图书、电子报刊、研究报告、论文、电子贺卡等</td></tr>
<tr><td rowspan="3">在线服务</td><td>信息咨询服务</td><td>股市行情分析、法律咨询、心理咨询、金融咨询、资料库检索、法律法规查询等</td></tr>
<tr><td>互动式服务</td><td>网络交友、计算机游戏、远程医疗、法律救助等</td></tr>
<tr><td>预约服务</td><td>旅游服务预约，医院预约挂号，代购球赛、音乐会入场券，房屋中介等</td></tr>
</table>

有形产品是指具有物理形状的物质产品，它包括工业产品、农业产品和消费品。在网络上销售有形产品的过程与传统的购物方式不同，网络上的交互式交流成为买卖双方交流的主要形式。

在网络上销售有形产品是由消费者或客户通过卖方的主页考察其产品，通过填写表格表达自己对品种、质量、价格、数量的选择；而卖方则将面对面的交货改为邮寄产品或送货上门的方式。有形产品由于涉及配送，鉴于目前的配送体系和支付方式等存在的问题，网上有形产品的销售受到一定的限制。

在有形产品中，从网民的特性和购买动机来看，比较适合网上销售的有：

1）具有高技术性能或与计算机相关的产品。

2）需要覆盖较大地理范围的产品。

3）不太容易设立店面的产品。

4）网络营销费用远远低于其他销售渠道的产品。

5）消费者可从网上获取信息，并可立即作出购买决策的产品。

6）网络群体目标市场容量较大的产品。

7）便于配送的产品。

无形产品一般没有具体的物理形态，即使表现出一定形态也是通过其他载体体现出来，同时，产品本身的性质和性能也必须通过其他方式才能表现出来。一般来说，无形产品非常适合网络营销策略。

在网上的无形产品可以分为两大类：数字化产品和在线服务。

在选择产品时，要充分考虑产品自身的性能。数字化产品是网上零售最成功的产品，它可以将其内容数字化，直接在网上以电子形式传递给顾客，而不再需要某种物质形式和特定的包装。它跨越时空，突出体现了网上销售的优势，所以生命力强大。

在线服务可以分为信息咨询服务、互动服务和预约服务。对于预约服务来说，顾客不仅注重能够得到的收益，还关心自身付出的成本。通过网络这种媒体，顾客能够尽快地得到所需要的服务，免除了排队等候的时间成本。同时，消费者能够得到更多更快的信息，享受到网络提供的各种娱乐方式。对于信息咨询服务来说，网络是一种最好的媒体选择。用户上网的最大需求就是寻求对自己有用的信息，信息服务正好提供了满足这种需求的机会。

2. 根据信息经济学对产品的划分

根据信息经济学对产品的划分，产品从大类上可划分为两类：一类产品是消费者在购买时就能确定或评价其质量的产品，称为可鉴别性产品，如书籍、计算机等；一类是消费者只有在使用时才能确定或评价其质量的产品，称为经验性产品。或者是将产品划分为标准性产品和个性化产品。前者如书籍、计算机等，后者如服装、食品等。一般说来，可鉴别性产品或标准化较高的产品在网上销售容易获得成功，而经验性产品或个性化产品则难以实现大规模的网上销售。从这方面来考虑，可适当将可鉴别性高的产品或标准化高的产品作为首选对象和应用的起点。目前，网民的消费呈现出个性化强的倾向，个性化强的商品可以在网上销售，但要考虑商品的定价和配送等因素。

3. 根据消费者购买行为的差异对产品进行划分

根据消费者购买行为的差异，产品可以划分为日用品、选购品、特殊品。

在日用品的购买中，人们以方便购买作为首选条件，购买前无须太多计划和选择。这类商品目前由于配送的原因和人们购物观念的影响在网上的销售量还很低，但是随着限制因素的消失，销售量会有明显的提高。

选购品价格相对较高，购买频率低，人们对产品不太熟悉，故购买过程的卷入程度高。对于一些人们主要通过品牌的知名度作为选择的主要因素的商品，在网上销售会有比较大的市场，如计算机、电视机等。对于以价格作为考虑的主要因素的商品，在网上销售的吸引力较大。相对而言，网上销售的商品要便宜于在传统店铺中销售的商品。当然也有些选购品，要通过感官进行体验或者经过试穿、试戴才能决定，网上销售还有很大的局限性，如鞋、帽、服装、手表、首饰等。

特殊品是消费者有特殊的偏好，在购买时不计较价格和购买地点方便与否的商品。这类商品可以利用网络销售，只要满足消费者的特殊偏好、具有良好的商品质量和完善的配套服务作支持即可，如有特殊创意的产品，利用网络沟通的广泛性、便利性、创意独特性的新产品可以更多地向人们展示，满足了那些需求独特的顾客的心理。

8.2.2 适合网上销售的产品的一般特征

从理论上讲，网络只是人们从事商务与社会活动的一种工具，任何产品都可以在网上销售。但在市场实践中，并不是所有产品都适于在网上销售。因为，这涉及市场环境的发育程度、商品用户的消费心理与消费习惯等。在目前的市场环境条件下，适于网上销售的产品一般应具有以下一种或几种特征：

1. 知识型产品

知识型产品即属于智力密集型的产品。较典型的如：各种计算机软件、图书等。分析家们认为，电子商务将在计算机、软件、目录和图书等领域占有20%～60%的份额。这是因为想要上网购物，首先必须上网，而无论国内还是国外的网络用户都主要集中于知识层次较高的人群，知识型产品是他们首要的消费对象。其次，知识型产品具有投入资本的有机构成高、利润率高的特点。目前，网络经济的市场环境发育尚不成熟，电子商务网站要保证其营销活动的顺利进行与发展，知识型产品也会成为首选的销售对象。因此，目前网上销售的产品以软件、图书等知识型产品居多。

2. 受众（用户）范围较为宽泛的产品

假如销售的产品属于市场容量很小或受众地区特定的产品，那么网上销售很难带来赢利，反而会使营销成本上升。因为网络的特征之一就是打破了时空限制，能让更多的人在更短的时间内获取产品的信息。如果产品的信息受众范围狭小，在网上只会受到极少量的用户关注，则会造成资源浪费。反之，信息受众范围广，则能够充分利用网络的优势，让自己的产品为更多的用户所知晓，把潜在用户的注意力吸引过来，创造更多实际的消费需求，从而获得更高的收益和回报。

在网上销售产品时，企业必须考虑自身产品在地域上的覆盖，以取得良好的经营效果。谨防利用网络营销全球性的特点，忽视企业自身的区域范围，而使远距离的消费者发生购买时，无法实现配送而使企业的声誉受到影响，或者物流成本提高。

3. 能被普遍接受的标准化产品

这类产品的特点在于产品质量、性能易于鉴别，具有较高的可靠性。即使发生产品质量纠纷，也易于解决。而且此类产品的售后服务工作也易于开展，对厂家和消费者都较为有利。

因为标准化产品的信息是公开的，用户可以在网上查到关于这个产品标准的所有信息，只要能够确定这个产品的型号，就可以确定这个产品的功能、特性等质量指标。当用户购买非标准化产品时，会存在色差、质量等一系列问题，从而导致一系列的质量纠纷。所以，一些标准化的产品适合网上零售，如数码类产品。

当然，这只是对网上销售产品特征的简单总结。随着市场环境的发展和不断完善、消费者消费观念的更新，网上销售产品也会不断产生新的内容，表现出新的形式。但每个企业在介入电子商务之前，都应该问自己一个问题，即“我的产品适于网上销售吗?”因为网上销售还涉及许多问题，如建立一个完善的销售配送网络、售后服务网路，这就不是每个企业都能做得到或者都有必要去做的。

8.3 网络营销服务策略

8.3.1 网络营销服务概述

1. 网络营销服务层次与顾客满意

营销大师菲利普·科特勒将服务定义为：服务是一方能够向另一方提供的基本上是无形的任何功效或礼仪，并且不导致任何所有权的产生，它的产生可能与某种有形产品密切联系在一起，也可能毫无联系。

网络营销服务也是同样的内涵，只是网络营销服务是通过互联网来实现服务的。

服务是企业围绕顾客需求提供的功效和礼仪，网络营销服务的本质也就是让顾客满意，顾客是否满意是网络营销服务质量的唯一标准。要让顾客满意就是要满足顾客的需求。顾客的需求一般是有层次性的，如果企业能够提供满足顾客更高层次需求的服务，顾客的满意程度就越高。网络营销服务利用互联网的特性可以更好地满足顾客不同层次的需求。

（1）产品信息了解

在当今网络时代，顾客需求呈现出个性化和差异化特征，顾客为满足自己个性化的需求，需要全面、详细了解产品和服务信息，寻求最能满足自己个性化需求的产品和服务。

（2）解决问题

顾客在购买产品或服务后，可能面临许多问题，需要企业提供服务解决这些问题。顾客面临的问题主要是产品安装、调试、试用和故障排除，以及有关产品的系统知识等。在企业网络营销站点上，许多企业的站点提供技术支持和产品服务，以及常见的问题释疑（FAQ）。有的还建有顾客虚拟社区，顾客可以通过互联网向其他顾客寻求帮助，自己解决。

（3）接触企业人员

对于有些比较难以解决的问题，或者顾客难以通过网络营销站点获得解决方法的问题，顾客也希望企业能提供直接支援和服务。这时，顾客需要与企业人员进行直接接触，向企业人员寻求帮助，得到直接答复或者反馈顾客的意见。与顾客进行接触的企业人员，在解决顾客问题时，可以通过互联网获取企业对技术和产品服务的支持。

（4）了解全过程

顾客为满足个性化需求，不仅仅是通过掌握信息来进行选择产品和服务，还要求直接参与产品的设计、制造、运送等整个过程。个性化服务是一种双向互动的企业与顾客之间的密切关系。企业要实现个性化服务，就需要改造企业的业务流程，将企业业务流程改造成按照顾客需求来进行产品的设计、制造、改进、销售、配送和服务。顾客了解和参与整个过程意味着企业与顾客需要建立一种“一对一”的关系。互联网可以帮助企业更好地改造业务流程以适应对顾客的“一对一”营销服务。

上述几个层次的需求之间是一种相互促进的作用。只有低层次需求满足后才可能促进更高层次的需求，顾客的需求越能得到满足，企业与顾客的关系也就越密切。

2. 网络营销服务的特点

服务区别于有形产品的主要特点是不可触摸性、不可分离性、可变性和易消失性。同样，网络营销服务也具有上述特点，但其内涵却发生了很大变化，具体体现在以下几个方面：

1）增强顾客对服务的感性认识。服务的最大局限在于服务的无形和不可触摸性，因此在进行服务营销时，经常需要对服务进行有形化，通过一些有形方式表现出来，以增强顾客的体验和感受。

2）突破时空不可分离性。服务的最大特点是生产和消费的同时性，因此服务往往受到时间和空间的限制。顾客为寻求服务，往往需要花费大量时间去等待和奔波。基于互联网的远程服务则可以突破服务的时空限制。例如，现在的远程医疗、远程教育、远程培训、远程订票等，这些服务通过互联网都可以实现消费方和供给方的空间分离。

3）提供更高层次的服务。传统服务的不可分离性使得顾客寻求服务受到限制，互联网的出现突破了传统服务的限制。顾客可以通过互联网得到更高层次的服务，不仅可以了解信息，还可以直接参与整个过程，最大限度地满足个人需求。

4）顾客寻求服务的主动性增强。顾客通过互联网可以直接向企业提出要求，企业必须针对顾客的要求提供特定的一对一服务。而且企业也可以借助互联网的低成本来满足顾客的一对一服务的需求，当然企业必须改变业务流程和管理方式，以实现柔性化服务。

5）服务成本效益提高。一方面，企业通过互联网实现远程服务，扩大服务市场范围，创造新的市场机会；另一方面，企业通过互联网提供服务，可以增强企业与顾客之间的关系，培养顾客忠诚度，降低企业的营销成本。因此，许多企业将网络营销服务作为企业在市场竞争中的重要手段。

8.3.2　网络营销服务策略

1. 网络营销服务分类

市场营销从原来的交易营销演变为关系营销，市场营销目标转变为在达成交易的同时还要维系与顾客的关系，更好地为顾客提供全方面的服务。根据顾客与企业发生关系的阶段，可以分为销售前、销售中和销售后三个阶段。网络营销产品服务相应也划分为网上售前服务、网上售中服务和网上售后服务。

（1）网上售前服务

从交易双方的需求来看，企业网络营销售前服务主要是提供信息服务。企业提供售前服务的方式主要有两种：一种是通过自己网站宣传和介绍产品信息，这种方式要求企业的网站必须具有一定的知名度，否则很难吸引顾客注意；另一种是通过网上虚拟市场提供商品信息。企业可以免费在上面发布产品信息广告，提供产品样品。除了提供产品信息外，还应该提供产品的相关信息，包括产品性能介绍和同类产品比较信息。为了方便顾客准备购买，还应该介绍产品如何购买的信息、产品包含哪些服务、产品使用说明等。总之，提供的信息要让准备购买的顾客“胸有成竹”，顾客在购买后可以放心使用。

（2）网上售中服务

网上售中服务主要是指销售过程中的服务。这类服务是指产品的买卖关系已经确定，等待产品送到指定地点的过程中的服务。例如，了解订单执行情况、产品运输情况等。在传统营销部门中，有30%～40%的资源是用于应对顾客对销售执行情况的查询和询问，这些服务不但浪费时间，而且非常琐碎，难以给用户满意的回答。特别是一些跨地区的销售，顾客要求服务的比例更高，而网上销售的一个特点是突破传统市场对地理位置的依赖和分割，因此网上销售的售中服务非常重要。因此，在设计网上销售网站时，在提供网上订货功能的同时，还要提供订单执行查询功能，以方便顾客及时了解订单的执行情况，同时减少因网上直销带来的顾客对售中服务人员的需求。

例如，美国的联邦快递（http：//www. FedEx. com），通过其高效的邮件快递系统将邮件在递送过程中的信息都输送到计算机的数据库，客户可以直接通过互联网查找邮件的最新动态。客户可以在两天内去网上查看其包裹到了哪一站、在什么时间采取了什么措施，投递不成的原因、在什么时间会采取下一步措施，直至收件人安全地收到包裹为止。客户不用打电话去问任何人，上述服务信息都可在网上获得，既让客户免于为查询邮件而奔波，同时企业又大大减少了邮件查询方面的开支，实现了企业与顾客的共同增值。

（3）网上售后服务

网上售后服务就是借助互联网直接沟通的优势，企业以便捷的方式满足客户对产品帮助、技术支持和使用维护的需求的服务方式。网上售后服务有两类：一类是基本的网上产品支持和技术服务；另一类是企业为满足顾客的附加需求提供的增值服务。

网上售后服务具有以下特点：

1）便捷性。网上服务是24小时开放的，用户可以随时随地上网寻求支持和服务，而且不用等待。

2）灵活性。由于网上服务是综合了许多技术人员的知识、经验和以往客户出现问题的解决办法，因此用户可以根据自己的需要从网上寻求相应帮助，同时可以学习其他人的解决办法。

3）低廉性。网上售后服务的自动化和开放性，使得企业可以减少售后服务和技术支持人员，大大减少不必要的管理费用和服务费用。

4）直接性。客户通过上网可以直接寻求服务，不再像通过传统方式需要经过多个中间环节才能得以处理。

由于分工的日益专业化，使得一个产品的生产需要多个企业配合，因此产品的支持和技术服务也相对复杂。提供网上产品支持和技术服务，可以方便客户通过网站直接找到相应的企业或者专家寻求帮助，以减少不必要的中间环节。例如，美国的波音公司通过其网站公布其零件供应商的联系方式，同时将有关技术资料放到网站，方便了各地飞机维修人员及时索取最新资料和寻求技术帮助。为了提升企业的竞争能力，许多企业在提供基本售后服务的同时，还提供一些增值性的服务。

2. 利用企业网站提供产品销售服务

在企业的网络营销站点中，网上产品销售服务是网站的重要组成部分。有的企业建设网站的主要目的是提供网上产品服务，提升企业的服务水平。为满足网络营销中顾客不同层次的需求，一个功能比较完善的网站应具有以下一些功能：

- 提供产品分类信息和技术资料，方便客户获取所需的产品、技术资料。
- 提供产品的相关知识和链接，方便客户深入了解产品，从其他网站获取帮助。
- 常见问题解答（FAQ），帮助客户直接从网上寻找问题的答案。
- 网上虚拟社区（BBS 和 Chat），提供客户发表评论和相互交流学习的园地。
- 客户邮件列表，客户可以自由登记和了解网站最新动态，企业及时发布消息。
- 即时信息。

上述功能是一些基本功能，一方面企业可以向客户发布信息，另一方面企业也可以从客户接受到反馈信息，企业与客户还可以直接进行沟通。为满足顾客的一些特定需求，网站还可以提供一些特定服务，如前面介绍的美国联邦快递公司提供的网上包裹查询服务。下面介绍如何设计网站以实现上述功能。

（1）产品信息和相关知识方面的设计

客户上网查询产品是想全面了解产品各方面的信息，因此在设计提供产品信息时应遵循的标准是：客户看到这些产品信息后就不用再通过其他方式来了解产品信息。需要注意的是，很多企业提供的服务往往是针对特定群体的，并不是针对网上所有公众，因此为了保守商业秘密，可以用路径保护的方法，让企业和客户都有安全感。

对于一些复杂产品，客户在选择购买和使用时需要了解大量与产品有关的知识和信息，以减少对产品的陌生感。特别是一些高新技术产品，企业在详细介绍产品各方面信息的同时，还需要介绍一些相关的知识，以帮助客户更好地使用产品。

（2）FAQ 的设计

常见问题解答（Frequently Asked Questions，FAQ）。如 Microsoft 公司的网站中有非常详尽的“KnowledgeBase”（知识库），对于客户提出的一般性问题，在网站中几乎都有解答。同时，还提供了一套有效的检索系统，让人们在数量巨大的文档中快速地查找所需要的信息。设计一个容易使用的 FAQ 需要注意以下问题：

1）保证 FAQ 的效用。要经常更新问题，回答客户提出的一些热点问题，了解并掌握客户关心的一些问题是什么。

2）保证 FAQ 简单易用。首先提供搜索功能，客户通过输入关键字就可以直接找到有关问题的答案；其次，采用分层目录式的结构来组织问题；再次，将客户最经常问的问题放到前面；最后，对于一些复杂问题，可以在问题之间加上链接。

3）注意 FAQ 的内容和格式。

（3）网上虚拟社区的设计

顾客购买产品后，一个重要环节就是购买后的评价和体验，对于一些不满足可能会采取一定的措施和行动进行平衡。企业设计网上虚拟社区就是让客户在购买后既可以发表对产品的评论，也可以提出针对产品的一些经验，还可以与一些使用该产品的其他客户进行交流。营造一个与企业的服务或产品相关的网上社区，不但可以让客户自由参与，而且还可以吸引更多潜在客户参与。

（4）客户邮件列表

电子邮件是最便宜的沟通方式，客户一般比较反感滥发电子邮件，但对与自己相关的电子邮件还是非常感兴趣的。企业建立电子邮件列表，可以让客户自由登记注册，然后定期向其发布企业的最新信息，加强与客户的联系。

（5）即时信息

即时信息是指可以在线实时交流的工具，即在线聊天工具。即时信息有针对个人应用和企业应用的不同类型，目前占主导地位的是个人应用，并且大多是免费服务的。目前，常用的即时信息工具有 MSN 信使（MSN Messenger）、QQ 等。此外，一个网站内部的在线客户之间的实时交流也是即时信息的一种具体应用形式。

即时信息的具体应用方法有很多，一些网站已经利用即时信息开展深层次的客户服务，并充分发挥了营销功能。例如，让浏览同一商品的客户可以互相交流，共同分享对该产品的知识，并就一些问题互相讨论，既可以实现远程“相约购物”，增加网上购物的乐趣，同时也有助于客户对商品的快速了解；如果客户反复查看某种商品，而有些犹豫不决时，虚拟导购小姐或者虚拟产品专家可以及时弹出一个对话窗口，利用即时信息给客户必要的介绍，这样一定会有助于客户的购买决策，提高订单成功率。

8.3.3 网上个性化服务策略

1. 网上个性化服务概述

个性化服务（Customized Service）也称为定制服务，就是按照顾客特别是一般消费者的要求提供特定服务。

个性化服务包括三个方面：①服务时空的个性化，在人们希望的时间和希望的地点得到服务；②服务方式的个性化，根据个人爱好或特性来进行服务；③服务内容的个性化，不再是千篇一律、千人一面，而是各取所需、各得其所。互联网可以在上述三个方面给用户提供个性化的服务。

伴随着互联网的个性化服务，会出现相应的问题。首先是隐私问题。个人提交的需求、信息提供者掌握的个人偏好和倾向，都是一笔巨大的财富。大多数人不愿公开自己的“绝对隐私”。因此，企业在提供个性化服务时，必须注意保护顾客的一些隐私信息，更不能将这些隐私信息进行公开或者出卖。侵犯顾客的隐私信息，不但会招致顾客的反对，而且会导致顾客的抗诉甚至报复。其次，提供的个性化服务要是顾客真正需要的。另外，个性化服务还涉及许多技术问题，客户需要做到不论何时、何地都可以接收信息，而且接受的信息是客户需要的和选择的。

2. 网上个性化的信息服务

网站是一种影响面广、受众数量巨大的市场营销工具。伴随着受众范围和数量的“无限”增大，受众在语言、文化背景、消费水平、经济环境和意识形态，直至每个消费者具体的需求水平等方面存在的差异就成为一个非常突出的问题。于是，怎样充分发挥互联网在动态交互方面的优势，尽量满足不同消费者的不同需求，就成为定制服务产生的市场动因。

（1）网上个性化的信息服务方式

目前，网上提供的定制服务，一般是网站经营者根据受众在需求上存在的差异，将信息或服务化整为零或提供定时定量服务，让受众根据自己的喜好去选择和组配，从而使网站在为大多数受众服务的同时，变成能够一对一地满足受众特殊需求的市场营销工具。个性化服务改变了信息服务“我提供什么，客户接受什么”的传统方式，变成了“客户需要什么，我提供什么”的个性化方式。信息的个性化服务，主要有以下一些方案：

1）页面定制。Web 定制使预订者获得自己选择的多媒体信息，只需标准的 Web 浏览器。许多网站都推出了个性化页面服务，如“雅虎”推出了“我的雅虎”（中文网址是http://cn.my.yahoo.com），可让客户定制个性化主页。用户根据自己的喜好定制显示结构和显示内容，定制的内容包括新闻、政治、财经、体育等多个栏目，还提供了搜索引擎、股市行情、天气预报、常去的网址导航等。客户定制以后，个人信息被服务器保存下来，以后访问“我的雅虎”，客户看到的就是自己定制的内容。现在，网易已推出了类似的服务（http://my.163.com），百度也推出了个性化空间（http：//my.baidu.com/）。

2）电子邮件定制方案。目前，中报联与上海热线正在合作推出产业新闻邮件定制服务；专用客户机软件，如股票软件、天气软件等可以传送广泛的待售品、多媒体信息，客户机不需要保持与Internet的永久链接。但目前电子邮件定制信息只能定制文本方式的信息。随着越来越多的客户安装支持MIME的软件包，多媒体电子邮件将越来越普遍。

3）需要客户端软件支持的定制服务。例如，Quote.com的股票报价服务，还可以结合MicroQuest公司的客户端软件包对投资组合进行评估，而http：//www.PointCast.com则更为典型，它通过运行在读者计算机上特制的软件包来接收新闻信息，这种软件以类似屏幕保护的形式出现在计算机上，而接收哪些信息是需要读者事先选择和定制的。这种方式与上述方式最大的不同在于，信息并不是驻留在服务器端的，而是通过网络实时推送到客户端，传输速度更快，让您察觉不出下载的时间。但客户端软件方式对计算机配置有较高的要求，在信息流动过程中可以借用客户端计算机的空间和系统资源，但是要做到让客户下载客户端软件是一件比较困难的事。

（2）网上个性化信息服务应注意的问题

网上个性化服务是一种非常有效的网络营销策略，但网上个性化服务是一个系统性工作，它需要从方式、内容、技术和资金等方面进行系统规划和配合，否则个性化服务是很难实现的。对于一般网站，提供个性化服务要注意以下几个问题：

1）个性化服务是众多网站经营手段中的一种，是否适合于你的网站应用，应用在网站的哪个环节上，是需要具体情况具体分析的。

2）应用个性化服务首先要做的是细分市场、细分目标群体，同时还要准确地确定不同群体的需求特点。这几个方面的因素决定着个性化服务的具体方式，也决定着个性化服务的信息内容是什么。

3）市场细分的程度越高，需要投入到个性化服务中的成本也会相应提高，而且对网站的技术要求也更高，网站经营者要量力而行。

3. 网上个性化服务的意义

按照营销的理论，目标市场是需要细分的，细分的目的是把握目标市场的需求特点，从而使按需提供的产品和服务能为客户广泛接受。因此，细分的程度越高，就越能准确地掌握客户的需求。

对于网站经营者来说，将大量的网民吸引住是网站能否成功的关键。而在网站的交互过程中，网民是处于主动地位的，网民不去访问你的网站，网站中的信息或服务不被网民应用，网站就失去了存在的意义。由于个性化的定制服务在满足网民需求方面可以达到相当的深度，所以只要网站经营者对目标群体有准确的细分和定位，对他们的需求有全面、准确的总结和概括，应用定制服务这一营销方式就可以有效地吸引网民。

另外，在网站的个性化服务中，计算机系统可以跟踪记录客户的操作习惯、常去的站点和网页类型、选择倾向、需求信息以及需求与需求之间的隐性关联，据此更有针对性地提供客户所希望的信息，从而形成良性循环，使人们的生活离不开网络。而信息服务提供者也有利可图，系统在对客户信息进行分析综合后，可以抽象出一类特定的人，然后有针对性地发送个性化、目的性很强的广告；也可将这些信息进行提炼加工，用来指导生产商的生产；生产商据此可以将目标市场细化，生产出更多更具个性化的产品，并实现规模化生产和个性化产品销售。这些信息还可卖给广告商，因为准确而具体的信息将为广告商节省一大笔市场调研费，从而使广告成本降低。总之，个性化服务对消费者个人、对信息提供者都有益处。

思考题

1. 学习网络营销整体产品概念有何重要意义？
2. 适合网上零售的产品一般具有哪些特征？
3. 根据顾客的需求不同，网络营销应提供哪些不同层次的服务？
4. 目前网络营销服务的特点是什么？
5. 企业网站如何提供网上产品服务？
6. 什么是 FAQ？怎样才能设计出一个容易使用的 FAQ？
7. 怎样提供有效的个性化服务？

第 9 章　网络营销价格策略

【本章要点】

- 网络营销定价目标
- 网络营销定价策略
- 免费价格策略

9.1　网络营销价格概述

9.1.1　网络营销定价内涵

无论是传统营销还是网络营销，价格策略是最富有灵活性和艺术性的策略，是企业营销组合策略中的重要组成部分。网络营销价格是指企业在网络营销过程中买卖双方成交的价格，产品的价格是由市场供应方和需求方共同决定的。网络营销价格的形成是极其复杂的，它受到多种因素的影响和制约。企业在进行网络营销决策时必须对各种因素进行综合考虑，从而采取相应的定价策略。

9.1.2　网络营销产品定价目标

定价目标是指企业通过制定一定水平的价格，所要达到的预期目的。定价目标一般可分为利润目标、销售额目标、市场占有率目标和稳定价格目标。

1. 利润目标

利润目标是企业定价目标的重要组成部分，获取利润是企业生存和发展的必要条件，是企业经营的直接动力和最终目的。因此，利润目标为大多数企业所采用。由于企业的经营哲学及营销总目标不同，这一目标在实践中有以下两种形式：

（1）以追求最大利润为目标

最大利润有长期和短期之分，还有单一产品最大利润和企业全部产品综合最大利润之别。一般而言，企业追求的应该是长期的、全部产品的综合最大利润。这样，企业就可以取得较大的市场竞争优势，占领和扩大更多的市场份额，拥有更好的发展前景。当然，对于一些中小型企业、产品生命周期较短的企业、产品在市场上供不应求的企业等，也可以谋求短期最大利润。

最大利润目标并不必然导致高价，如果价格太高，会导致销售量下降，利润总额可能因此而减少。有时，高额利润是通过采用低价策略，待占领市场后再逐步提价来获得的；有时，企业可以采用招徕定价艺术，对部分产品定低价，赔钱销售，以扩大影响，招徕顾客，从而带动其他产品的销售，谋取最大的整体效益。

（2）以获取适度利润为目标

它是指企业在补偿社会平均成本的基础上，适当地加上一定量的利润作为商品价格，以获取正常情况下合理利润的一种定价目标。以最大利润为目标，尽管从理论上讲十分完美，也十分诱人，但实际运用时常常会受到各种限制。所以，很多企业按适度原则确定利润水平，并以此为目标制定价格。采用适度利润目标有各种原因，以适度利润为目标使产品价格不会显得太高，从而可以阻止激烈的市场竞争，或由于某些企业为了协调投资者和消费者的关系，树立良好的企业形象，而以适度利润为其目标。

由于以适度利润为目标确定的价格不仅使企业可以避免不必要的竞争，而且又能获得长期利润，由于价格适中，消费者愿意接受，还符合政府的价格指导方针。因此，这是一种兼顾企业利益和社会利益的定价目标。需要指出的是，适度利润的实现，必须充分考虑产销量、投资成本、竞争格局和市场接受程度等因素。否则，适度利润只能是一句空话。

2. 销售额目标

这种定价目标是在保证一定利润水平的前提下，谋求销售额的最大化。某种产品在一定时期、一定市场状况下的销售额由该产品的销售量和价格共同决定，因此销售额的最大化既不等于销量最大，也不等于价格最高。对于需求的价格弹性较大的商品，降低价格而导致的损失可以由销量的增加而得到补偿，因此企业宜采用薄利多销的策略，保证在总利润不低于企业最低利润的条件下，尽量降低价格，促进销售，扩大赢利；反之，若商品的需求价格弹性较小时，降价会导致收入减少，而提价则使销售额增加，企业应该采用高价、厚利、限销的策略。

采用销售额目标时，确保企业的利润水平尤为重要。这是因为销售额的增加，并不必然带来利润的增加。有些企业的销售额上升到一定程度，利润就很难上升，甚至销售额越大，亏损越多。因此，销售额和利润必须同时考虑。在两者发生矛盾时，除非是特殊情况（如为了尽量地回收现金），应以保证最低利润为原则。

3. 市场占有率目标

市场占有率，又称市场份额，是指企业的销售额占整个行业销售额的百分比，或者是指某企业的某产品在某市场上的销量占同类产品在该市场销售总量的比重。市场占有率是企业经营状况和企业产品竞争力的直接反映。作为定价目标，市场占有率与利润的相关性很强，从长期来看，较高的市场占有率必然带来高利润。

市场占有率目标在运用时存在着保持和扩大两个互相递进的层次。保持市场占有率定价目标的特征是根据竞争对手的价格水平不断调整价格，以保证足够的竞争优势，防止竞争对手占有自己的市场份额。扩大市场占有率的定价目标就是从竞争对手那里夺取市场份额，以达到扩大企业销售市场乃至控制整个市场的目的。

在实践中，市场占有率目标被国内外许多企业所采用，其方法是以较长时间的低价策略来保持和扩大市场占有率，增强企业竞争力，最终获得最优利润。但是，这一目标的顺利实现至少应具备以下三个条件：

1）企业有雄厚的经济实力，可以承受一段时间的亏损，或者企业本身的生产成本本来就低于竞争对手。

2）企业对其竞争对手情况有充分了解，有从其手中夺取市场份额的绝对把握。否则，企业不仅不能达到目的，反而可能会受到损失。

3）在企业的宏观营销环境中，政府未对市场占有率作出政策和法律的限制。比如，美国制定有“反垄断法”，对单个企业的市场占有率进行限制，以防止少数企业垄断市场。在这种情况下，盲目追求高市场占有率，往往会受到政府的干预。

4. 稳定价格目标

稳定的价格通常是大多数企业获得一定目标收益的必要条件，市场价格越稳定，经营风险也就越小。稳定价格目标的实质就是通过本企业产品的定价来左右整个市场价格，避免不必要的价格波动。按这种目标定价，可以使市场价格在一个较长的时期内相对稳定，减少企业之间因价格竞争而发生的损失。

为达到稳定价格的目的，通常情况下是由那些拥有较高市场占有率、经营实力较强或较具有竞争力和影响力的领导者先制定一个价格，其他企业的价格则与之保持一定的距离或比例关系。对于大企业来说，这是一种稳妥的价格保护政策；对于中小企业来说，由于大企业不愿意随便改变价格，竞争性减弱，其利润也可以得到保障。在钢铁、采矿业、石油化工等行业内，稳定价格目标得到最广泛的应用。

将定价目标分为利润目标、销售额目标、市场占有率目标和稳定价格目标，只是一种实践经验的总结，它既没有穷尽所有可能的定价目标，又没有限制每个企业只能选用其中的一种。由于资源的约束，企业规模和管理方法的差异，企业可能从不同的角度选择自己的定价目标。不同行业的企业有不同的定价目标，同一行业的不同企业可能有不同的定价目标，同一企业在不同的时期、不同的市场条件下也可能有不同的定价目标，即使采用同一种定价目标，其价格策略、定价方法和技巧也可能不同。企业应根据自身的性质和特点，具体情况具体分析，权衡各种定价目标的利弊，灵活确定自己的定价目标。

在网络营销中，市场还处于起步阶段的开发期和发展时期，企业进入网络营销市场的主要目标是占领市场求得生存和发展机会，然后才是追求企业的利润。目前，网络营销产品的定价一般都是低价甚至是免费，以求在迅猛发展的网络虚拟市场中寻求立足的机会。

9.1.3 网络营销定价基础

从企业内部来说，企业产品的生产成本总的是呈下降趋势，而且成本下降趋势越来越快。在网络营销战略中，可以从降低营销及相关业务管理成本费用和降低销售成本费用两个方面分析网络营销对企业成本的控制和节约。下面将全面分析互联网应用将对企业其他职能部门业务带来哪些成本费用节约。

1. 降低采购成本费用

在采购过程中之所以经常出现问题，是由于过多的人为因素和信息闭塞造成的，通过互联网可以减少人为因素和信息不畅通的问题，从而在最大限度上降低采购成本。

首先，利用互联网可以将采购信息进行整合和处理，统一从供应商订货，以求获得最大的批量折扣。其次，通过互联网实现库存、订购管理的自动化和科学化，可以最大限度地减少人为因素的干预，同时能以较高的效率进行采购，从而节省了大量的人力以及避免人为因素造成不必要的损失。最后，通过互联网可以与供应商进行信息共享，帮助供应商按照企业生产的需要进行供应，同时不影响生产，也不增加库存产品。

2. 降低库存

利用互联网将生产信息、库存信息和采购系统连接在一起，可以实现实时订购，企业可以根据需要订购，最大限度降低库存，从而实现“零库存”管理。这样的好处是：一方面，减少资金占用和减少仓储成本；另一方面，可以避免价格波动对产品的影响。正确管理存货能为客户提供更好的服务并为公司降低经营成本，加快库存核查频率会减少与存货相关的利息支出和存储成本。减少库存量意味着现有的加工能力可更有效地得到发挥，更高效率的生产可以减少或消除企业和设备的额外投资。

3. 生产成本控制

利用互联网可以节省大量的生产成本。一方面，利用互联网可以实现远程虚拟生产，在全球范围寻求最适宜生产厂家的生产产品；另一方面，利用互联网可以大大节省生产周期，提高生产效率。使用互联网与供货商和客户建立联系，使公司能够比从前大大缩短用于收发订单、发票和运输通知单的时间。有些部门通过增值网（VAN）共享产品规格和图纸，以提高产品设计和开发的速度。互联网发展和应用将进一步减少产品的生产时间，其途径是通过扩大企业电子联系的范围，或是通过与不同研究小组和公司进行的项目合作来实现。

9.1.4 网络营销定价特点

1. 全球性

网络营销市场面对的是开放的和全球化的市场，用户可以在世界各地直接通过网站进行购买，而不用考虑网站是属于哪一个国家或地区的。这种目标市场从过去受地理位置限制的局部市场，一下拓展到范围广泛的全球性市场，使得网络营销产品在定价时必须考虑目标市场范围的变化给定价带来的影响。

如果产品的来源地和销售目的地与传统市场渠道类似，则可以采用原来的定价方法；如果产品的来源地和销售目的地与原来传统市场渠道差距非常大，则在定价时就必须考虑这种地理位置差异带来的影响。例如，亚马逊网上商店的产品来自美国，购买者也是美国，那产品定价可以按照原定价方法进行折扣定价，定价也比较简单。如果购买者是中国或者其他国家消费者，那采用针对美国本土的定价方法就很难面对全球化的市场，影响了网络市场全球性作用的发挥。为解决这些问题，可采用本地化方法，准备在不同市场的国家建立地区性网站，以适应地区市场消费者需求的变化。

因此，企业面对的是全球性网上市场，但企业不能以统一市场策略来面对差异性极大的全球性市场，必须采用全球化和本地化相结合的原则进行。

2. 低价位定价

互联网是从科学研究应用发展而来，因此互联网使用者的主导观念是网上的信息产品是免费的、开放的、自由的。在早期互联网开展商业应用时，许多网站采用收费方式想直接从互联网赢利，结果证明是失败的。成功的雅虎公司通过为网上用户提供免费的检索站点起步，逐步拓展为门户站点，到现在拓展到电子商务领域，一步一步获得成功的，它成功的主要原因是它遵循了互联网的免费原则和间接收益原则。

网上产品定价较传统定价要低有其成本费用降低的基础，前面分析了互联网发展可以从诸多方面帮助企业降低成本费用，从而使企业有更大的降价空间来满足顾客的需求。因此，如果在网上产品的定价过高或者降价空间有限的产品，在现阶段最好不要在消费者市场上销售。如果面对的是工业市场，或者产品是高新技术的新产品，网上顾客对产品的价格不太敏感，主要是考虑方便、新潮，这类产品就不一定要考虑低价定价的策略了。

3. 顾客主导定价

顾客主导定价是指为满足顾客的需求，顾客通过充分的市场信息来选择购买或者定制生产自己满意的产品或服务，同时以最小代价（产品价格、购买费用等）获得这些产品或服务。简单地说，即顾客的价值最大化，顾客以最小成本获得最大收益。

顾客主导定价的策略主要有：顾客定制生产定价和拍卖市场定价。根据调查分析，由顾客主导定价的产品并不比企业主导定价获取利润低，根据国外拍卖网站 eBay. com 的分析统计，在网上拍卖定价产品，只有20%的产品拍卖价格低于卖者的预期价格，50%的产品拍卖价格略高于卖者的预期价格，剩下30%的产品拍卖价格与卖者预期价格相吻合，在所有拍卖成交产品中有95%的产品成交价格卖主比较满意。因此，顾客主导定价是一种双赢的发展策略，既能更好地满足顾客的需求，又能使企业的收益又不受到影响，而且还可以对目标市场了解得更充分，企业的经营生产和产品研制开发可以更加符合市场竞争的需要。

9.1.5 影响定价的因素

影响产品定价的因素很多，有企业内部因素，也有企业外部因素；有主观的因素，也有客观的因素。概括起来，有产品成本、市场需求、竞争因素和其他因素四个方面。

1. 产品成本

产品的价格是按成本、利润和税金三部分来制定的。成本是构成价格的主要因素，价格如果过分高于成本，则有失社会公平；价格如果过分低于成本，则不可能长久维持。

2. 市场需求

当商品的市场需求大于供给时，价格应高一些；当商品的市场需求小于供给时，价格应低一些。反过来，价格变动影响市场需求总量，从而影响销售量，进而影响企业目标的实现。因此，企业制定价格就必须了解价格变动对市场需求的影响程度。反映这种影响程度的一个指标就是商品的价格需求弹性系数。

3. 竞争因素

市场竞争也是影响价格制定的重要因素。根据竞争的程度不同，企业定价策略也会有所不同。按照市场的竞争程度，可以分为完全竞争、不完全竞争与完全垄断三种情况。

完全竞争与完全垄断是竞争的两个极端，中间状况是不完全竞争。在不完全竞争条件下，竞争的强度对企业的价格策略有重要影响。所以，企业首先要了解竞争的强度。竞争的强度主要取决于产品制作技术的难易、是否有专利保护、供求形势以及具体的竞争格局。其次，要了解竞争对手的价格策略，以及竞争对手的实力。最后，还要了解、分析本企业在竞争中的地位。

4. 其他因素

企业的定价策略除受成本、需求以及竞争状况的影响外，还受其他多种因素的影响。这些因素包括政府或行业组织的干预、消费者习惯和心理、企业或产品的形象等。

9.2 网络营销定价策略

企业为了有效地促进产品在网上销售，就必须针对网上市场制定有效的价格策略。由于网上信息的公开性和消费者易于搜索的特点，网上的价格信息对消费者的购买起着重要的作用。消费者选择网上购物，一方面是由于网上购物比较方便，另一方面是因为从网上可以获取大量的产品信息，从而可以择优选购。网络定价的策略很多，下面根据网络营销的特点，着重介绍竞争定价策略、折扣定价策略、个性化定制生产定价策略、使用定价策略、拍卖定价策略和声誉定价策略。

1. 竞争定价策略

通过顾客跟踪系统（Customer Tracking）经常关注顾客的需求，时刻注意潜在顾客的需求变化，才能保持网站向顾客需要的方向发展。在大多数网上购物网站上，经常会将网站的服务体系和价格等信息公开申明，这就为了解竞争对手的价格策略提供方便。所以，应随时掌握竞争者的价格变动，调整自己的竞争策略，时刻保持同类产品的相对价格优势。

2. 折扣定价策略

折扣定价策略是以在原价基础上进行折扣来定价的，让顾客直接了解产品的降价幅度以促进顾客购买，如打折、有奖销售或者附带赠品等。例如，Amazon、当当网一般都会有一些折扣。

在采用这一策略时，应注意以下三点：

1）在网上不宜销售那些顾客对价格敏感而企业又难以降价的产品。

2）在网上公布价格时要注意区分消费对象（一般消费者、零售商、批发商和合作伙伴），要针对不同的消费对象提供不同的价格信息发布渠道。

3）因为消费者在网上可以很容易地搜索到价格最低的同类产品，所以在网上发布价格要注意比较同类站点公布的价格；否则，价格信息的公布会起到反作用。

3. 个性化定制生产定价策略

个性化定制生产定价策略是在企业能实行定制生产的基础上，利用网络技术和辅助设计软件，帮助消费者选择配置或者自行设计能满足自己需求的个性化产品，同时承担自己愿意付出的价格成本。这种策略是利用网络互动性的特征，根据消费者的具体要求，来确定商品价格的一种策略。网络的互动性使个性化行销成为可能，也使个性化定价策略有可能成为网络营销的一个重要策略。定制定价策略由于没有可比性，所以可以采取高价策略。

4. 使用定价策略

使用定价就是顾客通过互联网注册后可以直接使用某公司产品，顾客只需根据使用次数进行付费，而不需要将产品完全购买。这一方面减少了企业为完全出售产品进行大量不必要的生产和包装的浪费，另一方面可以吸引过去那些有顾虑的顾客使用产品，扩大市场份额。采用这种定价策略，一般要考虑产品是否适合通过互联网传输，是否可以实现远程调用。目前，比较适合的产品有软件、音乐、电影等产品。

5. 企业声誉定价策略

企业的形象、声誉成为网络营销发展初期影响价格的重要因素。消费者对网上购物和订货往往会存在许多疑虑。比如，在网上所订购的商品，质量能否得到保证，货物能否及时送到等。如果网上商店的店号在消费者心中享有声望，则它出售的网络商品价格可比一般商店高些。反之，价格则低一些。

6. 拍卖定价策略

网上拍卖由消费者通过互联网轮流公开竞价，在规定时间内价高者赢得。目前，我国比较有名的拍卖站点是易趣，它允许商品公开在网上拍卖，拍卖竞价者只需要在网上进行登记即可，拍卖方只需将拍卖品的相关信息提交给易趣公司，经公司审查合格后即可上网拍卖。

根据供需关系，网上拍卖竞价方式有以下几种：

1）竞价拍卖。最大量的是CtoC的交易，包括二手货、收藏品，也可以是普通商品以拍卖方式进行出售。例如，HP公司将公司的一些库存积压产品放到网上拍卖。

2）竞价拍买。它是竞价拍卖的反向过程，消费者提出一个价格范围，求购某一商品，由商家出价，出价可以是公开的或隐蔽的，消费者将与出价最低或最接近的商家成交。

3）集体议价。在互联网出现以前，这种方式在国外主要是多个零售商结合起来，向批发商（或生产商）以数量换价格的方式。互联网出现后，使得普通的消费者也能使用这种方式购买商品。集合竞价模式，是一种由消费者集体议价的交易方式。这在目前的国内网络竞价市场中，还是一种全新的交易方式。提出这一模式的是美国著名的Priceline公司http://www.priceline.com。在我国，雅宝已经率先将这一全新模式引入到自己的网站。

就价格而言，理论上有两种价格模式：浮动价格模式和固定价格模式。浮动价格模式包括竞价拍卖、竞价拍买和集体议价等竞价模式。固定价格模式包括供方定价直销、需方定价求购等定价模式。

前面所述的一些拍卖竞价方式是最市场化的方法，随着互联网市场的拓展，将有越来越多的产品通过互联网拍卖竞价。目前，拍卖竞价针对的购买群体主要是消费者市场，个体消费者是目前拍卖市场的主体。因此，采用拍卖竞价并不是企业目前首选的定价方法，因为拍卖竞价可能会破坏企业原有的营销渠道和价格策略。采用网上拍卖竞价的产品，比较适合于企业的一些库存积压产品；也可以是企业的一些新产品，通过拍卖展示起到促销效果，许多公司将产品以低廉价格在网上拍卖，以吸引消费者的关注。

上述几种价格策略是企业在利用网络营销拓展市场时可以考虑的几种比较有效的策略。并不是所有的产品和服务都可以采用上述定价方法，企业应根据产品的特性和网上市场发展的状况来决定定价策略的选择。不管采用何种策略，企业的定价策略应与其他策略配合，以保证企业总体营销策略的实施。

9.3 免费价格策略

9.3.1 免费价格内涵

免费价格策略是市场营销中常用的营销策略，它主要用于促销和推广产品，这种策略一般是短期和临时性的。但在网络营销中，免费价格不仅仅是一种促销策略，它还是一种非常有效的产品和服务定价策略。

具体来说，免费价格策略就是将企业的产品和服务以零价格形式提供给顾客使用，满足顾客的需求。免费价格形式有几类形式：产品和服务完全免费，即产品（服务）从购买、使用和售后服务所有环节都实行免费服务；产品和服务限制免费，即产品（服务）可以被有限次使用，超过一定期限或者次数后，取消这种免费服务；产品和服务部分免费，如一些著名研究公司的网站公布部分研究成果，如果要获取全部成果必须付款作为公司客户；产品和服务捆绑式免费，即购买某产品或者服务时赠送其他产品和服务。

免费价格策略之所以在互联网上流行，有其深刻的背景。一方面，由于互联网的发展得力于免费策略实施；另一方面，互联网作为20世纪末最伟大的发明，它的发展速度和增长潜力令人生畏，任何有眼光的人不敢放弃发展成长的机会，免费策略是最有效的市场占领手段。

目前，企业在网络营销中采用免费策略，一个目的是让用户免费使用形成习惯后，再开始收费，如金山公司允许消费者在互联网下载限次使用的WPS 2000软件，其目的是想消费者使用习惯后，然后掏钱购买正式软件，这种免费策略主要是一种促销策略，与传统营销策略类似。另一个目的是想发掘后续商业价值，它是从战略发展的需要来制定定价策略的，主要目的是先占领市场，然后再在市场上获取收益。例如，Yahoo公司通过免费建设门户站点，经过4年亏损经营后，在今年通过广告收入等间接收益扭亏为盈，但在前4年的亏损经营中，公司却得到飞速增长，这主要得力于股票市场对公司的认可和支持，因为股票市场看好其未来的增长潜力，而Yahoo的免费策略恰好是占领了未来市场，具有很大的市场竞争优势和巨大的市场赢利潜力。

9.3.2 免费产品的特性

在网络营销中，产品实行免费策略是要受到一定环境制约的，并不是所有的产品都适合采用免费策略。互联网作为全球性开放网络，它可以快速实现全球信息交换，只有那些适合互联网这一特性的产品才适合采用免费价格策略。一般说来，免费产品具有以下特性：

1. 易于数字化

互联网是信息交换的平台，它的基础是数字传输。对于易于数字化的产品都可以通过互联网实现零成本的配送。企业只需要将这些免费产品放到企业的网站上，用户可以通过互联网自由下载使用，企业通过较小成本就实现产品推广，可以节省大量的产品推广费用。

2. 无形化特点

通常采用免费策略的大多是一些无形产品，他们只有通过一定的载体才能表现出一定的形态。例如，软件、信息服务（如报刊、杂志、电台、电视台等媒体）、音乐制品、图书等。这些无形产品可以通过数字化技术实现网上传输。

3. 零制造成本

这里零制造成本主要是指产品开发成功后，只需要通过简单复制就可以实现无限制的生产。对这些产品实行免费策略，企业只需要投入研制费用即可，至于产品生产、推广和销售则完全可以通过互联网实现零成本运作。

4. 成长性

采用免费策略的产品一般都是利用产品成长推动占领市场，为未来市场发展打下坚实基础。

5. 冲击性

采用免费策略的产品的主要目的是推动市场成长，开辟新的市场领地，同时对原有市场产生巨大的冲击。例如，3721网站为推广其中文网址域名标准，以适应中国人对英文域名的不习惯，采用免费下载和免费在品牌计算机预装策略，在短短的半年时间内迅速占领市场成为市场标准。

6. 间接收益特点

采用免费价格的产品（服务），可以帮助企业通过其他渠道获取收益。这种收益方式也是目前大多数 ICP 的主要商业运作模式。

9.3.3 免费价格策略的实施

1. 免费价格策略的风险

自从有了 Internet 之后，大家都在想怎样才能在网上迅速膨胀，迅速扩大自己的知名度？大家都在寻找这种机会。Internet 上最早出现这种机会的是浏览器，Netscape 把它的浏览器免费提供给用户，开创了 Internet 上免费的先河。后来微软也如法炮制，免费发放 IE 浏览器。再后来 Netscape 公布了浏览器的源码，实行彻底的免费。

Netscape 当时允许用户免费下载浏览器，主要目的是在用户使用习惯之后，就开始收钱了，这是 Netscape 提供免费软件的背后动机。但是 IE 的出现打碎了 Netscape 的美梦。所以，对于这些公司来说，为用户提供免费服务只是其商业计划的开始，商业利润还在后面，但并不是每个公司都能顺利获得成功。Netscape 的免费浏览器计划就没有成功。所以，对于这些实行免费策略的企业来说，必须要有承担很大风险的准备。

2. 免费价格策略实施步骤

免费价格策略一般与企业的商业计划和战略发展规划紧密关联，企业要降低免费策略带来的风险，提高免费价格策略的成功性，应遵循以下步骤思考问题。

1）互联网作为成长性的市场，要获取成功，关键是要有一个可能获得成功的商业运作模式，因此考虑免费价格策略时必须考虑是否与商业运作模式相吻合。

2）分析采用免费策略的产品（或服务）能否获得市场认可。也就是说，提供的产品（服务）是否是市场迫切需求的。互联网上通过免费策略已经获得成功的公司都有一个特点，就是提供的产品（服务）受到市场的极大欢迎。例如，Yahoo！的搜索引擎克服了在互联网上查找信息的困难，给用户带来了便利。又如，我国的 Sina 网站提供了大量实时性的新闻报道，满足了用户对新闻的需求。

3）分析免费策略产品推出的时机。在互联网上的游戏规则是“Win Take All（赢家通吃）”，只承认第一，不承认第二。因此，在互联网上推出免费产品是为抢占市场，如果市场已经被占领或者已经比较成熟，则要审视推出的产品（服务）的竞争能力。

4）考虑免费价格产品（服务）是否适合采用免费价格策略。目前，国内外很多提供免费 PC 的 ISP，对用户的要求有：有的要求用户接受广告、有的要求用户每月在其站点上购买多少钱的商品、有的提供接入费用等。

5）策划推广免费价格产品（服务）。互联网是信息海洋，对于免费的产品（服务），网上用户已经习惯。因此，要吸引用户关注免费产品（服务），应当与推广其他产品一样有严密的营销策划。在推广免费价格产品（服务）时，主要考虑通过互联网渠道进行宣传。例如，3721 网站为推广其免费中文域名系统软件，首先通过新闻形式介绍中文域名概念，宣传中文域名的作用和便捷性；然后与一些著名 ISP 和 ICP 合作，建立免费软件下载链接，同时还与 PC 制造商合作，提供捆绑预装中文域名软件。

思考题

1. 网络营销产品的定价目标是什么？影响定价的主要因素有哪些？
2. 网络营销定价有何特点？如何保证企业低价策略的实施？

3. 企业对网络营销产品的定价一般采用什么策略？
4. 什么是定制定价策略？
5. 如何使用定价策略？
6. 网上拍卖竞价方式有哪几种？
7. 什么是免费价格策略？免费价格有哪几种？
8. 企业在进行网络营销时，为什么要经常采用免费价格策略？
9. 免费价格策略实施成功的要素有哪些？
10. 免费产品有哪些特点？

第 10 章　网络分销渠道策略

【本章要点】

- 网络直销渠道
- 网络间接销售渠道
- 双道法

10.1　网络分销渠道概述

10.1.1　网络分销渠道的意义

营销渠道（Marketing Channel），也称为营销网络或销售通路，有时也称为分销渠道（Distribution Channel）。关于营销渠道的定义，有很多种版本，其中最具有代表性的当首推美国著名营销学家菲利普·科特勒（Philip Kotler）的描述。科特勒认为："营销渠道就是指某种货物或劳务从生产者（制造商）向消费者（用户）转移时取得这种货物或劳务的所有权的所有组织或个人。"

从严格意义上说，营销渠道与分销渠道是两个不同的概念。前者包含后者，后者只是前者的一个子集；或者说前者是一个系统，后者只是前者的一个子系统。营销渠道包括某种产品或服务的供、产、销过程中的所有组织和/或个人。比如，原材料或零配件供应商（Supplier）、生产商（Producer）、商人中间商（Merchant Middleman）、代理中间商（Agent Middleman）、辅助商（Facilitator）以及终端用户（End - User）等构成一条营销渠道。而生产商、商人中间商和/或代理中间商、终端用户则构成一条分销渠道。举例来说，联想 PC 的营销渠道，不仅包括生产者——联想以及联想的各级代理商、经销商和最终用户（家庭用户和行业用户），而且还包括其上游供应商，如 CPU 供应商——Intel 以及辅助商、运输公司、公关公司、广告代理公司、市场研究机构等；而其分销渠道则简单得多，仅包括联想及其各级代理商、经销商以及最终用户。

尽管营销渠道与分销渠道从严格意义上存在上述区别，而事实上，很多情况下，二者常常混合等同使用。

合理的分销渠道，一方面可以最有效地把产品及时提供给消费者，满足用户的需要；另一方面也有利于扩大销售，加速商品和资金的流转速度，降低营销费用。有些企业的产品尽管有质量和价格上的优势，但缺乏分销渠道或分销渠道不畅，无法扩大销售，这样的例子是屡见不鲜的。在市场经济条件下，无论是哪一个国家或生产者生产出来的符合市场需要的产品，只有通过一定的分销渠道，才能在适当的时间、地点，以适当的价格销售给广大用户和消费者，以满足他们的需要，从而实现企业的营销目标。

与传统营销渠道一样，以互联网作为支撑的网络分销渠道也应具备传统分销渠道的功能。网上分销渠道就是借助互联网将产品从生产者转移到消费者的中间环节。从总体上看，网络分销渠道可分为网络直销渠道和网络间接销售渠道两种基本类型。需要注意的是，有人认为随着网络营销的发展，直接销售渠道将会完全代替间接销售渠道。这种认识是片面的，因为从商品流通的构成来看，它是由信息流、商流、资金流、物流4个方面构成的，在网络技术比较发达的情况下，信息流、商流和资金流可直接通过网上来完成，但物流则必须通过储存和运输来完成。

10.1.2 网络分销渠道与传统分销渠道的联系与区别

1. 网络分销渠道与传统分销渠道的联系

以互联网作为支撑的网络分销渠道也应具备传统分销渠道的功能：

1）交易功能。即实现产品在实物上从生产者向消费者的转移，而消费者通过向生产者支付货币获得商品的所有权，这个功能通过组成分销渠道的各个组织机构来实现，如订货、付款、送货、售后服务等。

2）调节功能。对整个市场的供需在时间、空间、数量和品种等起调节的作用。分销渠道通过储存、运输在时间上和空间上对整个市场商品的供应与需求进行调节。当市场上的商品供大于求时，分销渠道中的中间商把商品储存起来，当市场上的商品供不应求时，分销渠道中的中间商把商品向市场释放；分销渠道的中间商还可以把各个生产者所生产的产品进行分类整理，然后根据各个细分市场的不同需求组织配送，以满足每个消费者在数量和品种上的不同需求。

3）信息发布功能。在商品的流通过程中，分销渠道中的各组织机构还在信息沟通方面发挥着积极的作用，如企业的概况和产品的质量、种类、价格等。

2. 网络分销渠道与传统分销渠道的区别

无所不及、超越时空，将渠道、促销、电子交易、互动顾客服务以及将市场信息收集分析与提供多种功能集于一体的互联网络的出现，带来了分销渠道的革命：

(1) 网络分销渠道的结构更简化

根据有无中间环节，分销渠道可分为直接分销渠道和间接分销渠道。由生产者直接将商品卖给消费者的分销渠道称为直接分销渠道；而至少包括一个中间商的分销渠道称为间接分销渠道。

传统分销渠道根据中间商数目的多少，将分销渠道分为若干级别。直接分销渠道没有中间商，因而称为零级分销渠道；间接分销渠道则包括一级、二级、三级乃至级数更高的渠道，如图10-1所示。

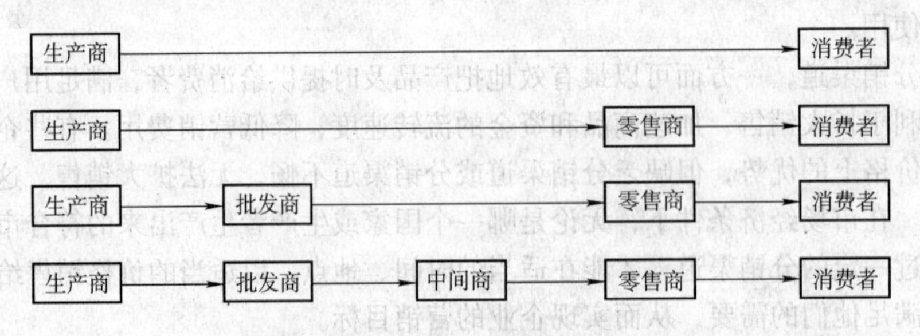

图10-1 传统的分销渠道

相对于传统的分销渠道，网络分销渠道也可以分为直接分销渠道和间接分销渠道，直接分销渠道和传统的直接分销渠道一样，都是零级分销渠道；而其间接分销渠道结构要比传统分销渠道简单得多，网络营销中只有一级分销渠道，即只存在一个电子中间商来沟通买卖双方的信息，而不存在多个批发商和零售商的情况，因而也就不存在多级分销渠道。

（2）网络分销渠道更能节省流通费用

在网络营销中，无论是直接分销渠道还是间接分销渠道，较之传统营销的渠道结构都大大减少了流通环节，有效地降低了交易成本。

企业通过传统的直接分销渠道销售产品，通常采用两种具体实施方法：第一种方法是直接销售，不设仓库。例如，企业在外地派驻推销人员，但在当地不设仓库。推销人员在当地卖出产品后，将订单发回企业，由企业直接把货物发送给购物者。这种方法，企业需支付推销员的工资和日常推销开支。第二种方法是直接销售，但需设立仓库。在这种方法中，企业一方面要支付推销员的工资和费用，另一方面还需要支付仓库的租赁费。

通过网络的直接分销渠道销售产品，企业可从网上直接受理来自全球各地的订货单，然后直接将货物寄给购物者。这种方法所需的费用仅仅是网络管理人员的工资和低廉的网络费用，驻外人员的差旅费及仓库的租赁费用等都不需要了。

通过传统的间接分销渠道销售产品，必须依靠中介机构，而且产品由生产单位流转到最终用户手中，中介机构常常不止一个。中介机构越多，流通费用就越高，产品的竞争能力也就在这种流转过程中逐渐丧失了。

网络的间接分销渠道完全克服了传统间接分销渠道的上述弱点。网上商品交易中心之类的中介型电子商务网站，完全承担起信息中介机构的作用，同时也利用其在各地的分支机构承担起批发商和零售商这类传统中间商的作用，网上商品交易中心合并了众多的中介机构使其数目减少到一个，从而使商品流通的费用降低到最低限度。

（3）网络分销渠道更快捷

从网上直接挑选和购买商品，并支付货款，是销售产品、提供服务的快捷途径。

10.2　网络直销

在网络直销渠道中，生产商直接和消费者交易，不存在任何中间环节，这里的消费者可以是个人消费者，也可以是进行生产性消费或集团性消费的企业和商家，如图 10-2 所示。

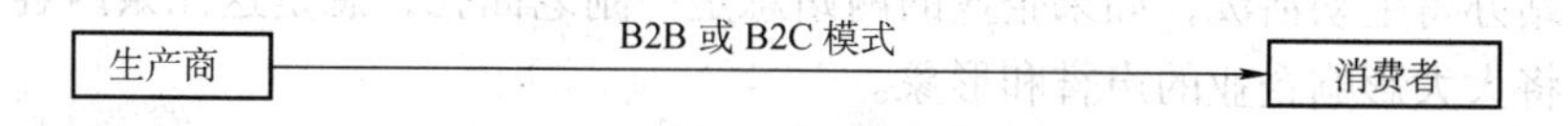

图 10-2　网络营销的直销渠道

10.2.1　网络直销流程图

网络直销是指厂家通过网络分销渠道直接销售产品，中间没有任何形式的网络中间商介入其中。B2C 电子商务基本属于网络商品直销的范畴。这种交易的最大特点是供需直接见面，环节少，速度快，费用低。其流转程式如图 10-3 所示。

由图 10-3 可以看出，网络商品直销过程可以分为以下六个步骤：

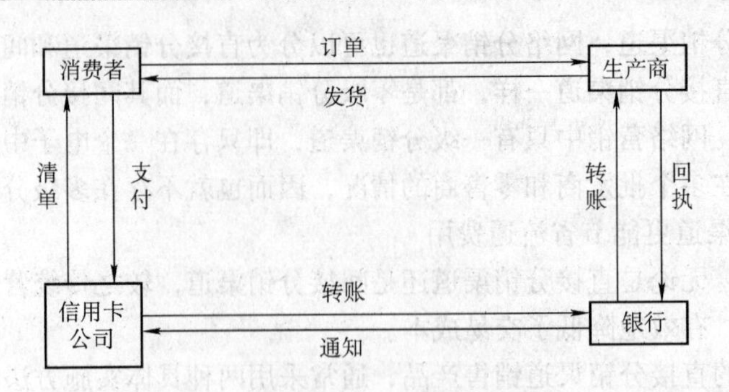

图 10-3 网络商品直销的流转程式

1）消费者进入互联网，查看在线商店或企业的主页。

2）消费者通过购物对话框填写姓名、地址以及购买商品的品种、规格、数量和价格。

3）消费者选择支付方式，如信用卡，也可选用借记卡、电子货币或电子支票等。

4）在线商店或企业的客户服务器检查支付方服务器，确认汇款额是否认可。

5）在线商店或企业的客户服务器确认消费者付款后，通知销售部门送货上门。

6）消费者的开户银行将支付款项传递到消费者的信用卡公司，信用卡公司负责发给消费者收费清单。

10.2.2 网络直销的形式

（1）自建网站

企业在互联网上建立自己独立的站点，申请域名，制作主页和销售网页，由相关人员专门处理有关产品的销售事务。例如，DELL 和我国的海尔网上商城。

自建网站的好处是：①可以扩大企业的知名度、提高企业的形象；②由于网站是企业自己的，因此企业在开展各种网络促销活动时可以把外界干扰减小到最低限度；③企业可以充分利用自己的网站资源在网站架起一座与消费者进行有效沟通的桥梁，及时掌握消费者的动态、分析消费者的心理等，从而使企业的网络促销活动设计得更有针对性。从近几年国外发展的情况看，许多企业在 Internet 上都拥有自己的网站。

但是，自建网站也存在其自身的缺点：①自建网站的费用开支比较大；②网站建立起来以后需要一支专门的维护人员对其进行日常维护；③网站的内容不仅要及时更新，而且企业还应当把网站办得生动活泼，如果企业的网站总是一副老面孔，总是这几条内容，或者办得枯燥无味，将大大影响企业的声誉和形象。

（2）企业委托信息服务商在其网点上发布信息，企业利用有关信息与客户联系，直接销售产品

虽然在这一过程中有信息服务商参加，但主要的销售活动仍然是在买卖双方之间完成的。利用网络中介服务商直销商品的好处是费用节省，而且企业也免去了繁重而又至关重要的网站设计、网页维护和更新等工作。企业在利用网络中介商进行网络直销时，必须寻找那些知名度高、信誉好、信息量大的信息服务商，因为这些信息服务商在提供网络信息服务时具有无可比拟的优势，用户一查找企业信息或商品信息便自然想到利用它们，所以检索访问的人数非常多，企业的营销信息被访问与采纳的概率越大，网络营销的效果就越好。

10.2.3　网络直销的优点和缺点

1. 网络直销的优点

网络直销具有以下优点：

1）有效地减少交易环节，促成产需直接见面。

2）网络直销对买卖双方都有直接的经济利益。由于网络可以大大降低企业的营销成本，企业能够以较低的价格销售自己的产品，消费者也能够买到大大低于现货市场价格的产品。

3）有效地减少售后服务的技术支持费用。

2. 网络直销的缺点

由于越来越多的企业和商家在网上建站，反而使用户处于无所适从的尴尬境地，面对大量分散的域名，网络访问者很难有耐心地逐个访问企业主页，尤其是那些不知名的中小企业网站，大部分网络漫游者不愿意在此浪费时间，或只是在路过时看一眼。我国目前建立的企业网站，除个别行业和部分特殊企业外，大部分访问者寥寥无几，营销收效不大。

这个问题的解决必须从两方面入手：一方面，需要尽快建立高水平的网络信息服务站点，并加强网站推广工作，网站推广工作就是要让顾客知晓并主动点击企业网站，可以说它是企业进行网络营销成功与否的关键；另一方面，则需要从网络间接分销渠道中寻找出路。

10.3　网络间接销售

网络间接分销渠道是指商品从生产领域转移至消费者或用户手中，要经过中间商的分销渠道。为了克服网络直销的缺点，网络商品交易中介机构应运而生。中介机构成为连接买卖双方的枢纽，使网络间接销售成为可能。

网络中间商主要有两大类：商品或服务经销中间商和网络信息中间商。商品或服务经销中介商与传统渠道的中介商一样，起着将产品由生产领域向消费领域转移的作用。而网络信息中介商本身不经营任何商品和服务，仅仅凭借其掌握的大量信息沟通买卖双方的交易，而最终交易的完成、商品实体的流转还是供应方和需求方之间的事。如图 10-4、图 10-5 所示。

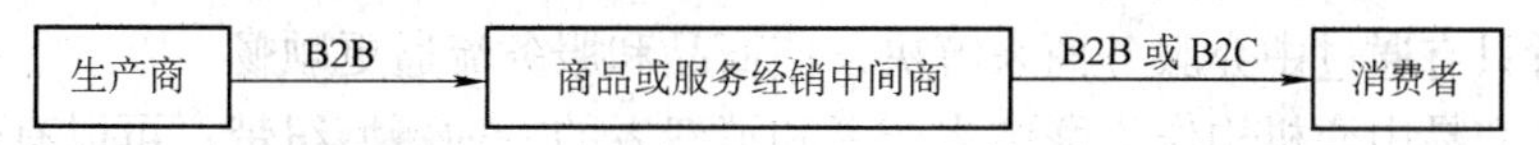

图 10-4　以商品或服务经销商为中介的网络营销间接渠道

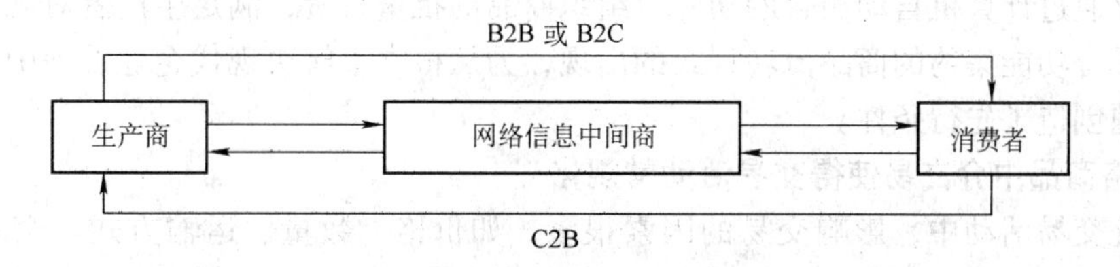

图 10-5　以信息中间商为中介的网络营销间接渠道

网络间接营销渠道是通过融入互联网技术后的中间商提供的网络间接营销渠道，是指把商品由中间商销售给消费者或使用者的营销渠道。传统间接营销渠道可能有多个中间环节；而由于互联网技术的运用，网络间接营销渠道只需要新型电子中间商这一中间环节即可。间接营销渠道一般适应于小批量商品及生活资料的交易。

10.3.1 网络商品交易中介产生的必然性

从经济学的角度分析，有四个基本原因导致网络商品交易中介机构的产生成为必然。

1. 网络商品中介交易简化了市场交易过程

设想一种最简单的情况，市场上仅仅存在三个生产者和三个消费者。在没有网络商品中介机构的情况下，总共需要发生9次交易关系（见图10-6）。增加一个中介机构，在网络直销中必须发生的9次交易关系由此减少到6次（见图10-7）。交易中介机构的存在，简化了市场交易过程，加速了商品由生产领域向消费领域的转化，使交易双方都感到方便和满意。

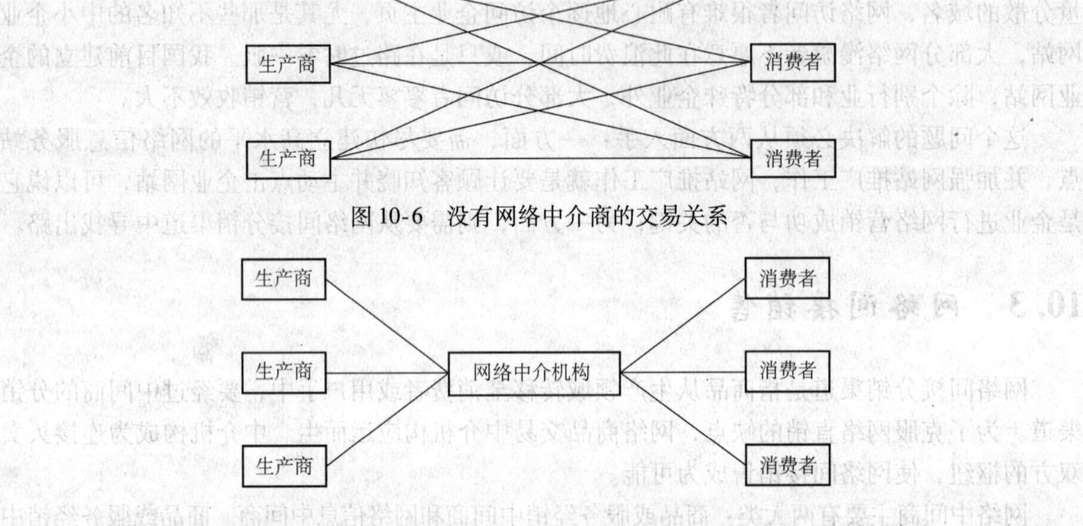

图10-6 没有网络中介商的交易关系

图10-7 存在网络中介商的交易关系

2. 网络商品交易中介机构的撮合功能有利于平均订货量的规模化

生产商一般生产大量种类有限的产品，而消费者则通常只需数量有限但品种繁多的产品，这一矛盾只有通过中介服务商来解决，使商品和服务流通更顺畅。

网络商品交易中介机构作为联结生产者和消费者的一种新型纽带，可以有效克服传统商业的弊端。一方面，它能以最短的渠道销售商品，满足消费者对商品价格的要求；另一方面，它能够通过计算机自动撮合的功能，组织商品的批量订货，满足生产者对规模经济的要求。这种具有功能集约的商品流转程式的出现，为从根本上解决现代企业发展中批量组货与预订的难题创造了先行条件。

3. 网络商品中介交易使得交易活动常规化

在传统交易活动中，影响交易的因素很多，如价格、数量、运输方式、交货时间和地点、支付方式等，每一个条件、每一个环节都可能使交易失败。如果这些变量能够在一定条件下常规化，交易成本就会显著降低，从而有效提高交易的成功率。

网络商品交易中介机构在这方面做了许多有益的尝试。由于是虚拟市场，这种机构可以一天24小时、一年365天不停地运转，避免了时间上、时差上的限制；买卖双方的意愿通过固定的交易表格统一、规范地表达，避免了相互扯皮；中介机构所属的配送中心分散在全国各地，可以最大限度地减少运输费用；网络交易严密的支付程序，使买卖双方彼此增加了信任感。很明显，网络商品交易中介机构的规范化运作，减少了交易过程中大量的不确定因素，降低了交易成本，提高了交易的成功率。

4. 网络商品交易中介机构便利了买卖双方的信息收集过程

在传统的交易中，买卖双方都被卷入了一个双向的信息收集过程。这种信息搜寻既要付出成本，也要承担一定的风险。信息来源的局限性使得生产者不能确定消费者的需要，消费者也无法找到他们所需要的东西。网络商品交易中介机构的出现改变了这种状况，为信息搜寻过程提供了极大的便利。网络商品交易机构本身是一个巨大的数据库，其中云集了全国乃至全世界的众多商品生产者，也汇集了成千上万种商品。这些商品生产者和商品实行多种分类，可以从各个不同的角度检索。买卖双方完全可以在不同的地区、不同的时间，在同一个网址上查询不同的信息，方便地交流不同的意见，在中介机构的撮合下，匹配供应意愿和需求意愿。

10.3.2 网络间接分销渠道的流程

网络商品中介交易是通过网络商品交易中心，即通过虚拟网络市场进行的商品交易。以 B2B 电子商务为例，在这种交易过程中，网络商品交易中心以互联网为基础，利用先进的通信技术和计算机软件技术，将商品供应商、采购商和银行紧密地联系起来，为客户提供市场信息、商品交易、仓储配送、货款结算等全方位的服务。其流转程式如图 10-8 所示。

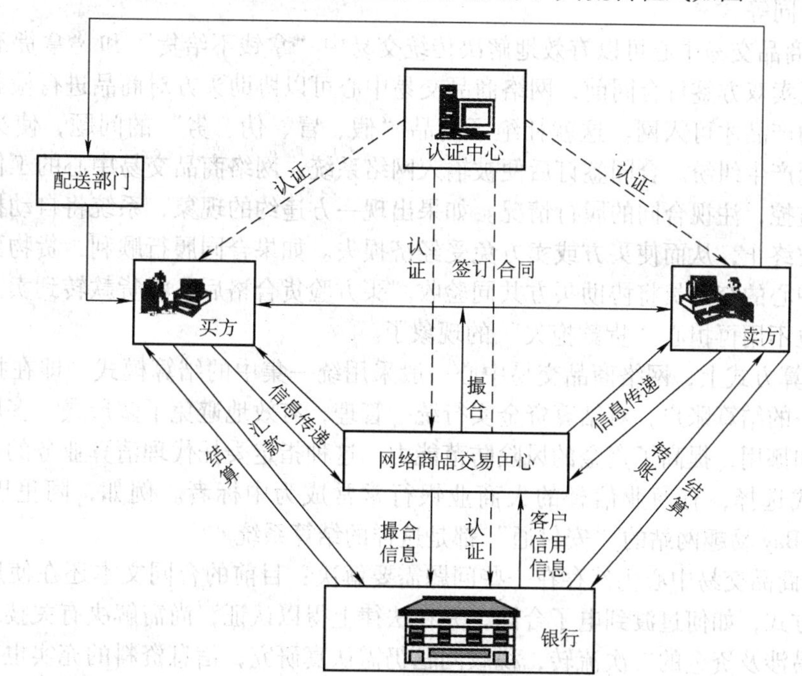

图 10-8 网络商品中介交易的流程

网络商品中介交易的流转程式可分为以下几个步骤：

1）买卖双方将各自的供应和需求信息通过网络告诉网络商品交易中心，网络商品交易中心通过信息发布服务向参与者提供大量的、详细准确的交易数据和市场信息。

2）买卖双方根据网络商品交易中心提供的信息，选择自己的贸易伙伴。

3）网络商品交易中心从中撮合，促使买卖双方签订合同。

4）买方在网络商品交易中心指定的银行办理转账付款手续。

5）指定银行通知网络商品交易中心买方货款到账。

6）网络商品交易中心通知卖方将货物发送到设在买方最近的交易中心配送部门。

7）配送部门送货给买方。

8）买方验证货物后通知网络商品交易中心货物收到。

9）网络商品交易中心通知银行买方收到货物。

10）银行将买方货款转交卖方。

11）卖方将回执送交银行。

12）银行将回执转交买方。

通过网络商品中介进行交易具有以下优点：

1）网络商品中介为买卖双方展现了一个巨大的世界市场。以能源一号网（www.energyahead.com）为例，该网站的电子市场，为买卖双方提供产品信息，并提供固定目录价格和动态交易两大交易模式。动态交易包括拍卖、反向拍卖询价、撮合等交易机制。注册会员使用浏览器，通过互联网就可以在能源一号网上进行交易的全过程。面向买方的功能包括查阅产品目录、查找产品信息、询价、进行反向拍卖、参与谈判、下订单、生成合同、管理结算单等；面向卖方的功能包括建立和更新产品信息、进行拍卖、参与谈判、管理订单、确认合同等。

2）网络商品交易中心可以有效地解决传统交易中“拿钱不给货”和“拿货不给钱”两大难题。在买卖双方签订合同前，网络商品交易中心可以协助买方对商品进行检验，只有符合质量标准的产品才可入网。这就杜绝了商品“假、冒、伪、劣”的问题，使买卖双方不会因质量问题产生纠纷。合同签订后便被输入网络系统，网络商品交易中心的工作人员开始对合同进行监控，注视合同的履行情况。如果出现一方违约的现象，系统将自动报警，合同的执行就会被终止，从而使买方或卖方免受经济损失。如果合同履行顺利，货物到达后，网络商品交易中心的交割员将协助买方共同验收。买方验货合格后，将货款转到卖方账户方可提货，卖方也不用再担心“货款拖欠”的现象了。

3）在结算方式上，网络商品交易中心一般采用统一集中的结算模式，即在指定的商业银行开设统一的结算账户，对结算资金实行统一管理，有效地避免了多形式、多层次的资金截留、占用和挪用，提高了资金的风险防范能力。这种指定委托代理清算业务的承办银行大都以招标形式选择，有商业信誉的大商业银行常常成为中标者。例如，阿里巴巴网站的“支付宝”、eBay易趣网站的“安付通”都是这样的结算系统。

4）网络商品交易中心仍然存在一些问题需要解决：目前的合同文本还在使用买卖双方签字交换的方式，如何过渡到电子合同，并在法律上得以认证，尚需解决有关技术和法律问题；整个交易涉及资金的二次流转，税收问题仍需认真研究；信息资料的充实也有待于更多的企业、商家和消费者参与；整个交易系统的技术水平如何与飞速发展的计算机网络技术保持同步，这是在网络商品经交易中心起步时就必须考虑的。

10.3.3 网络中间商的类型

电子商务的出现和发展不仅没有使中间商消失，反而给传统的中间商带来了新的发展机遇。随着电子商务的日益盛行，在互联网上出现了越来越多的新型网络中间商，因为这些中间商是在网络市场中为用户提供信息服务中介功能的，因而一些学者就把这些新型中间商称为“网络中间商”（Internet Intermediary）或“电子中间商”（Electronic Intermediary）。在互联网上出现的新型网络中间商主要有以下10种类型：

1. 目录服务商

目录服务商对互联网上的网站进行分类并整理成目录的形式，使用户从中能够方便地找到所需要的网站。目录服务包括三种形式：

1）综合性目录服务。比如，Yahoo等门户网站，为用户提供了各种各样不同站点的综合性索引，在这类站点上通常也会提供对索引进行关键词搜索的功能。

2）商业性目录服务（如互联网商店目录）。仅仅提供对现有的各种商业性网站的索引，而不从事建设和开发网站的服务，类似于实际生活中出版厂商和公司目录出版商。

3）专业性目录服务。即针对某一专业领域或主题建立的网站，通常是由该领域中的公司或专业人士提供内容，包括为用户提供对某一品牌商品的技术评价信息、同类商品的性能比较等，对商业交易具有极强的支持作用。

2. 搜索引擎服务商

与目录服务商不同，搜索引擎站点为用户提供基于关键词的检索服务，如AltaVista、WebCrawler等站点，用户可以利用这类站点提供的搜索引擎对互联网进行实时搜索。

3. 虚拟商场

虚拟商场是指包含与两个以上的商业性站点链接的网站。虚拟商场与商业性目录服务商的区别在于，虚拟商场为需要加入的厂商或零售商提供建设和开发网站的服务，并收取相应的费用，如租用服务器的租金、销售收入的提成等。

4. 互联网内容供应商

互联网内容供应商即在互联网上向目标客户群提供所需信息的服务提供者。这类站点提供了访问者感兴趣的大量信息，目前互联网上的大部分网站都属于这种类型。然而，现在大多数互联网内容供应商的信息服务对网络浏览者是免费提供的，其预期的收益主要有以下几方面的来源：在互联网上免费提供信息内容，以促进传统信息媒介的销售；降低信息传播的成本，从而可以提高利润率；为其他网络商家提供广告空间，并收取一定的广告费或销售提成。

5. 网络零售商

与传统零售商一样，网络零售商通过购进各种各样的商品，然后再把这些商品直接销售给最终消费者，从中赚取差价。由于在网上开店的费用很低，因而网上零售商店的固定成本显著低于同等规模的传统零售商店，另外由于网上零售商店的每一笔业务都是通过计算机自动处理完成的，节约了大量的人力，使零售业从原来的劳动密集型行业转变为技术密集型行业，并使网上零售商店的可变成本显著低于同等规模的传统零售商店。网上零售商店还可以比传统零售商店更容易获得规模经济和范围经济，所以虚拟零售商具有极强的价格竞争优势，很多网上零售商店也往往会以打折、优惠券等促销方式来吸引消费者购物，既促进了销售又使消费者剩余得到了增加，如当当网上书店在其周年店庆时所举行的打折促销活动，达到了每小时接到二百余份订书单的记录。

6. 虚拟评估机构

互联网是一个开放性的网络，任何人都可以在互联网上设立站点，对基于互联网而形成的网络市场来说也同样如此，任何人都可以在网络市场中开设商店、销售商品。也就是说，网络市场的进入障碍非常低以至于无法将具有不良企图的经营者从一开始就排除在市场之外，因而在网络市场中充斥着良莠不齐的厂商和销售商，使消费者的购物风险升高。虚拟评估机构就是一些根据预先制定的标准体系对网上商家进行评估的第三方评级机构，通过为消费者提供网上商家的等级信息和消费评测报告，降低消费者网上购物的风险，对网络市场中的商家的经营行为起到了间接的监督作用。

7. 网络统计机构

电子商务的发展也需要其他辅助性的服务，如网络广告商需要了解有关网站访问者的特征、不同的网络广告手段的使用率等信息，网络统计机构就是为用户提供互联网统计数据的机构。例如，Forrester、A. C. Nielsen 以及我国的 CNNIC 等。

8. 网络金融机构

交易的完成还需要得到金融机构的支持，如网上交易过程中的信贷、支付、结算、转账等金融业务，网络金融机构就是为网络交易提供专业性金融服务的金融机构。

9. 虚拟集市

虚拟集市为那些想要进行物品交易的人提供一个虚拟的交易场所，任何人都可以将想要出售物品的相关信息上传到虚拟集市的网站上，也可以在站点中任意选择和购买，虚拟集市的经营者对达成的每一笔交易收取一定的管理费用，网上拍卖站点是较具代表性的一种虚拟集市。

10. 智能代理

随着电子商务在全球范围内的飞速发展，网上的商业信息正以指数级数增长，面对网上浩瀚的信息，消费者不得不花费更多的时间和精力进行筛选和处理。智能代理（Intelligent Agent）就是利用专门设计的软件程序（智能代理软件/程序），根据消费者的偏好和要求预先为消费者自动进行所需信息的搜索和过滤服务的提供者。智能代理软件在搜索时还可以根据用户自己的喜好和别人的搜索经验自动学习、优化搜索标准。对于那些专门为消费者提供购物比较服务的智能代理，又称为比较购物代理（Comparison Shopping Agent）、比较购物引擎（Comparison Shopping Engine）、购物机器人（Shopbot/Pricebot）等，而且在此基础上还产生了一种新的电子商务模式——比较电子商务。由于这种商业模式的先进性，使一些采用这一模式的网站迅速脱颖而出，成为众多网络消费者经常访问的站点，这从一个侧面反映了这种服务对消费者的价值。目前，我国采用这一模式的网站主要有书籍比较购物网站——酷买（http://www.kubuy.com）和综合性比较电子商务网站——中华比较网（http://www.51compare.com）等。比较购物代理以及比较电子商务的出现，其意义不仅在于使消费者的购物过程更加快捷方便，更重要的是其所提供的服务可能会对网络市场的竞争状况产生重大的影响。

综上所述，电子商务的发展对中间商提出了更高的要求，传统意义上的中间商必须向网络中间商转型，以适应电子商务环境的要求。网络中间商使厂商和消费者之间的信息不对称程度显著降低，提高了网络交易的效率和质量，增加了网络市场的透明度，在电子商务的价值链中扮演着重要的角色，具有不可替代的作用和功能，网络中间商的存在促进了电子商务的应用和发展。

10.3.4 选择网络商品交易中介商的原则

在因特网飞速发展的今天，网上每天都在诞生着新的中介服务商，这些中介服务商的功能作用、服务特色、服务质量差别很大。作为一个企业，要想使自己的网络营销获得成功，必须正确选择网络中介服务商。在筛选网络中介服务商时，要考虑功能、成本、信用、覆盖、特色和连续性六大因素。这六大因素是网络间接营销能否成功的关键所在。

1. 功能

功能是指网络中介服务商所能够提供的服务功能。一般要求网络中介服务商能够提供多种复合功能，而不是只提供信息服务功能。能够担当网络间接销售渠道的网络中介服务商，必须具备如下功能：

1）信息收集功能。能够收集和传播网络营销环境中有关顾客、竞争对手和其他参与者的营销信息。

2）网络促销功能。它是指是否具有强有力的网络促销方式的开发能力，这种促销方式对顾客极具说服力。不仅如此，同时还具有迅速传播促销信息的能力。

3）网络谈判功能。能够在网络上尽力谈判撮合买卖双方的意愿，通过网络中介服务商的撮合，能使买卖双方就价格、数量等其他条件达成协议并顺利实现商品劳务所有权的转移。

4）网络订货功能。网络营销渠道中的中介服务商向制造商进行有购买意图的反向沟通行为，即网络服务商能够根据网络消费者的需求反向向商品和劳务的供应者提出订货要求。

5）网络融资功能。网络中介服务商有能力收集和分散资金，以负担从事网络分销工作所需的费用。

6）承担风险功能。在执行网络分销任务的过程中为生产者和消费者承担有关商品劳务的风险。

7）占有实体功能。在商品由供应方向需求方转移的过程中，能承担进货、存储、送货等各个环节的连续性工作。

8）网络付款功能。完成在网络上向买方收款、向卖方付款的功能。当然，在这中间离不开与银行或其他金融机构的联系。

网络中介服务商所能够提供的功能服务，是选择网络中介服务商时所要考虑的最重要因素。

2. 成本

成本是指使用网络中介服务商时的支出。这种支出分为两类：一类是在中介商网络服务站建立主页时的费用；另一类是维持正常运行时的成本。在两类成本中，维持成本是主要的、经常的，成本的大小与所选择的网络中介服务商有关，因为不同的中介商对成本的支出有较大的差别。

3. 信用

信用是指网络中介服务商所具有的信用度的大小，这一点往往会被忽略。相对于其他基本建设投资来说，建立一个网络服务站所需的投资较少，因而信息服务商如雨后春笋般地出现。目前，我国还没有权威性的认证机构对这些信息服务商进行认证，因此在选择中介商时应注意他们的信用程度。

4. 覆盖

覆盖是指网络宣传所能够波及的地区和人数，即网络站点能够影响的市场区域。对于企业来讲，站点覆盖面并非越广越好，还要看市场覆盖面是否合理、有效，是否最终能够给企业带来经济效益。

5. 特色

每一个网络站点都受到中介商总体规模、财力、文化素质的影响，在设计、更新过程中表现出各自不同的特色，因而具有不同的访问群。企业应当研究这些访问群（即顾客群）的特点、购买习惯和购买频率，进而选择不同的电子商务交易中介商。

6. 连续性

网络发展的实践证明，网络站点的寿命有长有短。一个企业要想使网络营销持续稳定地运行，就必须选择具有连续性的网络站点，在用户或消费者中建立品牌信誉、服务信誉。为此，企业应采取措施密切与中介商的关系，防止中介商将别的公司的产品放在经营的主要位置。

10.4 双道法

在西方众多企业的网络营销活动中，双道法是最常见的方法，是企业网络营销渠道的最佳。双道法是指企业同时使用网络直接销售渠道和网络间接销售渠道，以达到销售量最大的目的。在买方市场下，通过两条渠道销售产品比通过一条渠道更容易实现“市场渗透”。

企业在销售产品时，选择哪一种渠道要结合企业的具体情况。目前，许多企业的网站访问者不多，有些企业的网络营销收效也不大，但是却不能据此就断言企业在网上建站的时机不成熟。企业在互联网上建站，一方面，为自己打开了一个对外开放的窗口；另一方面，也建立了自己的网络直销渠道。事实也充分证明，国外亚马逊书店，我国青岛海尔集团、东方网景网上书店的实践，都说明企业上网建站大有可为，建站越早，收益越早。不仅如此，一旦企业的网页与信息服务商链接，如与外经贸部政府网站 MOFTEC 链接，其宣传作用更不可估量，不仅覆盖全国，而且可以传播到全世界，这种优势是任何传统的广告宣传都不能比的。对于中小企业而言，网上建站更具有优势，因为在网络上所有企业都是平等的，只要网页制作精美，信息经常更新，一定会有越来越多的顾客光顾。

在现代化大生产和市场经济条件下，企业在网络营销活动中除了自己建立网站外，大部分都是利用网络间接营销渠道销售自己的产品，通过中间商的信息服务、广告服务和撮合服务，扩大企业的影响，开拓企业产品的销售空间，降低销售成本。因此，对于从事企业营销活动的企业来说，必须熟悉、研究国内外电子商务交易的中间商的类型、业务性质、功能、特点及其他有关情况，必须能够正确地选择中间商，顺利完成商品从生产者到消费者的整个转移过程。

思考题

1. 什么是分销渠道？网络分销渠道与传统分销渠道有何不同？

2. 网络分销渠道有哪些类型？有何优缺点？

3. 什么是网络直销？网络直销有哪些优点？以什么方式开展网络直销？

4. 什么是网络间接销售？网络中介交易机构产生的必然性是什么？如何选择网络交易中介商？

5. 简述网络直销和网络间接分销的一般流程。

第 11 章　网络营销促销策略

【本章要点】

- 网络促销的形式
- 网络广告类型及策划过程

11.1　网络促销概述

11.1.1　促销的本质

促销是企业市场营销活动的基本策略之一，它是指企业以各种有效的方式向目标市场传递有关信息，以启发、推动或创造对企业产品和服务的需求，并引起购买欲望和购买行为的综合性策略活动，促销的本质是企业同目标市场之间的信息沟通，不管是传统的促销活动还是网络促销活动都有以下基本功能。

1. 告知功能

促销活动能把企业的产品、服务、价格、信誉、交易方式和交易条件等有关信息告诉给广大公众，使他们对企业由无知转为有知，从知之不多到知之较多，从而使顾客在选择购买目标时，将企业的产品或服务纳入其选择范围。

2. 说服功能

促销活动往往致力于通过提供证明、展示效果、表示承诺等方法来说服消费者，解除目标公众的疑虑和犹豫，加强他们对本企业产品或服务的信心，以促使其迅速采取购买行为。

3. 影响功能

促销活动通过对社会广泛经常的信息传播，形成一种社会舆论，通过从众心理的作用，对目标市场的消费者产生舆论导向，使他们在不知不觉中接受本企业的各种宣传，建立对本企业的印象，形成对本企业的好感。

11.1.2　网络促销的特点

网络促销是指利用现代化的网络技术向虚拟市场传递有关商品和劳务的信息，以启发需求，引起消费者购买欲望和购买行为的各种活动，其表现为以下三个明显的特点：

1）网络促销是通过网络技术传递商品和服务的存在、性能、功效及特征等信息的。因此，网络促销不仅需要营销者熟悉传统的营销技巧，而且需要相应的计算机和网络技术知识，包括各种软件的操作和某些硬件的使用。

2）网络促销是在 Internet 这个虚拟市场环境下进行的。作为一个连接世界各国的大网络，它聚集了全球的消费者，融合了多种生活和消费理念，显现出全新的无地域、时间限制的电子时空观。在这个环境中，消费者的概念和消费行为都发生了很大的变化。他们普遍实行大范围的选择和理性的消费，许多消费者还直接参与生产和流通的循环，所以，网络营销者必须突破传统实体市场和物理时空观的局限性，采用虚拟市场全新的思维方法，调整自己的促销策略和实施方案。

3）Internet 虚拟市场的出现，打破了传统的区域性市场的小圈子，将所有的企业，无论其规模的大小，都推向了一个统一的全球大市场，传统的区域性市场正在被逐步打破，企业不得不直接面对激烈的国际竞争。如果一个企业不想被淘汰，就必须学会在这个虚拟市场中做生意。

11.1.3 网络促销与传统促销的区别

虽然传统的促销和网络促销都是表现出帮助消费者认识商品，引导消费者对商品的注意和兴趣，激发他们的购买欲望，并最终实现其购买行为。但由于 Internet 强大的通信能力和覆盖面积，网络促销在时间和空间观念上、在信息传播模式上以及在顾客参与程度上都与传统的促销活动发生了较大的变化。

1. 时空观念的变化

传统的商品销售和消费者群体都有一个空间上地理半径的限制，网络营销大大地突破了这个原有的半径，使之在空间上成为全球范围的竞争；另外，传统的产品订货都有一个时间的限制，而在网络上，订货和购买可以在 24 小时、365 天内的任何时间进行。时间和空间观念的变化要求网络营销者能随时调整自己的促销策略和具体实施方案。

2. 信息沟通方式的变化

促销的基础是买卖双方信息的沟通。在网络上，信息的沟通渠道是单一的，所有的信息都必须经过线路的传递。但是，这种沟通又是十分丰富的，多媒体信息处理技术提供了近似于现实交易过程中的商品表现形式；双向的、快捷的、互不见面的信息传播模式，将买卖双方的意愿表达得淋漓尽致，也留给对方充分思考的时间。在这种环境下，网络营销者需要掌握一系列新的促销方法和手段，促进买卖双方的撮合。

3. 消费群体和消费行为的变化

在网络环境下，消费者的概念和客户的消费行为都发生了很大的变化。上网购物者是一个特殊的消费群体，具有不同于消费大众的消费需求。这些消费者直接参与生产和商业流通的循环，他们普遍实行大范围的选择和理性的购买，这些变化需要对传统的促销理论和模式充实新的理念和修订。

4. 促销手段的变化

网络促销与传统促销在推销商品的目的上是相同的，因此，整个促销过程的设计具有很多相似之处。所以，对于网络促销手段的运用，一方面，应当依赖现代网络技术，通过网络与客户交流思想和意愿达到推销商品的目的；另一方面，应当吸收传统促销方式的整体设计思想和行之有效的促销技巧，打开网络促销的新局面。

11.1.4 网络促销战略实施

根据国内外网络促销的大量实践，网络促销战略的实施程序由四个方面组成，即制定网络促销对象、设计网络促销组合、制订网络促销预算方案、衡量网络促销效果。

1. 确定网络促销对象

网络促销对象是针对可能在网络虚拟市场上产生购买行为的消费群体提出来的。随着网络的迅速普及，这一群体也在不断膨胀。这一群体主要包括三部分：

（1）产品的使用者

产品的使用者是指实际使用或消费产品的人。实际的需求构成了这些顾客购买的直接动因。抓住了这一部分消费者，网络销售就有了稳定的市场。

（2）产品购买的决策者

产品购买的决策者是指实际决策购买商品的人。在许多情况下，产品的使用者和购买决策者是一体的，特别是在虚拟市场上更是如此。因为大部分的上网人员都有独立的决策能力，也有一定的经济收入。但在另外一些情况下，产品的购买决策者和使用者则是分离的。例如，中小学生在网络光盘市场上看到富有挑战性的游戏，非常希望购买，但实际的购买决策往往由学生的父母作出。所以，网络促销同样应当把购买决策者放在重要的位置上。

（3）产品购买的影响者

产品购买的影响者是指在看法或建议上对最终购买决策可以产生一定影响的人。在低价、易耗日用品的购买决策中，产品购买的影响者的影响力较小，但在高价耐用消费品的购买决策上，影响者的影响力较大。这是因为对高价耐用品的购买，购买者往往比较谨慎，希望广泛征求意见后再作决定。因此，这部分人群也不能忽视。

2. 设计网络促销组合方式

企业的促销方式大致有两类：一类是厂家通过广告和公共关系等手段极力向消费者促销，消费者向中间商指名购买，致使中间商主动向厂家进货，即“拉策略”（拉销），如图11-1所示；另一类是厂家通过销售促进和人员推销等手段极力向中间商促销，中间商再极力向消费者促销，即“推策略”（推销），如图11-2所示。

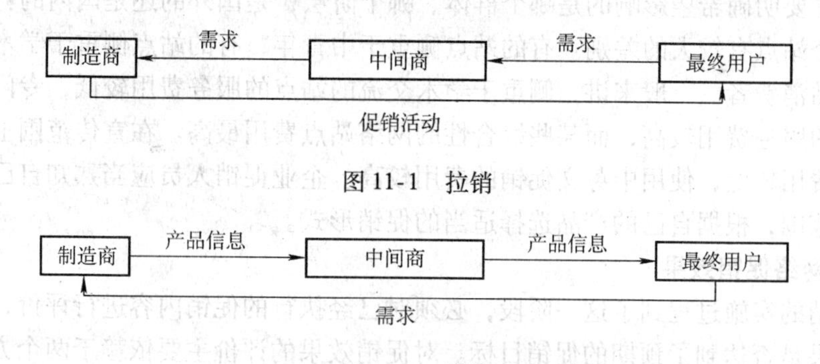

图11-1 拉销

图11-2 推销

在网络营销中，拉销就是企业吸引消费者访问自己的Web站点，让消费者浏览产品网页，作出购买决策，进而实现产品销售。在网络拉销中，最重要的是企业要推广自己的Web站点，吸引大量的访问者，才有可能把潜在的顾客变为真正的顾客。因而企业的Web站点除了要提供顾客所需要的产品和服务外，还要生动、形象和个性化，要体现企业文化和品牌特色。

在网络营销中，推销就是企业主动向消费者提供产品信息，让消费者了解、认识企业的产品，促进消费者购买产品。有别于传统营销中的推销，网络推销有两种方法：一种方法是利用互联网服务商或广告商提供的经过选择的互联网用户名单，向用户发送电子邮件，在邮件中介绍产品信息；另一种方法是应用推送技术，直接将企业的网页推送到互联网用户的终端上，让互联网用户了解企业的 Web 站点或产品信息。

网络广告促销主要实施“推策略”，其主要功能是将企业的产品推向市场，获得广大消费者的认可。网络站点促销主要实施“拉策略”，其主要功能是将顾客牢牢地吸引过来，保持稳定的市场份额。

一般来说，对日用消费品，如化妆品、食品、饮料、医药制品、家用电器等，网络广告促销的效果比较好。而对大型机械产品、专用品则采用网络站点促销的方法比较有效。

3. 制订预算方案

在网络促销实施过程中，使企业感到最困难的是预算方案的制订。在互联网上促销，对于任何人来说都是一个新问题。所有的价格、条件都需要在实践中不断学习、比较和体会，不断地总结经验。只有这样，才可能做到事半功倍。

首先，必须明确网上促销的方法及组合的办法。选择不同的信息服务商，宣传的价格可能悬殊极大。这好比在不同的电视台做广告，在中央电视台做广告的价格远远高于在地方电视台做广告的价格。自己设立站点宣传价格最低，但宣传的覆盖面可能最小。所以，企业应当认真比较各站点的服务质量和服务价格，从中筛选适合于本企业的、质量与价格匹配的信息服务站点。

其次，需要确定网络促销的目标。是树立企业形象、宣传产品，还是宣传售后服务？围绕这些目标再来策划投入内容的多少。包括文案的数量、图形的多少、色彩的复杂程度，投放时间的长短、频率和密度，广告宣传的位置、内容更换的时间间隔以及效果检测的方法等。这些细节确定好了，对整体的投资数额就有了预算的依据，与信息服务商谈判时也有了一定的把握。

再次，需要明确希望影响的是哪个群体、哪个阶层，是国外的还是国内的？因为在服务对象上，各个站点有较大的差别。有的站点侧重于中青年，有的站点侧重于学术界，有的站点侧重于产品消费者。一般来讲，侧重于学术交流的站点的服务费用较低，专门从事新产品推销的站点的服务费用较高，而某些综合性的网络站点费用最高。在宣传范围上，单纯是用中文促销的费用较低，使用中英文促销的费用较高。企业促销人员应当熟知自己产品的销售对象和销售范围，根据自己的产品选择适当的促销形式。

4. 衡量网络促销效果

网络促销的实施过程到了这一阶段，必须对已经执行的促销内容进行评价，衡量一下促销的实际效果是否达到了预期的促销目标。对促销效果的评价主要依赖于两个方面的数据：

1）要充分利用互联网上的统计软件，及时对促销活动的好坏作出统计。这些数据包括主页访问人次、点击次数、千人广告成本等。因为网络不像报纸或电视，难以确认实际阅读和观者的人数，在网上，可以很容易地统计出你的站点的访问人数，也可以很容易地统计广告的阅览人数，甚至可以告诉访问者，他是第几个访问者。利用这些统计数字，网上促销人员可以了解自己在网上的优势与弱点以及与其他促销者的差距。

2）销售量的增加情况、利润的变化情况、促销成本的降低情况，有助于判断促销决策是否正确。同时，还应注意促销对象、促销内容、促销组合等方面与促销目标的因果关系的分析，从中对整个促销工作作出正确的判断。

促销组合是一个非常复杂的问题。网络促销活动主要通过网络广告促销和网络站点促销两种方法展开。在衡量网络促销效果的基础上，对偏离预期促销目标的活动进行调整是保证促销取得最佳效果的必不可少的程序。同时，在促销实施过程中，不断地进行信息沟通的协调，也是保证企业促销连续性、统一性的需要。

11.2　网络促销的形式

网络促销形式有四种，分别是站点推广、销售促进、关系营销和网络广告。其中，网络广告和站点促销是主要的网络营销促销形式。网络广告已经形成了一个很有影响力的产业市场，因此企业的首选促销形式就是网络广告。

11.2.1　网站推广

网站推广就是利用网络营销策略扩大网站的知名度，吸引上网者访问网站，从而起到宣传和推广企业以及企业产品的效果。站点推广主要有两大类方法：一类是通过改进网站内容和服务，吸引用户访问，起到推广效果；另一类是通过网络工具宣传推广站点。前一类方法费用较低，而且容易稳定顾客访问流量，但推广速度比较慢；后一类方法可以在短时间内扩大站点知名度，但费用较高。

1. 网站推广常用方法概述

（1）搜索引擎推广方法

搜索引擎推广是指利用搜索引擎、分类目录等具有在线检索信息功能的网络工具进行网站推广的方法。由于搜索引擎的基本形式可以分为网络蜘蛛形搜索引擎（简称搜索引擎）和基于人工分类目录的搜索引擎（简称分类目录），因此搜索引擎推广的形式也相应地有基于搜索引擎的方法和基于分类目录的方法，前者包括搜索引擎优化、关键词广告、竞价排名、固定排名、基于内容定位的广告等多种形式，而后者则主要是在分类目录合适的类别中进行网站登录。随着搜索引擎形式的进一步发展变化，也出现了其他一些形式的搜索引擎，但大都是以这两种形式为基础。

搜索引擎推广的方法又可以分为多种不同的形式，常见的有：登录免费分类目录、登录付费分类目录、搜索引擎优化、关键词广告、关键词竞价排名、网页内容定位广告等。

从目前的发展趋势来看，搜索引擎在网络营销中的地位依然重要，并且受到越来越多企业的认可，搜索引擎营销的方式也在不断地发展演变，因此应根据环境的变化选择搜索引擎营销的合适方式。

（2）电子邮件推广方法

以电子邮件为主要的网站推广手段，常用的方法包括电子刊物、会员通信、专业服务商的电子邮件广告等。

基于用户许可的 E－mail 营销与滥发邮件不同，许可营销比传统的推广方式或未经许可的 E－mail 营销具有明显的优势。比如，可以减少广告对用户的滋扰、增加潜在客户定位的准确度、增强与客户的关系、提高品牌忠诚度等。根据许可 E－mail 营销所应用的用户电子邮件地址资源的所有形式，可以分为内部列表 E－mail 营销和外部列表 E－mail 营销，或简称内部列表和外部列表。内部列表也就是通常所说的邮件列表，是利用网站的注册用户资料开展 E－mail 营销的方式，常见的形式如新闻邮件、会员通信、电子刊物等。外部列表 E－mail 营销则是利用专业服务商的用户电子邮件地址来开展 E－mail 营销，也就是利用电子邮件广告的形式向服务商的用户发送信息。许可 E－mail 营销是网络营销方法体系中相对独立的一种，既可以与其他网络营销方法相结合，也可以独立应用。

（3）资源合作推广方法

通过网站交换链接、交换广告、内容合作、用户资源合作等方式，在具有类似目标网站之间实现互相推广的目的，其中最常用的资源合作方式为网站链接策略，利用合作伙伴之间网站访问量资源合作互为推广。

每个企业网站均可以拥有自己的资源，这种资源可以表现为一定的访问量、注册用户信息、有价值的内容和功能、网络广告空间等，利用网站的资源与合作伙伴开展合作，以实现资源共享，共同扩大收益的目的。在这些资源合作形式中，交换链接是最简单的一种合作方式，调查表明也是新网站推广的有效方式之一。交换链接或称互惠链接，是具有一定互补优势的网站之间的简单合作形式，即分别在自己的网站上放置对方网站的 Logo 或网站名称并设置对方网站的超级链接，使得用户可以从合作网站中发现自己的网站，以达到互相推广的目的。交换链接的作用主要表现在几个方面：获得访问量、增加用户浏览时的印象、在搜索引擎排名中增加优势、通过合作网站的推荐增加访问者的可信度等。交换链接还有比是否可以取得直接效果更深一层的意义。一般来说，每个网站都倾向于链接价值高的其他网站，因此获得其他网站的链接也就意味着获得了合作伙伴和一个领域内同类网站的认可。

（4）信息发布推广方法

将有关的网站推广信息发布在其他潜在用户可能访问的网站上，利用用户在这些网站获取信息的机会实现网站推广的目的，适用于这些信息发布的网站包括在线黄页、分类广告、论坛、博客网站、供求信息平台、行业网站等。信息发布是免费网站推广的常用方法之一，尤其在互联网发展早期，网上信息量相对较少时，往往通过信息发布的方式即可取得满意的效果，但随着网上信息量爆炸式的增长，这种依靠免费信息发布的方式所能发挥的作用日益降低，同时由于更多更加有效的网站推广方法出现，信息发布在网站推广的常用方法中的重要程度也有明显的下降，因此依靠大量发送免费信息的方式已经没有太大价值，但一些针对性、专业性的信息仍然可以引起人们的极大关注，尤其当这些信息发布在相关性比较高的网站上。

在某论坛看到一个推广网站的手段则高明得多。那是一个提供求职就业和学习资料的小网站，他们的宣传人员将网站上的各种文章做成链接形式，并分类放好，一次贴在各个论坛上，这样既能给某些需要的人带来方便，同时又不会因为过于直白的广告而被删帖，宣传效果无疑要好得多。

（5）病毒性营销方法

病毒性营销方法并非传播病毒，而是利用用户之间的主动传播，让信息像病毒那样扩散，从而达到推广的目的。病毒性营销方法实质上是在为用户提供有价值的免费服务的同时，附加上一定的推广信息，常用的工具包括免费电子书、免费软件、免费 Flash 作品、免费贺卡、免费邮箱、免费即时聊天工具等可以为用户获取信息、使用网络服务、娱乐等带来方便的工具和内容。如果应用得当，这种病毒性营销手段往往可以以极低的代价取得非常显著的效果。

（6）快捷网址推广方法

即合理利用网络实名、通用网址以及其他类似的关键词网站快捷访问方式来实现网站推广的方法。快捷网址使用自然语言和网站 URL 建立其对应关系，这对于习惯于使用中文的用户来说，提供了极大的方便，用户只需输入比英文网址更加容易记忆的快捷网址就可以访问网站，用自己的母语或者其他简单的词汇为网站“更换”一个更好记忆、更容易体现品牌形象的网址，如选择企业名称或者商标、主要产品名称等作为中文网址，这样可以大大弥补英文网址不便于宣传的缺陷，因为在网址推广方面有一定的价值。随着企业注册快捷网址数量的增加，这些快捷网址用户数据也相当于一个搜索引擎，这样，当用户利用某个关键词检索时，即使与某网站注册的中文网址并不一致，仍存在被用户发现的机会。

（7）网络广告推广方法

网络广告是常用的网络营销策略之一，在网络品牌、产品促销、网站推广等方面均有明显作用。网络广告的常见形式包括：Banner 广告、关键词广告、分类广告、赞助式广告、E－mail广告等。Banner 广告所依托的媒体是网页、关键词广告属于搜索引擎营销的一种形式，E－mail 广告则是许可 E－mail 营销的一种，可见网络广告本身并不能独立存在，需要与各种网络工具相结合才能实现信息传递的功能，因此也可以认为，网络广告存在于各种网络营销工具中，只是具体的表现形式不同。将网络广告用于网站推广，具有可选择网络媒体范围广、形式多样、适用性强、投放及时等优点，适合于网站发布初期及运营期的任何阶段。

（8）使用传统的促销媒介

使用传统的促销媒介来吸引访问站点也是一种常用方法，如一些著名的网络公司纷纷在传统媒介发布广告。这些媒介包括直接信函、分类展示广告等。对于小型工业企业来说，这种方法更为有效。应当确保各种卡片、文化用品、小册子和文艺作品上含有公司的 URL。

2. 网站推广的阶段及其特征

在网站运营的不同阶段，网站推广策略的侧重点和所采用的推广方法也存在一定的差别。因此，有必要对网站推广的阶段特征及相应的网站推广方法进行系统的分析。

从网站推广的角度来看，一个网站从策划到稳定发展要经历四个基本阶段：网站策划与建设阶段、网站发布初期、网站增长期、网站稳定期。

（1）网站策划与建设阶段网站推广的特点

本阶段网站推广并没有开始，网站没有建成发布，不存在访问量问题，但这个阶段的“网站推广”重要的意义最大。表现如下：

1）“网站推广”很可能被忽视。网站在策划和设计中必须将推广的需要考虑进来，等到网站发布之后才回头来考虑网站优化问题，这样不仅浪费人力，而且也影响了网站推广的时机。

2）策划与建设阶段“网站推广”实施与控制比较复杂。一般来说，无论是自行开发，还是外包给专业服务商，一个网站的设计开发都需要由技术、设计、市场等方面的人员共同完成，不同专业背景的人员对网站的理解会有比较大的差异。

3）策划与建设阶段的“网站推广”效果需要在网站发布之后得到验证。在网站建设阶段所采取的优化设计等“推广策略”，只能凭借网站建设相关人员的主要经验来进行。是否真正能满足网站推广的需要，还有待于网站正式发布一段时间之后的实践来验证。并进一步作出修正和完善。

（2）网站发布初期推广的特点

网站发布初期通常指网站正式开始对外宣传之日开始到大约半年左右的时间。网站发布初期推广的特点表现在：

1）网络营销预算比较充裕。应用于网站推广方面的，在网站发布初期投入较多，因为一些需要年度支付使用费的支出发生在这个阶段。另外，为了在短期内获得明显的成效，新网站会在发布初期加大推广力度。

2）网络营销人员具有较高的热情。在网站发布初期，网络营销人员非常注重尝试各种推广手段，对于网站访问量和用户注册数量增长等指标非常关注。

3）网站推广具有一定的盲目性。尽管营销人员具有较高的热情，但由于缺乏足够的经验、必要的统计分析资料，加之网站推广的成效还没有表现出来，因此无论是网站推广策略实施，还是网站推广效果方面都有一定的盲目性。需要广撒网，方能进一步总结最有效的推广方式。

4）网站推广的主要目标是用户的认知程度。推广初期网站访问量快速增长，得到更多用户了解是这个阶段的主要目标，也就是获得尽可能多的用户的认知，产品推广和销售促进通常居于次要地位，因此更为注重引起用户对网站的注意。

（3）网站增长期推广的特点

经过网站发布初期的推广，网站拥有一定的访问量，并且访问量仍在快速增长中。这个阶段仍然需要保持网站推广的力度，并通过前一阶段的效果进行分析，发现最适合于本网站的推广方法。网站增长期推广特点表现在：

1）网站推广方法具有一定的针对性。与网站发布初期的盲目性相比，由于尝试了多种网站推广方法，并取得了一定效果，因此在进一步的推广上往往更具有针对性。

2）网站推广方法的变化。与网站发布初期相比，网站增长期推广需要独创性达到针对性的效果。

3）网站推广效果的管理应得到重视。网站推广的直接效果之一就是网站访问量的上升，网站访问量指标可以从统计分析工具获得，对网站访问量进行统计分析可以发现哪些网站推广方法对访问量的增长更为显著，哪些方法可能存在问题，同时也可以发现更多有价值的信息。

4）网站推广的目标将由用户认知向用户认可转变。网站发布初期的网站推广获得一定数量的新用户。如果用户肯定网站的价值，将会重复访问网站以继续获得信息和服务，因此在此阶段，既有新用户又有重复访问者，网站推广要兼顾两种用户的不同需求特点。

5）用户流量的转化率将是这个阶段的重点工作，也就是从网站流量到产品购买转化。产品推广和销售促进是本阶段的重要目标。

（4）网站稳定期推广的特点

网站从发布到进入稳定阶段，一般需要一年甚至更长时间，稳定期的特点如下：

1）网站访问量增长速度减慢。

2）访问量增长不再是网站推广的主要目标。当网站拥有一定的访问量后，网络营销的目标将注重用户资源的价值化，它不仅仅是访问量的提升，而是取决于企业的经营策略和赢利模式。

3）网站推广的工作重点将由外向内转变。也就是将面向新用户为重点的网站推广工作逐步转向维持老客户，以及网站推广效果的管理等方面。

3. 网站推广四阶段的主要任务

网站推广四阶段的主要任务如下：

1）网站策划与建设阶段。该阶段的主要任务包括网站总体结构、功能、服务、内容、推广策略等方面的策划方案制定；网站开发设计及管理控制；网站优化设计的贯彻实施；网站的测试和发布准备等。网站作为一个产品来看待，产品是否合格，是否得到市场的认可，应在这个阶段反复论证，才能投放市场检验。

2）网站发布初期。该阶段的主要任务是常规网络网站推广方法实施，尽快提升网站访问量，获得尽可能多的用户的了解。网站产品是否合格，是否得到认可，需要检验后不断改进更新，扩展推广。

3）网站增长期。该阶段的主要任务是常规网站推广方法效果的分析；制定和实施更有效的、针对性更强的推广方法；重视网站推广效果的管理。

4）网站稳定期。该阶段的主要任务是保持用户数量的相对稳定；加强内部运营管理和控制工作；提升品牌和综合竞争力，推出创新的功能或模式；制定具有差异化的产品服务体制和推广策略，为网站进入下一轮增长做准备。

4. 网站推广计划——网站推广应用案例

网站推广计划是网络营销计划的组成部分，与完整的网络营销计划相比，网站推广计划比较简单，然而更为具体。一般来说，网站推广计划至少应包含下列主要内容：

1）确定网站推广的阶段目标。例如，在发布后一年内实现每天独立访问用户数量、与竞争者相比的相对排名、在主要搜索引擎的表现、网站被链接的数量、注册用户数量等。

2）在网站发布运营的不同阶段所采取的网站推广方法。如果可能，最好详细列出各个阶段的具体网站推广方法，如登录搜索引擎的名称、网络广告的主要形式和媒体选择、需要投入的费用等。

3）网站推广策略的控制和效果评价。例如，阶段推广目标的控制、推广效果评价指标等。对网站推广计划的控制和评价是为了及时发现网络营销过程中的问题，保证网络营销活动的顺利进行。下面以案例的形式来说明网站推广计划的主要内容。在实际工作中，由于每个网站的情况不同，并不一定要照搬这些步骤和方法，只是作为一种参考。

案例：某网站的推广计划（简化版）

某公司生产和销售旅游纪念品，为此建立一个网站来宣传公司产品，并且具备了网上下订单的功能。该网站制订的推广计划主要包括下列内容：

1）网站推广目标。计划在网站发布一年后达到每天独立访问用户 2000 人，注册用户 10000 人。

2）网站策划建设阶段的推广。也就是从网站正式发布前就开始了推广的准备，在网站建设过程中从网站结构、内容等方面对百度等搜索引擎进行优化设计。

3）网站发布初期的基本推广手段。登录 10 个主要搜索引擎和分类目录（列出计划登录网站的名单）、购买 2 ~ 3 个网络实名/通用网址、与部分合作伙伴建立网站链接。另外，配合公司其他营销活动，在部分媒体和行业网站发布企业新闻。

4）网站增长期的推广。当网站有一定的访问量之后，为继续保持网站访问量的增长和品牌提升，在相关行业网站投放网络广告（包括计划投放广告的网站及栏目选择、广告形式等），在若干相关专业电子刊物投放广告；与部分合作伙伴进行资源互换。

5）网站稳定期的推广。结合公司新产品促销，不定期发送在线优惠券；参与行业内的排行评比等活动，以期获得新闻价值；在条件成熟的情况下，建设一个中立的与企业核心产品相关的行业信息类网站来进行辅助推广。

6）推广效果的评价。对主要网站推广措施的效果进行跟踪，定期进行网站流量统计分析，必要时与专业网络顾问机构合作进行网络营销诊断，改进或者取消效果不佳的推广手段，在效果明显的推广策略方面加大投入比重。

这个案例并不是一个完整的网站推广计划，仅仅笼统地列出了部分重要的推广内容，但从这个简单的网站推广计划中，我们仍然可以得出以下几个基本结论：

1）制订网站推广计划有助于在网站推广工作中有的放矢，并且可以有步骤、有目的地开展工作，避免重要的遗漏。

2）网站推广是在网站正式发布之前就已经开始进行的，尤其是针对搜索引擎的优化工作，在网站设计阶段就应考虑推广的需要，并做必要的优化设计。

3）网站推广的基本方法对于大部分网站都是适用的，也就是所谓的通用网站推广方法，一个网站在建设阶段和发布初期通常都需要进行这些常规的推广。

4）在网站推广的不同阶段需要采用不同的方法，即网站推广方法具有阶段性的特征。有些网站推广方法可能长期有效，有些则仅适用于某个阶段，或者临时性采用，各种网站推广方法往往是相结合使用的。

5）网站推广是网络营销的内容之一，但不是网络营销的全部，同时网站推广也不是孤立的，需要与其他网络营销活动相结合来进行。

6）网站进入稳定期之后，推广工作不应停止，但由于进一步提高访问量有较大难度，需要采用一些超越常规的推广策略，如上述案例中建设一个行业信息类网站的计划等。

7）网站推广不能盲目进行，需要进行效果跟踪和控制。在网站推广评价方法中，最为重要的一项指标是网站的访问量，访问量的变化情况基本上反映了网站推广的成效，因此网站访问统计分析报告对网站推广的成功具有至关重要的作用。

案例中给出的是网站推广总体计划，除此之外，针对每一种具体的网站推广措施制订详细的计划也是必要的。例如，关于搜索引擎推广计划、资源合作计划、网络广告计划等，这样可以更加具体化，对更多的问题提前进行准备，便于网站推广效果的控制。本文略去这些细节问题，有关具体网站推广方法的实施计划，将在后续内容中适当穿插介绍。此外，完整的网站推广计划书还包含更多详细的内容，如营销预算、阶段推广目标及其评价指标等。

11.2.2 网上销售促进

销售促进主要是用来进行短期性的刺激销售。网上销售促进就是在网上市场利用销售促进工具刺激顾客对产品的购买和消费使用，如采用价格折扣、有奖销售等方式。互联网作为交互的沟通渠道和媒体，它具有独特的优势，在刺激产品销售的同时，还可以与顾客建立互动关系，了解顾客的需求和对产品的评价。

对于工业品，可通过网上论坛、软性文章、案例分析、网上咨询等促销方式。对于消费品，网上销售促进主要有以下方法。

1. 网上折价促销

折价是目前网上最常用的一种促销方式。因为目前网民在网上购物的热情远低于商场超市等传统购物场所，因此网上商品的价格一般都要比传统方式销售时要低，以吸引人们购买。由于网上销售商品不能给人全面、直观的印象，也不可试用、触摸等原因，再加上配送成本和付款方式的复杂性，造成网上购物和订货的积极性下降。而幅度比较大的折扣可以促使消费者进行网上购物的尝试并作出购买决定。目前，大部分网上销售的商品都有不同程度的价格折扣。

2. 网上赠品促销

赠品促销目前在网上的应用不多，一般情况下，在新产品推出试用、产品更新、对抗竞争品牌、开辟新市场情况下利用赠品促销可以达到比较好的促销效果。赠品促销的优点有：可以提升品牌和网站的知名度；鼓励人们经常访问网站以获得更多的优惠信息；能根据消费者索取赠品的热情程度而总结分析营销效果和产品本身的反应情况等。

3. 网上抽奖促销

抽奖促销是网上应用较广泛的促销形式之一，是大部分网站愿意采用的促销方式。抽奖促销是以一个人或数人获得超出参加活动成本的奖品为手段进行商品或服务的促销，网上抽奖活动主要附加于调查、产品销售、扩大用户群、庆典、推广某项活动等。消费者或访问者通过填写问卷、注册、购买产品或参加网上活动等方式获得抽奖机会。

4. 积分促销

积分促销在网络上的应用比起传统营销方式要简单、易操作。网上积分活动很容易通过编程和数据库等来实现，并且结果可信度很高，操作起来相对较为简便。积分促销一般设置价值较高的奖品，消费者通过多次购买或多次参加某项活动来增加积分以获得奖品。积分促销可以增加上网者访问网站和参加某项活动的次数；可以增加上网者对网站的忠诚度；可以提高活动的知名度等。

11.2.3 网络公共关系

网络公共关系是指企业为了塑造形象，赢得消费者信任并取得竞争优势，通过网络沟通工具来影响各类相关公众的科学。在互联网上，已经出现了诸如新闻媒介、网络社区、公共论坛等直接或间接与企业相关的公众，通过借助互联网的交互功能吸引用户与企业保持密切关系，培养顾客忠诚度，提高企业收益率。

1. 网络公关的特征

网络公关具有以下特征：

1）网络公关能够快速传递信息，这是由于网络媒体的特点就是能够快速地发布信息。

2）企业的网络公关可以通过网上论坛、新闻组、E-mail 等方法直接宣传自己的理念，不受中介媒体的制约。

3）网络公关可以针对个别对象一对一地实现公关，如利用 E-mail 与社会公众建立一对一的信息交流与沟通，从而提高公关效率。

2. 网络公关的要求

网络公关的要求如下：

1）诚实。网络环境下的公共关系更需要企业时刻维护自己的信誉。

2）免费。企业开展网络公关，同样应该不定期地提供免费的服务或者实体产品，以吸引消费者访问自己的网站。

3）友好与趣味。一个友好而富有情趣的主页是拉近与消费者距离的良好前提。

4）专家。无论企业大小，都必须是所在领域的专家，这可以使访问者对企业产生信赖感。

3. 网络公关的实施技巧

网络公关的实施技巧如下：

1）在新闻组和邮件列表中及时、积极地提供门户网站或者大型著名网站所要的信息。

2）灵活运用 E－mail 与网络记者或编辑们建立友好的私人合作关系。也可以创建面向目标顾客、分销商、供应商及网络社区重要成员的单向邮件列表，及时地将有关企业、产品、竞争对手、行业的信息发送给他们，回答他们提出的问题。

3）开设公共论坛进行交流。利用这种公共论坛，企业可以发现潜在的消费者，可以找到合适的细分市场，挖掘出更多的消费理念，追踪消费热点，监测反馈信息。

11.2.4 网络广告

网络广告类型很多，根据形式不同可以分为旗帜广告、电子邮件广告、电子杂志广告、新闻组广告、公告栏广告等。网络广告主要是借助网上知名站点（如 ISP 或者 ICP）、免费电子邮件和一些免费公开的交互站点（如新闻组、公告栏）发布企业的产品信息，对企业和产品进行宣传推广。网络广告作为有效而可控制的促销手段，被许多企业用于在网上促销，但花费的费用也不少。

11.3 网络广告

11.3.1 网络广告概述

网络广告是指利用网站上的广告横幅、文本链接、多媒体的方法，在互联网刊登或发布广告，通过网络传递到互联网用户的一种高科技广告运作方式。它是互联网兴起以来广告业务在计算机领域的新拓展。

追本溯源，网络广告发源于美国。1994 年 10 月 14 日，美国著名的 Wired 杂志推出了网络版 Hotwired，其主页上开始有 AT&T 等 14 个客户的 Banner 广告。这是互联网广告里程碑式的一个标志。

我国的第一个商业性的网络广告出现在 1997 年 3 月，传播网站是 Chinabyte，广告表现形式为 468 像素 ×60 像素的动画旗帜广告。Intel 和 IBM 是最早在互联网上投放广告的广告主。我国网络广告一直到 1999 年初才稍有规模。历经多年的发展，网络广告行业经过数次洗礼已经慢慢走向成熟。

目前，网络广告的市场正在以惊人的速度增长。2007 年，我国网络广告营销市场总体规模首次突破 100 亿元大关，美国网络广告市场投放规模超过 225 亿美元，网络广告发挥的效用越来越重要。以致广告界甚至认为互联网络将超越路牌，成为传统四大媒体（电视、广播、报纸、杂志）之后的第五大媒体。因而，众多国际级的广告公司都成立了专门的

“网络媒体分部”，以开拓网络广告的巨大市场。

虽然，网络广告目前占所有广告的份额并不是最大，但其快速以及瞄准特定的消费群体的优势已明显地表现出来。特别是对教育程度和收入较高的人，今后会更多地在Internet上浏览广告，接受新的信息。随着科学技术的进步，网络广告的效益也会越来越容易衡量，网络广告对传统广告的冲击也会越来越大。

11.3.2　网络广告的特点

网络采用多媒体技术，提供文字、声音、图像等综合性的信息服务，不仅能做到图文并茂，而且可以双向交流，使信息准确、快速、高效地传达给每一位用户。因此，与广播、电视、报纸、杂志四大传统广告媒体相比，网络广告的特点主要体现在以下几个方面：

1. 传播范围广，无时空限制

网络广告的传播不受时间和空间的限制，Internet将广告信息24小时不间断地传播到世界各地。只要具备上网条件，任何人在任何地点都可以看到这些信息，这是其他广告媒体无法实现的。

2. 定向与分类明确

尽管传统的广告铺天盖地，如电视中播放着精心制作的广告，收音机里传出的充满诱惑力的广告语，报箱内或门缝下被人塞入一份份的宣传品等。然而，这类广告由于没有进行定向和分类，其收效甚微。网络广告最大的特点就在于它的定向性，网络广告不仅可以面对所有Internet用户，而且可以根据受众用户确定广告目标市场。例如，生产化妆品的企业，其广告主要定位于女士，因此可将企业的网络广告投放到与妇女相关的网站上。这样通过Internet，就可以把适当的信息在适当的时间发送给适当的人，实现广告的定向。从营销的角度来看，这是一种一对一的理想营销方式，它使可能成为买主的用户与有价值的信息之间实现了匹配。

从受众方面看，广播电视只要有了硬件设备，再付上一笔卫星频道租用费或有线电视服务费，不用顾及收看、收听时间长短；报纸、杂志付费后也可以存放多日；而网络广告的访问者（受众）是要双重付费的（ISP的信息服务费和拨号上网的电话费），因此受众非常珍惜上网的时间，必然会选择他们真正感兴趣的信息来浏览，所以网络广告信息到达受众的准确性很高。

3. 灵活的互动性和选择性

Internet信息共享的特点决定了网络广告的互动性。网上的信息是互动传播的，用户可以获取自己认为有用的信息，厂商也可以随时得到宝贵的用户反馈信息。例如，用户在访问广告的发布站点时，除可以有选择地阅读有关产品的详细资料外，还可以通过在线提交表单或发送电子邮件等方式，向厂家请求特殊咨询服务。厂商一般在很短的时间内（几分钟或几小时内）就能收到信息，并根据客户的要求和建议及时作出积极反馈。

此外，许多用户在网站上提供的个人资料，也将成为广告商推出不同广告的依据。例如，某个用户居住在某一地区，曾经表示过自己对某种产品或生活方式的偏好等，也将成为厂商了解客户需求的信息，厂家会据此“度身定制”出一整套促销方案。

4. 精确有效的统计

传统媒体广告的发布者无法得到诸如有多少人接触过该广告的准确信息，因此一般只能大致推算一下广告的效果。而网络广告的发布者则可通过公共权威的广告统计系统提供庞大的用户跟踪信息库，从中找到各种有用的反馈信息。也可以利用服务器端的访问记录软件，如Cookie程序等，追踪访问者在网站的行踪。其曾点击浏览过哪些广告或是曾经深入了解哪类信息，访问者的这些行踪都被储存在Cookie中，广告商通过这类软件可以随时获得访问者的详细记录，即点击的次数、浏览的次数以及访问者的身份、查阅的时间分布和地域分布等。

与传统媒体的做法相比，上述方式可随时监测广告投放的有效程度，并更精确、更有实际意义。一方面，精确的统计有助于企业了解广告发布的效果，明确哪些广告有效，哪些无效，并找出原因，及时对广告投入的效益作出评估，以便调整市场和广告策略。另一方面，广告商可根据统计数据评估广告的效果、审定广告投放策略，及时采取改进广告的内容、版式、加快更新速度等顺应消费者的举措，进一步提高广告的效益，避免资金的浪费。

5. 内容丰富、形象生动

报纸、杂志等印刷介质的平面媒体在很大程度上受到空间限制，广播、电视等电波媒体则受到播出时段或播出时间长度的限制，而网络媒体则突破了时间与空间的限制，拥有极大的灵活性，可以说一条Banner广告的后面藏有无限的信息。因此，网络广告的内容非常丰富，一个站点的信息承载量一般可大大超过传统印刷宣传品。不仅如此，运用计算机多媒体技术，网络广告可以图、文、声、像等多种形式，生动形象地将产品或市场活动的信息展示在用户面前。

6. 易于实时修改

在传统媒体上，广告发布后就很难再更改了，即使可改动，往往也需付出很高的经济代价。而网上的广告可按照需要及时变更广告内容，这样广告商就可以随时更改诸如价格调整或商品供求变化等信息。

7. 价格低廉

网络广告无须印刷、拍摄或录制，在网上发布广告的总价格较其他形式的广告价格便宜很多。与报纸和电视相比，单位面积（时间）的广告价格，网络广告在价格上极具竞争力。

8. 传播的被动性

传统媒体是将信息推给观众或听众，受众只能被动地接受这些信息。网络广告的非强迫性和受众的主动性选择是它的一大优势。但从另一方面看，网络广告是被动传播的，而不是主动展现在用户面前的。也就是说，用户需要一定的查找，才能找到需要的广告。因此，为让更多的用户便捷地接触到所需要的广告，网络广告还需要开发诸如自动扩张式广告之类的能争取用户的技术，以发挥其最大的效益。

9. 创意的局限性

Web页面上的旗帜广告效果很好，但是创意空间却非常小，其常用的最大尺寸约合15cm宽，2cm高。要在如此小的空间里创意出有足够吸引力、感染力的广告，是对广告策划者的巨大挑战。

10. 可供选择的广告位有限

旗帜广告一般都放置在每页的顶部或底部两处（通常位于页面顶部的旗帜广告效果比位于底部要好），因此可供选择的位置少。图标广告虽然可以安置在页面的任何位置，但由于尺寸小，所以不为大多数广告主所看好。另一方面，由于许多有潜力的网站还没有广告意识，网页上至今不设广告位置，从而使广告越来越向几个有影响的导航网站聚集，这些网站页面上播映旗帜广告的位置也就成为广告主竞争的热点，进一步加剧了广告位置的紧张性。因此，广告商们不得不采用在一个位置上安置几个旗帜广告轮换播映的滚动广告形式，搜狐主页的顶部就轮流播映着联想、诺基亚等几家公司的广告。

虽然网络广告还存在着诸多的问题，但凭借上面所列举的种种优势，网络广告仍深深地吸引着众多的企业和客户，随着网络的发展与普及、网民人数的日益增加，网络广告也将进入一个高速发展的时期，其效益将越来越得以显现。

需要指出的是：网络广告的诞生使一些人认为大众传播时代已经结束，然而事实究竟如何？现在还没有令人特别信服的答案。从广告媒体发展的历史来看，新媒体的出现只会为广告业拓展新天地，电视广告曾是新媒体，但它并没有取代报刊广告。同样，网络广告是对传统广告媒体的补充，盲目从众或是仅仅依靠老经验是难以获得成功的，只有掌握了网络广告的特点，扬长避短，才会给广告主和广告商带来无限的商机。

11.3.3 网络广告的类型

1. 弹出式广告

弹出式广告也称为间隙广告、插入式广告、弹跳广告，即在用户点击进入某些网页时会跳出一个包含广告内容的窗口。这个窗口往往会吸引人们去点击。

2. 旗帜广告

旗帜广告又称为“横幅广告”，是互联网上最常见、最有效的广告形式。最常用的广告尺寸是486像素×60像素（或80像素）或400像素×40像素，以gif、jpg等格式建立的图像文件，定位在网页中，大多用来表现广告内容，同时还可使用Java等语言使其产生交互性，用Flash等工具增强其表现力。随着网络技术的发展，旗帜广告经历了静态、动态以及富媒体（Rich Media）的演变过程。

3. 按钮广告

按钮广告有时也被称为“图标广告”，它显示的是公司或产品、品牌的标志。最常用的按钮广告尺寸有5种，它们分别是：125像素×125像素（方形按钮）、120像素×90像素、120像素×60像素、100像素×30像素和88像素×31像素。这类广告被定位在网页中，由于尺寸偏小，表现手法较简单。

4. 文字链接广告

这类广告通过一般性的简短文字链接，直接链接到客户的广告内容页面上。广告简单明了，直接涵盖主题，对访问者而言具有较强的针对性和引导性。

5. 全屏广告

这类广告将全屏覆盖，具有强烈的感召力。

6. 浮动广告

浮动广告是网上较为流行的一种广告形式。当用户拖动浏览器的滚动条时，这种在页面上浮动的广告，可以跟随屏幕一起移动或者自行移动。这种形式对于广告内容的展示有一定的实用价值，但妨碍了浏览者阅读，影响了浏览者的阅读兴趣，因此，不能滥用浮动广告。

7. 流媒体按钮

过去人们想从网络上观看影片或收听音乐，必须先将影音档案下载至计算机储存后，才可以点击播放，这样不但浪费下载时间、硬盘空间，而且也无法满足消费者使用方便的需要。流媒体（Streaming Media）技术的发展，改变了传统网络上影音观赏不便的状况。流媒体技术系利用网络封包传输，将数据流不断地传送至使用者的计算机，将多姿多彩的多媒体影音内容，呈现给网页浏览者观赏。

8. 画中画广告

画中画广告在新闻、娱乐、数据、研究等各频道文本窗口中，它的篇幅较大，信息蕴涵量丰富且视觉冲击范围较大。这类广告在页面中有比较大的吸引力，加上使用 Flash 的动态与声音效果，点击率比旗帜广告高。

9. 对联广告

对联形式广告呈现在页面两侧空白位置，此种形式广告因版面所限，仅表现于 1024 像素 ×768 像素及以上分辨率的屏幕上，800 像素 ×600 像素下无法观看。它的特点是不干涉使用者浏览网页，但能使浏览者注目的焦点集中，提高网页吸引率，并能有效传播广告的相关信息。

10. 视频网络广告

网络视频广告融视频、音频及互动于一体，可以使浏览者在网络广告播放过程中控制播放内容、角色和环境，将网络广告的形式提升到一种新境界。网络视频广告可以应用于各种网络服务中，如网站设计、电子邮件、BAN－NER、BUTTON、弹出式广告、插播式广告等。

网络视频广告加强了网络广告的互动性，弱化了其“强迫性”特征，能消除人们对网络广告的抵触心理，可以增加点击率。

11. 邮件列表广告

邮件列表广告是指企业利用网站电子刊物服务中的电子邮件列表，将广告加在每天读者所订阅的刊物中发放给相应的邮箱主人的广告。这种直接电子邮件广告是受到邮箱用户许可的，因为网络公司的电子邮件地址清单上的所有用户都是自愿加入并愿意接受他们所感兴趣的邮件的。

12. 电子邮件广告

电子邮件广告是指企业将自己的广告以电子邮件的形式发送给顾客或潜在顾客的广告形式。电子邮件广告是网络上最普通的直邮广告。企业若要大量寄送电子邮件广告，关键是要通过各种途径收集顾客或潜在顾客的电子邮箱地址。寄送电子邮件广告，一定要慎重、有针对性地发送给特定的客户，否则会遭到客户的反感。

13. 邮箱广告

邮箱广告是指网络企业将制作好的图片或文字样式的广告放在客户邮箱中的广告形式。邮箱广告包括邮箱箱体广告与信尾广告两种。邮箱箱体广告以横幅广告为主，主要出现在一些提供免费邮件服务网站的电子邮箱箱体上，广告一般出现在个人邮箱或个人邮件的上方或底部中央。信尾广告则出现在打开信笺的末端，一般是文本链接广告或网址链接广告。

11.3.4 网络广告的发布形式

目前，网络广告可供选择的渠道和方式主要有以下几种。

1. 在自己创建的网站或页面上做广告

在互联网上建立自己的主页，是企业树立形象、宣传产品的良好工具，是企业信息化建设的必然趋势。例如，海尔集团网站首页的网络广告。

2. 网络内容服务商（ICP）

网络内容服务商（如新浪、搜狐、网易等）提供了大量的互联网用户感兴趣并需要的免费信息服务，包括新闻、评论、生活、财经等内容。因此，这些网站的访问量非常大，是网上最引人注目的站点。目前，这样的网站是网络广告发布的主要阵地，但在这些网站上发布广告的主要形式是旗帜广告。

3. 专类销售网

这是一种专业类产品直接在互联网上进行销售的方式。走入这样的网站，消费者只要在一张表中填上自己所需商品的类型、型号、制造商、价位等信息，然后按一下搜索键，就可以得到你所需要商品的各种细节资料。

4. 企业名录

这是由一些 Internet 服务商或政府机构将一部分企业信息融入他们的主页中。例如，香港商业发展委员会的主页中就包括汽车代理商、汽车配件商的名录，只要用户感兴趣，就可以通过链接进入选中企业的主页。

5. 通过电子邮件或邮件列表做广告

利用 E - mail 发布的广告信息，发送简单、费用低廉。E - mail 广告的表述要符合读者追求的品位。公司名称、详细地址以及联系方式一定要清楚。为提高电子邮件的广告效果，企业可以提供一些免费的产品或服务，来吸引接受者进行信息反馈。对不愿接收邮件的客户，应提供取消接收 E - mail 广告的功能。电子杂志有着内容和信誉的充分保障，由专业人员精心编辑制作，具有很强的时效性、可读性和交互性，而且还不受地域和时间的限制，在全球的任何地方，电子杂志都可以带给用户最新最全的信息。由于电子杂志是网民根据兴趣与需要主动订阅的，所以此类广告更能准确有效地面向潜在客户。

6. 黄页形式

在 Internet 上有一些专门用以查询检索服务的网站，如 Yahoo!、infoseek、excite 等。这些站点就如同电话黄页一样，按类别划分，便于用户进行站点的查询。采用这种方法的好处有：①针对性强，查询过程都以关键字区分；②醒目，且处于页面的明显处，易于被查询者注意，是用户浏览的首选。

7. 网络报纸或网络杂志

随着互联网的发展，国内外一些著名的报纸和杂志纷纷在 Internet 上建立了自己的主页；更有一些新兴的报纸或杂志，放弃了传统的“纸”媒体，完完全全地成为一种“网络报纸”或“网络杂志”。其影响非常大，访问的人数不断上升。对于注重广告宣传的企业来说，在这些网络报纸或杂志上做广告，也是一个较好的传播渠道。

8. 新闻组

新闻组是人人都可以订阅的一种互联网服务形式，阅读者可成为新闻组的一员。成员可以在新闻组上阅读大量的公告，也可以发表自己的公告，或者回复他人的公告。新闻组是一种很好的讨论和分享信息的方式。广告主可以选择与本企业产品相关的新闻组发布公告，这将是一种非常有效的网络广告传播渠道。

9. 加入广告交换网

广告交换网（Banner Exchange）是指能提供以下服务功能的网络，即那些拥有自己主页的用户，可以向某个交换网络的管理员申请一个账号，并提交介绍自己主页的GIF格式的图片文件或带动画的 GIF 图片文件，该交换网会给用户一段 HTML 代码，用户可将该代码加入到自己的主页中。当有人访问该用户的主页时，在该主页上会显示别人的广告图片。根据该交换网的显示交换比率，该用户的广告在该交换网上的另一用户的主页上显示相等的时间。如果用户的广告图片做得精致美观，全面体现用户的特点，同时网络访问者对该网络有兴趣，网络访问者就会通过点击广告图片链接到用户的主页上来。

11.3.5 网络广告策划过程

网络媒体的特点决定了网络广告策划的特定要求。例如，网络的高度互动性使网络广告不再只是单纯地创意表现与信息发布，广告主对广告回应度的要求会更高；网络的时效性非常重要，网络广告的制作时间短，上线时间快，受众的回应也是立即的，广告效果的评估与广告策略的调整也都必须是即时的。因此，传统广告的策划步骤在网络广告上运用可以说是应有很大的不同，因此网络广告有自己的策划过程，具体如下：

1. 确定网络广告的目标

广告目标的作用是通过信息沟通使消费者产生对品牌的认识、情感、态度和行为的变化，从而实现企业的营销目标。在公司的不同发展时期有不同的广告目标，比如说是形象广告还是产品广告，对于产品广告在产品的不同发展阶段，广告的目标可分为提供信息、说服购买和提醒使用等。AIDA 法则是网络广告在确定广告目标过程中的规律：

A 是“注意”（Attention）。在网络广告中意味着消费者在计算机屏幕上通过对广告的阅读，逐渐对广告主的产品或品牌产生认识和了解。

I 是“兴趣”（Interest）。网络广告受众注意到广告主所传达的信息之后，对产品或品牌发生了兴趣，想要进一步了解广告信息，他可以点击广告，进入广告主放置在网上的营销站点或网页中。

D 是“欲望”（Desire）。感兴趣的广告浏览者对广告主通过商品或服务提供的利益产生“占为己有”的企图，他们必定会仔细阅读广告主的网页内容，这时就会在广告主的服务器上留下网页阅读的记录。

A 是“行动”（Action）。最后，广告受众把浏览网页的动作转换为符合广告目标的行动，可能是在线注册、填写问卷参加抽奖或者是在线购买等。

2. 确定网络广告的目标群体

确定网络广告的目标群体就是确定网络广告希望让哪些人来看，确定他们是哪个群体、哪个阶层、哪个区域。只有让合适的用户来参与广告信息活动，才能使广告有效地实现其目标。由于不同的广告对象有不同的生活习惯，如上网时间、感兴趣的页面等，因此对不同的对象要采取不同的广告战略，白领阶层上班时间不可能上网，十几岁的少年上网时间集中在假日。

3. 站点的选择

站点的选择应该符合广告目标和目标客户的行为习惯，合适的网络广告站点具有一些共同的特点：稳定的访问群、高点击率、覆盖面广、雄厚的技术基础、良好信誉度等。

在对站点进行选择时，应注意以下问题：

1）网站的质量与技术力量以及由此决定的网站的信誉。网站要安全可靠，否则网站的破产倒闭也会殃及自己，这不仅浪费了广告费，而且有可能延误商机。

2）访问者的性质及数量。不同的站点有不同的受众对象，所以站点的选择对网络广告的最终效果影响很大，站点的选择应当同广告的目标受众有最大的重合。例如，你想要发布一个少女用品的网络广告，而选择的站点是工程师们经常光顾的专业网站，尽管有许多人来浏览这个站点或好奇地点击了这个条幅广告，但最终广告效果却不大。

3）对网站管理水平的考察。一个好的网站也会因为管理水平的更改与变换而导致衰落。比如，某个网站的点击数在短时间内有大幅下降，那么及时查清其原因以调整广告预算是非常必要的。一个不规范的管理者会擅自更改你的广告位置、大小或播放时间，这往往是令人失望和生气的，为了避免这一点，就需先对网站进行考察，同时要签订必要的合同。

4. 广告形式的确定

网络广告具体形式有新闻组式广告、电子邮件广告、条幅广告、游戏式广告、交流式广告、弹出式广告、旗帜广告等。每一种形式都有其各自的特点和长处，在网络广告策划中选择合适的广告形式是吸引受众、提高浏览率的可靠保证。例如，广告的目标是品牌推广，让更多的人知道、了解这个品牌的产品，那么 Web 广告形式可选择旗帜广告；若广告对象是 30 多岁的成熟女性，那么广告形式就可考虑用交流式的了。另外，不同的广告形式其制作成本是不同的，因而要兼顾广告预算的策划来确定广告形式。

5. 进行网络广告创意及策略选择

在进行网络广告创意及策略选择时，应注意以下几点：

1）要有明确有力的标题。广告标题是一句吸引消费者的带有概括性、观念性和主导性的语言。

2）简洁的广告信息。网络广告的文字不易太多，配合的图形也不易太复杂，文字尽量使用黑体等粗壮的字体，否则很容易被网页上的其他字体淹没。

3）发展互动性。在网络广告上增加游戏功能，提高访问者对广告的兴趣。例如，有一则关于游戏软件的网络广告，在网站的主页里有一个动态条幅，文字是“游戏爱好者请点击这里，有大奖!!!”，链接过去的是关于这个游戏的页面，开始介绍这个游戏的玩法，接着让你试着玩一段游戏。再就是抽奖，只要填写一个调查表格（关于你对游戏的看法、你的职业、兴趣等）就有资格进行抽奖了。这样的网络广告对游戏爱好者构成很大的吸引力。

4）合理安排网络广告发布的时间因素。网络广告的时间策划是其策略决策的重要方面，它包括对网络广告时限、频率、时序及发布时间的考虑。

时限是广告从开始到结束的时间长度，即企业的广告打算持续多久，这是广告稳定性和新颖性的综合反映。一般来说，一个广告放置一段时间后，点击率开始下降，当更换图片后，点击率又会开始增加。如果广告放置时间太短，可能达不到预期的投放目的，因此要有一个合理的运作周期。

频率即在一定时间内广告的播放次数，网络广告的频率主要用在 E－mail 广告形式上。

时序是指各种广告形式在投放顺序上的安排。

发布时间是指广告发布是在产品投放市场之前还是之后。

6. 正确确定网络广告费用预算

公司首先要确定整体促销预算，再确定用于网络广告的预算。整体促销预算可以运用量力而行法、销售百分比法、竞争对等法或目标任务法来确定。而用于网络广告的预算则可依据目标群体情况及企业所要达到的广告目标来确定，既要有足够的力度，也要以够用为度。

量力而行法是指企业确定广告预算的依据是他们所能拿得出的资金数额。销售百分比法是指企业按照销售额（销售实绩或预计销售额）或单位产品售价的一定百分比来计算和决定广告开支。竞争对等法是指企业比照竞争者的广告开支来决定本企业广告开支的多少，以保持竞争上的优势。目标任务法的步骤是：①明确地确定广告目标；②决定为达到这种目标而必须执行的工作任务；③估算执行这种工作任务所需的各种费用，这些费用的总和就是计划广告预算。

7. 设计好网络广告的测试方案

测试方案的设计要根据本次广告策划中所规划的广告形式、广告内容、广告表现、广告创意及具体网站、受众终端机等方面来设计一个全方位的测试方案。测试的内容主要包括对技术的测试和广告内容的检测。技术的测试主要包括：

1）检查广告能否在网络传输技术和接受技术上行得通。有时一则网络广告在广告制作者计算机上的显示和通过传输后在客户终端上显示的效果不一样，因而要对客户终端机的显示效果进行检测。

2）对服务器的检测，以避免 Web 广告设计所用的语言、格式在服务器上不能得到正常处理，以致影响最后的广告效果。

3）测试网络传输技术，也就是对网络的传输速度的检测，防止因为广告信息存量太大而影响传输广告的效果。

4）对内容的测试是检测网络广告内容与站点是否匹配、与法律是否冲突。例如，广告内容是关于食品类产品的，但站点却选择了一个机械工程技术类的专业网站，这就是内容与网站的不匹配。内容的法律问题就是检查广告内容是否在法律规定的范围之内，如香烟、色情广告就是违法的。

8. 广告效果监测

网络广告的效果评价关系到网络媒体和广告主的直接利益，也影响到整个行业的正常发展，广告主总是希望了解自己投放广告后能取得什么回报。准确的广告效果监测，能做到有的放矢，使同样的广告预算发挥出最大威力。全面衡量网络广告效果的基本因素有下列几个方面：

1）点击次数（Hit）。点击次数可以记录服务器上某个文件或网页被访问的次数。尽管点击次数并不能反映出访问用户的真实数量，但能反映出所有网络广告被调用的次数。

2）调用次数（Request）。调用次数可以准确地反映出某个 HTML 文件的被访问次数，而不是包含在这个 HTML 文件中的所有图形文件。

3）访问（Visit）。它是指一个用户在特定时间段中的连续调用，在这里，特定用户以一个有效的 IP 地址来确定。

4）IP 地址。每个访问 Web 页面的计算机都有其特定的 IP 地址。一个有效的 IP 地址可以反映出访问网站的计算机，但不是独立的 IP，因为一个计算机可能会使用几个独立的 IP 地址，所以 IP 地址并不能反映出实际的用户数量。

5）有效客户（Unique User）。它是指访问网站的独立客户。通常是通过网站上的登记表格或其他身份验明系统得到具体的统计。

6）第一访问页（First View）。第一访问页是我们访问一个页面时所看到的第一屏。这是投放广告的最佳位置，所以我们的广告一般都设在这个位置。

11.3.6 网络广告收费模式

网络广告现阶段收费主要有四种模式：CPM、CPC、CPA以及按位置、广告形式的综合计费。

1. CPM（Cost Per Milli－impression）

CPM译为每千人印象成本，它是依据播放次数来计算的收费模式。广告图形或文字在计算机上显示，每1000次为一收费单位。这样，就有了计算的标准。例如，一个网幅广告的单价是50元/CPM，那么，广告投入如果是5000元则可以获得100×1000次播放机会。这种方式比之于笼统的广告投入是一个进步，它可以将广告投入与广告播放联系起来。在CPM中印象的标准是不同的，有Page Views也有User Sessions，前者是访问次数，后者则是一个用户的活动过程。Page Views反映了有多人访问你的网页，User Sessions反映了多少人到过这个网站。

这种收费模式最直接的好处就是把广告与广告对象联系了起来。CPM是现阶段较常用的收费模式之一。

2. CPC（Cost Per Thousand Click－Through）

每千人点击成本的收费模式则是以实际点击的人数为标准来计算费用的。它仍然以1000次点击为单位。比如，一则广告的单价是40/CPC，则表示400元可以买到10×1000次点击。与CPM相比，CPC是更科学和更细致的广告收费方式，它以实际点击次数而不是页面浏览量为标准，这就排除了有些网民只浏览页面，而根本不看广告的虚量。当然，CPC相应的成本与收费比CPM要高。尽管如此，CPC仍然比CPM更受欢迎，它能直接明确地反映出网民是否对广告内容产生兴趣。能点击广告的网民肯定是有这种产品兴趣或购买欲望的人。

3. CPA（Cost Per Action）

每行动成本，CPA计价方式是指按广告投放实际效果，即按回应的有效问卷或订单来计费，而不限广告投放量。CPA的计价方式对于网站而言有一定的风险，但若广告投放成功，其收益也比CPM的计价方式要大得多。广告主为规避广告费用风险，只有当网络用户点击旗帜广告，链接广告主网页后，才按点击次数付给广告站点费用。

4. 按位置、广告形式的综合计费

它以广告在网站中出现的位置和广告形式为基础对广告主征收固定费用。与广告发布位置、广告形式挂钩，而不是与显示次数和访客行为挂钩。在这一模式下，发布商是按照自己所需来制定广告收费标准的。

目前，比较流行的计价方式是CPM和CPC，最为流行的则为CPM。例如，雅虎广告的计算标准就以CPM为主，在广告价格上一般会因时间长短不同而稍有区别，时间越长越能获得5%～10%的优惠。而中国互联网搜狐的主要计价模式则是按位置、广告形式的综合计费，即把网站频道划分成不同等级，然后按照不同等级频道的位置和广告形式综合计费。

思 考 题

1. 什么是网络促销？网络促销有什么特点？
2. 简述网络促销与传统促销的区别。

3. 网络促销有哪些形式？各有什么作用？
4. 网络促销实施过程如何？
5. 网上销售促进的形式有哪些？
6. 企业在对站点进行推广时，可采用哪些方法？网站推广计划书包括哪些基本内容？
7. 什么是网络公共关系？企业要搞好网络公共关系可以采取哪些方法？
8. 与传统广告相比，网络广告有什么特点？
9. 常用的网络广告有哪些类型？各有什么特点？
10. 网络广告的发布有哪些形式？在应用时要注意哪些问题？
11. 简述网络广告的策划过程。
12. 常见的网络广告计价模式有哪几种？
13. 从网上观察一个网络广告，分析其广告的设计思想。

第 12 章　网络营销实训

实训一　在淘宝网开设个人网店

对一个还没有社会实践经验的在校大学生来说，开设网上商店是锻炼自己电子商务与网络营销能力的较好平台，对经营成功的学生来说还是创业的良好手段。在开设网上商店之前，首先要明确的是要开设一家什么样的网上商店？在确定卖什么的时候，要综合自身财力、商品属性以及物流运输的便捷性，对售卖商品加以定位。

一、实训目的与要求

了解常见的购物网站及其模式；根据自己的情况，明确开设什么样的网上商店；掌握网上商店的开设步骤。要求提前准备好一张个人网上银行卡和个人身份证。

二、场景设计

小丽是某大学市场营销专业的在校学生，想在学校学习期间就进行创业，同时锻炼自己的营销能力，提高自己的营销水平。由于手中的资金有限，无法开设实体店，因此就想利用网络开设一家网上商店。在选择经营产品时，和同寝室的同学商议之后，确定以女包作为主营商品，主要面向本市及周边地区的人们提供服务。寻找商品货源是一个不容易的过程，通过多方打听与了解她终于找到了自己想经营的货源，在多次与女包生产厂家及代理商洽谈后，暂时以代卖的形式合作。做法是：小丽接到订单后，到厂家或代理商处现金取货，同城的送货给买家，周边的平邮或快递过去。虽然这种方式只能赚买家与代理商（或出厂价）的价格差，但好处是零库存，不占用过多的资金，当然也就无多大风险。

三、相关知识

相对于传统的经营模式，网上创业有着成本低、时效强、风险小、方式灵活的优势。当然，网上开店也并不是有百利而无一害的，服务始终是其软肋，如诚信问题、安全问题、物流问题等。目前，网上交易最大的问题还是信任感的建立。

网上购物的便捷性和实用性日益凸显，从发展的角度看，以不断扩大的网民数量为基础，随着电子商务的不断发展以及网络信用、电子支付和物流配送等瓶颈的逐渐突破，网上创业的前景必然更加广阔。

如果想开网上商店，就要先解决好如下几个问题：

1. 购物网站的选择

初次在网上创业的人多会选择在网上商店平台（网上商城）来完成开店，使用其提供的基本功能与服务，而且顾客也多是来自该站点的访问者。由于不同的购物网站在平台功能、服务、操作方式和管理水平上有相似的地方，也有不同的方面，因此选择一家良好的商务平台应考察如下内容：

- 网站的知名度及影响力。
- 网站的资金实力及发展状况。
- 先进且稳定的后台支持技术。
- 简单、快捷的申请手续。
- 周到的顾客服务。
- 完善的交易体系。
- 严密的订单管理。
- 方便、完善的网店维护和管理。
- 服务费用适当。

目前，我国提供网上开店服务的大型购物网站有上百家，真正有一定影响力的购物网站数量并不多，在这里只介绍两个最主要的网站。

1）易趣网（www. ebay. com. cn）。易趣网于1999年8月18日创立于上海，是全球最大的中文网上交易平台之一，提供C2C与B2C网络平台的搭建与服务，易趣网迄今为止已经吸引了近2.2亿美元的境外投资。过去，在易趣网注册网上商店是收费的，但是从2008年起，易趣网提供了免费注册、免费认证、免费开店服务，前提是实名注册。

2）淘宝网（www. taobao. com）。淘宝网是我国领先的个人交易（C2C）网上平台，2003年5月10日由阿里巴巴公司投资4.5亿创办，致力于成就全球最大的个人交易网站。淘宝网提供免费注册、免费认证、免费开店服务。

2. 主营商品的选择

目前，网上个人店铺中交易量比较大的包括服装、饰品、化妆品、珠宝、手机、家居用品等。在这方面，网上开店与传统的店铺并无太大区别，寻找好的市场和有竞争力的产品是成功的重要因素。

通过对网上出售产品的细分发现，适合网上开店销售的商品一般具备以下的特点：

1）体积较小。主要是方便运输，降低运输的成本。

2）附加值较高。价值低过运费的单件商品是不适合在网上销售的。

3）具有独特性或时尚性。网店销售不错的商品往往都是独具特色或者十分时尚的。

4）价格较合理。如果网下可以用相同的价格买到，就不会有人在网上购买了。

5）通过网站的了解就可以激起购买欲。如果这件商品必须要亲自见到才可以达到购买所需要的信任，那么就不适合在网上开店销售。

6）网下没有，只有在网上才能买到，如外贸订单产品或者直接从国外带回来的产品。

网上开店也要注意遵守国家法律法规，不要销售以下商品：

1）法律法规禁止或限制销售的商品，如武器弹药、管制刀具、文物、淫秽品、毒品。

2）假冒伪劣商品。

3）其他不适合网上销售的商品，如医疗器械、药品、股票、债券和抵押品、偷盗品、走私品或者以其他非法来源获得的商品。

4）用户不具有所有权或支配权的商品。

根据以上条件，目前适宜在网上开店销售的商品主要包括首饰、数码产品、计算机硬件、手机及配件、保健品、服饰、化妆品、工艺品、体育用品、旅游用品等。有特色商品的店铺到哪里都是受欢迎的，如果能寻找到时尚又独特的商品，如自制饰品、DIY 玩具等商品，将是网上店铺的最佳选择之一。

3. 如何寻找到货源

怎样才能寻找到适合自己创业的货源是所有网上开店的创业者最关心的问题，也是网上创业行动的标志，直接关系到网上创业能否成功。寻找货源一般有如下途径：

1）厂家货源。正规的厂家货源充足，态度较好，如果长期合作的话，一般都能争取到滞销退换货或者退款。但是一般而言，厂家的起批量较高，不适合小批发客户。如果你有足够的资金储备，并且不会有压货的危险或不怕压货，那就去找厂家进货吧。

2）批发市场进货。这是最常见的进货渠道，如果你的小店是经营服装的，那么你可以去周围一些大型的服装批发市场进货，在批发市场进货需要有强大的议价能力，力争将批发价压到最低，同时要与批发商建立好关系，在关于调换货的问题上要与批发商说清楚，以免日后起纠纷。

3）大批发商。一般用百度就能找到很多。他们一般直接由厂家供货，货源较稳定。不足之处是因为他们已经做大了，订单较多，服务难免有时跟不上。而且他们一般都有固定的回头客，不怕没有批发商，你很难和他们谈条件，除非你订的次数多了，成为他们的一个大客户，那样才可能有特别的折扣或优惠。而最糟糕的是，他们的发货速度和换货态度往往差强人意。订单多发货慢一点倒也可以理解，只要我们提前一点订货就可以解决。真正的问题在于换货。收到的东西有时难免有些瑕疵，尤其是饰品。所以要事先做好充分的沟通与协商。

4）刚刚起步的批发商。这类批发商由于刚起步，没有固定的批发客户，没有知名度。为了争取客户，他们的起批量较小，价格一般不会高于甚至有些商品还会低于大批发商。你可以按照你进货的经验和他们谈条件，如价格和换货等问题。他们不同意你的条件也没关系，如果同意了岂不是更好，也许可以达成一个中间协议价呢。为了争取回头客，他们的售后服务一般比较好。不足之处是由于是新批发商，要好好了解他们的诚信度，可以到留言板去看别人对他们的评价，也可以让他们自己出具资信证明。

5）关注外贸产品或 OEM 产品。目前，许多工厂在外贸订单之外或者为一些知名品牌贴牌生产之外有一些剩余产品需要处理，价格通常十分低廉，通常为正常价格的 2～4 折，这是一个不错的进货渠道。

6）买入库存积压或清仓处理产品。因为急于处理，这类商品的价格通常是极低的，如果你有足够的砍价能力，可以用一个极低的价格拿下，然后转到网上销售，利用网上销售的优势，利用地域或时间差价获得足够的利润。所以，你要经常去市场上转转，密切关注市场变化。

7）寻找特别的进货渠道。比如，如果你在我国香港或国外有亲戚、朋友，可以由他们帮忙，进到一些中国内地市场上看不到的商品，或者一些价格较低的商品。

在以上进货渠道中，对于小本经营的卖家而言，后三者更适合一些，但是要找到这样的进货渠道难度较大，需要卖家多用时间、细心留意。在网上开店，进货是一个很重要的环节，不管是通过何种渠道寻找货源，低廉的价格是关键因素，找到了物美价廉的货源，你的网上商店就有了成功的基石。

4. 网上开店的流程

网上开店的流程如下：

1）开店前的准备。开店开始并不在网上，而是在你的脑子里。你需要想好自己所开店的市场定位是什么，目标客户是什么群体，他们的购买特征是什么，你的商品能否满足他们的需求，以及你的困难和可能的解决办法等。开网店与传统的店铺在思想准备上没有区别，定位准确、拥有有竞争力的商品是成功的基石。也就是说，如果你拥有合适的商品，并且找到了需要这种商品的人，那么你基本上已经成功了一半。

2）选择开店平台。接下来需要选择一个提供个人店铺平台的网站，并注册为用户。这一步很重要。大多数网站会要求用真实姓名和身份证等有效证件进行注册。在选择网站时，人气是否旺、是否收费以及收费情况等都是很重要的指标。现在很多平台提供免费开店服务，这样可以省下不少银子。

3）向网站申请开设店铺。此时要详细填写自己店铺所提供商品的分类，如你出售时装手表，那么应该归类在“珠宝首饰、手表、眼镜”中的“手表”一类，以便让你的目标用户可以准确地找到你。同时，你需要为自己的店铺起个醒目的名字，网友在列表中点击哪个店铺，更多取决于名字是否吸引人。有的网店会显示个人资料，所以应该真实填写，以增加买家对店铺的信任度。

4）进货。进货可以从熟悉的渠道和平台开始，控制成本和低价进货是关键。当然，你也可以选择其他销售方式，如代销。而且，在进货时一定要注意验货，以保证自己拿到的是名实相符的真品。另外，进货的数量也很关键，刚开始的时候可以少量多次，等积累了一段时间之后再根据销售情况调整进货的批次和数量。

5）添加产品。网上开店，需要把每件商品的名称、产地、所在地、性质、外观、数量、交易方式、交易时限等信息填写在网站上，最好配上商品的图片。名称应尽量全面，突出优点，因为当别人搜索该类商品时，只有名称会显示在列表上。为了增加吸引力，图片的质量应尽量好一些，说明也应尽量详细，如果需要邮寄，最好声明邮费标准和要求等。

6）设置价格。通常卖家设置产品的起始价、底价、一口价等项目。起始价是拍卖网上常用的策略，卖家先要设置一个起始价，买家由此向上出价。起始价越低越能引起买家的兴趣，有的卖家设置 1 元起拍，不乏是吸引注意力的好办法，但起始价太低会有最后成交价太低的风险，所以卖家最好同时设置底价，如定 105 元为底价，以保证商品不会低于成本被买走。起始价太低的另一个缺点是可能暗示你愿意以很低的价格出售该商品，从而使竞拍在很低的价位上徘徊。如果卖家觉得等待竞拍完毕时间太长，可以设置一口价，一旦有买家愿意出这个价格，商品立刻成交，缺点是如果几个买家都有兴趣，也不可能托高价钱。卖家应根据自己的具体情况设置产品价格。

7）营销推广。为了提升自己店铺的人气，在开店初期，应适当地进行营销推广，但只限于网络上是不够的，要网上网下多种渠道一起推广。例如，购买网站上流量大的页面上的“热门商品推荐”位置，并将商品分类列表上的商品名称加粗、增加图片以吸引眼球。也可以做些不花钱的宣传，如与其他店铺和网站交换链接。

8）售中服务。顾客在决定是否购买的时候，很可能需要很多你没有提供的信息，他们随时会在网上提出，你应及时并耐心地回复，抓住购买时机促成购买。

9）完成交易。双方根据约定的方式进行交易，可以选择见面交易，也可以通过汇款、邮寄等方式交易。

10）评价或投诉。信用是网上交易中很重要的因素，为了创立良好的信用记录，作为卖家应通过良好的服务获取对方的好评。如果交易失败，可以向网站投诉，以减少损失，并警示他人。

11）售后服务。完善周到的售后服务是生意经久不衰的重要保障，适时地与客户保持联系，做好客户管理工作，对于维护老客户、开发新客户都很有帮助。

四、实训步骤

在淘宝网个人网店的注册与认证到拥有店铺，需经过以下三个步骤：

1）免费注册，成为会员。

2）通过实名认证。

3）发布10件宝贝，就可以免费开店了。

1. 免费注册

登录淘宝首页，点击页面上方的“免费注册”，就会出现填写信息的页面。在打开的页面中输入会员名、密码、电子邮件等信息，单击“同意以下服务条款，提交注册信息”按钮。

提示：

1）申请注册成为淘宝网的会员，必须年满18周岁。

2）淘宝网的会员名一经注册不能更改，建议使用中文会员名；可以选择你喜欢并能牢记，而且还能代表今后店铺形象或品牌形象的会员名。

3）填写的注册信息中，唯一需要真实的是电子邮箱地址，不仅是激活确认的需要，也是以后网站与会员联系的主要途径。

然后，注册的邮箱会收到一封确认信息邮件，进入邮箱查收邮件，打开其中的链接，确认激活之后，就完成了用户注册。

注册完成后，淘宝网就会免费为你开通一个支付宝账户，即注册时填写的邮箱。你可以一直使用它，也可以根据需要进行修改。

成为淘宝网会员后，就可以开始享受在淘宝网购物的乐趣了，但如果要成为卖家，还必须通过支付宝认证。

2. 实名认证

登录淘宝首页，点击“我的淘宝”，用自己的用户名和密码登录。在打开的页面中，点击“想卖宝贝先进行支付宝认证”文字旁边的“请点击这里”，或从左边的菜单中选择“我要卖”。

在打开的页面中，会看到提示还没有激活支付宝账号，点击“点击这里完成支付宝账号激活”。在弹出的页面中输入真实的姓名、证件类型及号码、支付宝密码等内容。

注意：此处的信息都要求是真实的，这就是实名认证。

激活支付宝账号后，回到原来的页面，按下F5键刷新页面。单击“申请支付宝个人实名认证”按钮，阅读支付宝认证服务条款，单击“我已经阅读……”按钮继续。

根据提示填写个人信息，输入银行卡信息（包括开户行、卡号、姓名、省份、城市等）。输入完成后，“提交”信息。在2~3个工作日内，支付宝公司会向你填写的银行卡中汇款。

在2~3个工作日后，先查询银行账户支付宝公司给你的汇款金额（一般是几分钱），再登录自己的支付宝账号，到“支付宝认证”页面，点击“确认汇款金额”，然后输入支付宝向你的银行账号注入的资金数目，单击“确定”按钮，如果金额核对无误，才算完成了淘宝网的整个身份认证过程。

支付宝完成认证后即可登录，至此，淘宝网的注册与认证工作就完成了，接下来是发布10件以上的宝贝，就可以拥有自己的网店。

3. 发布宝贝

发布宝贝的操作步骤如下：

1）登录淘宝网，单击“我要卖”，在打开的页面中，选择发布宝贝的入口。

2）不管是“一口价”，还是“拍卖”，都可打开宝贝分类页面，在该页面中可通过类目搜索、您经常选择的类目、重新选择三种方式来选择商品分类。

3）选好了宝贝分类，再单击“好了，去发布宝贝”，将打开宝贝信息设置页面。

4）设置好以上宝贝信息后，可以预览，如不满意立即修改，如果确认无误，可点击“发布”。由系统检测后，即可发布成功（注意：在买家没有出价时，如要修改发布的宝贝信息，可到“我的淘宝——我是卖家——出售中的宝贝”中进行编辑、修改）。

发布10件宝贝后，即可开设店铺。

淘宝为通过认证的会员提供了免费开店的机会，只要发布10个以上不同的宝贝并保持在出售中，就可拥有一间属于自己的店铺和独立网址，但需申请“免费开店”，才能拥有。

4. 免费开店

免费开店的操作步骤如下：

1）登录淘宝网，打开“我的淘宝”，选择“我是卖家——免费开店”。

2）填写店铺名称、店铺类目、店铺介绍等信息，再点击“提交”确认，开店成功。

五、效果评价

考核内容及标准：

1. 搜索并写出五个购物网站

2. 掌握网上商店的开设步骤

1）制订网上商店策划方案。

2）建立网上商店。

3）掌握网上商店工作流程。

4）建立友情链接。

实训二　网上商店的管理

一般来说，并不是开设了网上商店，就会顾客盈门的，还需要一系列网店运营与管理才能使网店变成旺店，如何才能吸引顾客，让顾客有流连忘返的感觉，这也正是网店管理的作用体现。

一、实训目的与要求

掌握网店的一般运营与管理方法；了解网店推广与营销的常用策略；学会与客户进行有效沟通与服务的方式。

二、场景设计

小丽在淘宝网上开了一个女包店，注册、申请、开通、进货、整理、上架，经过一系列紧凑而有序的忙碌，她的店铺终于开张了。由于刚刚开张，人气还不旺，她就征求同学们的意见，准备在原来店铺的基础上再装修一下，进一步管理并推广网店和出售的商品。

三、相关知识

目前利用第三方提供的电子商务平台建立一个网上专卖店是企业或个人比较明智的选择。现在有许多网站提供这种免费的网上商店平台，利用这个平台可以快速开展电子商务，实在是利人利己的好事。

（一）网店的运营与管理

1. 装修一个漂亮的店铺

我们可以浏览一些网上旺铺，会发现它们都有许多共同点：一个好听的店铺名称、一个独特的店标、合理的商品搭配与分类、美观的店铺式样等。

（1）起一个好店名

一般来说，一个好的店铺名字，会让人一下子记住不忘。如果想长久做下去，把自己的店做成一种品牌的话，名字至关重要。尤其当你的店铺拥有了一定客户群的时候，再去改个好听的名字，损失就会很大。如何起店名？每个人有自己的偏好，下面几点供大家参考：

1）突出商品属性。比如，卖数码产品的，可以叫某某数码；卖衣服的，可以叫衣衣布舍等；卖箱包的，可以叫包您满意、包打天下等。如果不能体现商品属性，店铺的名字就是失败的。如果名字听起来很大，什么诚信天下、易趣第一，只能说是虚张声势、徒有其名，因为买家不知道你主要经营什么商品。

2）突出个人特色。在突出商品属性的同时，店名要尽量体现个人的特点。只有两者结合起来，才能够给买家留下很深的、独一无二的印象。

3）突出地域特点。这一点不是对所有的人都通用。比如，数码类的商品，哪个地方都有卖的，就没有必要突出地域了。如果你的商品在该地区是独有的，那么就充分体现出来。比如，你在西藏卖天珠，就可以起名为“雪域天珠”；在新疆卖英吉沙刀剑，可起名为“七剑下天山”、“买买提刀具”、“刀郎”或者“天涯明月刀”；在贵州卖苗族的衣服、饰品、蜡染等，可起名为“苗描妙”；如果在浙江卖书，可从余秋雨的散文中受启发，起名为“天一阁”；如果是在陕西卖书，可起名为“白鹿书院”；如果在陕西卖玉，可起名为“蓝田日暖玉生烟”。这样不仅有地域特色，也显得很有文化位。如果把品牌文化挖掘出来作宣传，境界和影响力都会提高，从而吸引更多人光顾。

（2）设计一个独特的店标

每一个成功企业都有自己的标识，它是企业视觉识别系统（VIS）的主要组成部分。

店标是自己店铺的标志，一个好的店标图片能够给顾客留下深刻的印象，可以提高网上商店的人气与点击数。店标图片可以是 gif 或 jpg 格式的，在设计过程中要注意开店平台要求的店标尺寸，否则上传后图片会变形而影响视觉效果。

（3）合理的商品搭配与分类

无论开什么样的网店，都需要对自己的商品进行合理的分类，再根据分类进行不同的管理。一般来说，商品分为以下几种：

1）主打商品。它是指主营特色商品或者销售量或销售金额占最大比例的商品。

2）辅助商品。与主打商品具有相关性的商品，可以弥补主打商品的不足，从不同方面树立自己店铺的形象。

3）附属品。它是辅助商品的一部分，只要被顾客看到，就容易被接受而且会立即被购买的商品。

4）刺激性商品。该类商品主要是为了刺激顾客的购买欲望，挑选出来并以主要系列的方式在显眼的地方陈列出来，借以带动整个销售。

（4）店铺的美化

网店的风格要统一、美观大方，页面上的每一部分都不是可有可无的。每件商品的名称、产地、所在地、性质、外观、数量、交易方式、交易时限等信息都需要填写在网站上，最好搭配商品的图片及相关说明，这样可以让顾客全面了解商品的性能与特点，增加浏览率和成交量。为了增加吸引力，图片的质量应尽量好一些，说明也应尽量详细、明确。商品名称应尽量全面、突出优点，因为当别人搜索该类商品时，只有名称会显示在列表上。

2. 开通网上与网下联系驿站

良好信息的沟通与交流是经营好网上商店必不可少的条件之一，可以通过网上各种渠道的沟通与交流建立自己的人气圈，提高自己的网络知名度和影响力。还有一点需要注意的是，不管用何种交流与联系方式，都要让网友们查到自己的实名，这是将虚幻的网络信任变成现实交易的技巧之一。

建立网上与网下联系的方式主要有：

1）利用 QQ 来交流，并根据不同的客户特征建立多个 QQ 群。

2）使用电子邮件主动派发商品以及店铺活动信息。

3）开通 MSN 进行交流。

4）建立自己的博客来展示或宣传自己的产品及网店。

5）在相关的论坛上多发自己署名的帖子。

6）利用其他即时聊天工具联系网友，如 UC、聊天室、某某空间或沙龙等。

7）在网下，电话、手机要经常处于正常通话的状态，不要经常更换号码。

3. 商品的配送

商品的配送方式有多种，要根据自己的情况进行选择。在设计自己的配送方式之前，首先要了解当地物流市场的情况，选择有保障、运费低、速度快、知名度高的专业物流公司，还要与他们进行协商与谈判，尽一切可能将运费降到最低点。为了避免纠纷，还应在每种配送方式说明中填写预计送达的时间、途中责任承担等必要的信息。

4. 付款方式的选择

目前，网上开店主要的付款方式有网上支付、邮局汇款、银行汇款、货到付款等，为了方便顾客付款，应该给出多种选择，不要只接受一种支付方式，因为这样很可能会由于使顾客感觉不便而失去成交机会。由于人们对网络交易的信用度还有所担心，所以新开网上商店的店主在选择在线支付方式时应首选第三方支付平台，如最常见的支付宝、安付通以及国际付款常用的贝宝。在我国，大多数淘宝店都建议采用支付宝付款。支付宝提供的不仅仅是支付手段，更重要的是它能提供第三方信用，买家在没有收到货物之前，货款是存放在支付平台上的，所以买家购物就没有后顾之忧，卖家也不用担心货物发出而得不到货款。

另外，如果选择货到付款的方式，一定要找到一家信用好而且承办货款托收的物流企业，还要看这家物流企业的业务范围，在网站的配送说明上标明在什么样的范围内可以采用货到付款方式，这样有利于取信顾客，增加销售量。

（二）网店的推广与营销

1. 网店的广告宣传

网店运作起来后，只有吸引浏览者进来浏览你的商品，才会有成交的机会，一般常用的广告方式有：

1）利用好网站内的收费推广。在易趣、淘宝等网站上开网店，网站本身提供了一些广告宣传方式，如粗体显示、图片橱窗、首页推荐位展示等，这些服务通常是收费的，但是可以为自己的网店带来浏览量，值得一试。需要注意的是，不要将自己网店里的每一件商品都采用收费推广的方式，只需要选出一两件有代表性的商品进行推广，将浏览者吸引到自己的网店，当浏览者进入之后自然就会浏览其他的商品。

2）利用好网站内其他推广方式。比如，多参加网站内的公共活动，为网站做贡献，以后就可以得到一些关照，网店自然也可以得到相应的推广。

3）利用留言簿或论坛宣传自己的网店。一般不要采用直接发广告的形式，一般情况下，论坛对于广告帖是格杀勿论的，可以采用签名档，将自己的网店地址与大概的经营范围包括在签名档里，无形中会引起许多阅读者的注意，并进入你的网店，进而成为你的客户。

4）广开门路，广交朋友。通过认识许多朋友，介绍他们关注你的产品，同时争取回头客，并让你的客户为你介绍新的客户。

5）一店多开。在精力允许的情况下，可以将同一内容、同一形式的网店在多个网店平台上开设，也就是争取一切资源来扩大自己的知名度与影响力，但要注意以一个网店为主打平台，其他的网店起互相推介的作用。

6）在各种提供搜索引擎注册服务的网站上登录网店的资料，争取获得更多的浏览者进入网店。

网络广告也是促销策略的一种。企业在做网络广告策划时应充分发挥网络的多媒体功能，通过三维动画等特性引导消费者作出购买决策并达到尽可能地开发潜在市场的目的。关于其他的网店宣传推广方法在以后的内容中表述。

2. 如何扩大网店规模

当自己的网店发展到一定程度，并形成了成功的模式与管理体系时，通过设立连锁店或分店的模式来扩大店铺规模，可以有效地增加销量，进一步提高店铺的影响力。

对于什么样的店铺适于设立连锁店，如何设立连锁店，可参考连锁经营方面的资料，这里就不再赘述。

四、实训步骤

(1) 点击“免费开店”后，进入“我的店铺管理”下的“基本设置”页面。也可以在点击“免费开店”后点击“我的淘宝”、“管理我的店铺”、“基本设置”进入。

(2) 给店铺起一个个性化、有新意或者让别人一目了然的店铺名。在“店铺类别”中选择你出售物品的大分类，在“主营项目”下填写出售物品的具体小分类，在“店铺介绍”中大致介绍一下你的小店，让买家看到后对你的店铺感兴趣，增加买卖成交率。

(3) 给自己的店铺上传一个店标。店标是店铺的标识，一个好的店标可以大大提高店铺的浏览率。目前，店标图片支持 gif 和 jpg 格式，大小限制在 80KB 以内，尺寸为 100 像素 ×100 像素。首先在网上搜索一下这样大小的个性图片，然后使用 Photoshop 处理一下。如果有能力和条件，也可以根据自己的要求制作有特色的图片。图片准备好后，点击“浏览”传上去即可。

(4) 在自己的“公告”内编写相关说明或活动动态，这些内容在修改后将在店铺的公告栏内滚动，这样买家进入你的店铺就可以看见你要发布的信息。比如，最新进了哪些新东西、有什么优惠等，同时写上买家在想要购买物品时请和你联系，并且注明你的联系方式。一个个性化的店铺公告能吸引买家的注意力，从而达到更好的促销效果。

(5) 所有步骤完成后，点击“确定”即可完成店铺框架的构建，以后还可以进行适当的修改。当你的人气上来后，可以装修一番，让店铺更好看一些，因为一方面买家希望看到低价商品，另一方面漂亮的店铺有时可以激发买家的购买欲。需要注意的是，店铺的装修美化，不要太过眼花缭乱，应采用简洁、明了的装修方式，让买家进店后感觉比较清晰，寻找商品非常便捷。还有一个问题就是店铺的图片多的话会影响打开店铺的速度，因此应少用精美图片。假如您的店铺 30 秒还没打开，可以想象，谁还会去买呢。

(6) 网店推广。其主要方式有：

1) 通过 QQ 等网络社区向网友介绍网店、产品特性和服务等。通过网友把产品推广出去。

2) 向自己的亲朋好友介绍自己的网店、产品特性和服务。

3) 通过电子邮件或博客有目的和有针对性地发布网店、产品特性和服务。例如，可以在您进行业务洽谈的电子邮件中附上网店的专用网址及介绍，如“感谢您的关注！敬请访问 http：//shop123. taobao. com 查看每日新品”。无论是通过电子邮件，还是博客，标题应力求新颖，否则客户看都不看就当垃圾邮件删除了。

4) 在第三方商务平台、门户网站中发布信息。在第三方商务平台上，可以进行商品促销、新品发布、市场推广等专题活动，扩大网店的浏览量和成交量。

5) 假如有一定经济基础的话可以在淘宝上打出精美的广告，配以响亮的广告词这样可以在第一时间吸引用户的眼球，将客户吸引到您的网店。

6) 参与所在网站开展的各种网上与网下市场推广活动。

7) 利用其他网站资源吸引客流到网店中。巧妙利用其他信息平台也可以起到吸引客流的作用。例如，可以到其他商务网站上注册、登记公司，并且把网店的地址留在上面，让看到您公司的客户都到网店逛逛。这样，您只要花几分钟到其他网站注册并留下网店地址，就可能为您带来很好的客流量。

五、效果评价

考核内容及标准：

1. 网上商店店铺管理

1）装修网店。

2）添加产品说明、进行合理定价。

2. 网上商店推广

1）列出网上商店推广方法10种以上。

2）将至少两种方法应用于实践。

实训三　网络市场调研实训

市场营销的起点是市场调查，网络营销的起点同样是网络市场调研。如何有效地收集一手数据与二手数据、如何整理商务信息并发布、如何设计网络市场调研方案及撰写调研报告等是企业开展网络营销活动的基本职能之一。

一、实训目的与要求

掌握在线调研问卷设计的方法与技巧，理解在设计问卷过程中应当注意的问题；掌握在线调研问卷发布的途径和方式。通过调研收集信息、整理数据，从而为市场调研报告的撰写打下良好的基础。

二、场景设计

基于3G网络带给我们的网络速度的大幅度提升，诸如手机电视、视频通话、高速上网等高端功能逐步变为现实。

我国3G手机时代的到来，引发通信市场竞争格局的剧烈变化。全球3G业务的成熟给3G手机，特别是智能手机产业带来了新的机遇，也燃起了新的战火。国内三大运营商3G服务开展正在如火如荼的进行。

大学生属于手机消费的主流群体，随着经济水平的不断提高，购买手机的大学生越来也多，而且更换手机的频率也越来越快。因此，了解大学生对3G手机的消费倾向和各种需求是很有必要的。现通过网络对其进行市场调研，制订网络市场调研方案与调研问卷，并撰写网络市场调研报告。

三、相关知识

1. 网络市场调研的步骤

（1）确定调研目标，制定网上调研提纲

在进行网络市场调研前，首先要明确调查的内容，即希望通过调查得到什么样的结果。例如，客户的消费心理、购物习惯、对竞争者的印象、企业的形象、对产品的评价等。如谁有可能想在网上使用你的产品或服务、谁是最有可能要买你提供的产品或服务的客户、你在行业中的地位如何、你的客户对你竞争者的印象如何、公司日常的运作可能要受哪些法律法规的约束、如何规避等。

一般企业进行网上调研的目的不外乎以下几个方面：为开发新产品而有针对性地对市场前景或用户群体进行访问；了解市场竞争者（包括潜在竞争者）的相关情况；通过顾客的声音来发现市场机会，或改善目前经营效果、降低经营风险等。一旦调研的目的确定之后，就应制定网上调研提纲。调研提纲可以将网上调研的思路具体化、条理化，将企业（调查者）与客户（被调查者）两者结合在一起。调研提纲内容包括调研的时间、框架，问题、格式要求、题目、实施方法等。制定好提纲之后，还应选择合适的搜索引擎，进入相关的主题检索，查询有关的调研信息。

（2）确定调查的对象

网络调研的对象一般分为四大类：企业产品的消费者、企业的竞争者、企业的合作者和行业内的中立者。

（3）制订调查方案

制订网上调查方案，包括三个方面：确定资料来源、确定调查方法和确定调查方案。

资料来源：确定收集的是二手资料还是一手资料（原始资料）。

调查方法：网上市场调查可以使用专题讨论法、问卷调查法和实验法。其中，专题讨论法是通过新闻组、邮件列表讨论组和网上论坛（也可称 BBS 或电子公告牌）的形式进行；问卷调查法可以使用 E – mail 分送（主动出击）和在网站上刊登（被动）等形式。

调查手段主要有两种：①在线问卷，其特点是制作简单、分发迅速、回收方便，但要注意问卷的设计水平；②交互式计算机辅助电话访谈。

（4）收集信息

问卷、注册等形式的网上调查，通过表单中的提交功能，被调查者的信息就可以直接进入相关的数据库。并且，程序可以监控被调查者填写的资料是否完整、正确，若有遗漏，可以拒绝提交，这样调查问卷会重新发送给访问者要求补填。

（5）分析整理有效信息

营销人员从互联网上获取大量的信息之后，必须对这些信息进行整理和分析，如通过筛选、分类、整理等定量、定性的方法进行分析研究，以掌握市场动态、探索解决问题的措施和方法等。

（6）撰写报告

对信息进行整理、分析之后，调研者要写出一份图文并茂的市场分析报告，直观地反映市场的动态。调研报告不是数据和资料的堆砌，而是市场调研成果的最终体现，它要求调研者在对所获资料分析的基础上，对所调研的问题作出结论。

2. 调查问卷设计的步骤

问卷设计是调研者根据调研目的，将所需调研的问题具体化，从而能顺利地获取必要的信息资料，便于统计分析等。通常，问卷的设计可以分为以下步骤：

1）根据调研目的，确定所需要的信息资料。在问卷设计之前，调研人员必须明确需要了解哪些方面的信息，这些信息中的哪些部分是必须通过问卷调研才能得到的，这样才能较好地说明所需要调研的问题，实现调研目标。在这一步中，调研人员应该列出所要调研的项目清单。根据项目清单，问卷设计人员就可以进行设计了。

2）确定问题的内容，即问题的设计和选择。设计人员应根据信息资料的性质，确定提问方式、问题类型和答案选项如何分类等。对一个较复杂的信息，设计人员可以设计一组问题进行调研。问卷初步设计完成后设计人员还应对每一个问题都加以核对，以确保问卷中的每一个问题都是必要的。

3）决定措辞。措辞的好坏，将直接或间接地影响调研的结果。因此，对问题的用词必须十分审慎，要力求通俗、准确、客观。所提的问题应对被访者进行预试之后，才能广泛地运用。

4）确定问题的顺序。在设计好各项单独问题以后，设计人员应按照问题的类型和难易程度来安排询问的顺序。如果可能，引导性的问题即能引起被访者兴趣的问题应放在问卷的前面，回答有困难的问题应放在问卷的后面，以避免被访者处于守势地位。问题的排列要符合逻辑的次序，使被访者在回答问题时有循序渐进的感觉，同时能引起被访者回答问题的兴趣。有关被访者的分类数据（如个人情况）的问题适合放在问卷最后，因为如果涉及个人问题，容易引起被访者的警惕、抵制情绪等，尤其在电话式问卷调查中。

5）问卷的测试与检查。在问卷用于实施调研之前，应先选一些符合抽样标准的被访者来进行试调研，在实际环境中对每一个问题进行讨论，以求发现设计上的缺陷。例如，是否包含了整个调研主题、是否容易造成误解、是否语意模糊和是否抓住了重点等。如果发现问题，应及时加以合理地修正。

6）审批、定稿。问卷经过修改后还要呈交调研部的部长，审批通过后才可以定稿、复印，正式实施调研。

3. 调查问卷的基本格式

一份完整的调研问卷通常由标题、问卷说明、填表指导、调研主题内容、编码和被访者基本情况等内容构成。

1）问卷标题。问卷的标题应概括地说明调研主题，使被访者对所要回答的问题有一个大致的了解。问卷标题要简明扼要，但又必须点明调研对象或调研主题。

2）问卷说明。问卷的卷首一般要有一个简要的说明，主要介绍调研意义、内容和选择答案的方式等，以消除被访者的紧张和顾虑。问卷的说明要力求言简意赅，文笔亲切又不太随便。

3）问卷主体。问卷主体是按照调研设计逐步逐项列出调研的问题，是调研问卷的主要部分。这部分内容的好坏直接影响整个调研价值的高低。

4）结束语或致谢。

4. 调查问卷设计的注意事项

1）问题的安排要先易后难、先简后繁，被调查者熟悉的问题在前。问卷的头几个问题的设置必须谨慎，招呼语措辞要亲切、真诚，最先几个问题要比较容易回答，不要使对方难以启齿，给接下来的访问造成困难。

2）提出的问题要具体，避免提一般性的问题。一般性的问题对实际调研工作并无指导意义。例如，“你认为饭堂的饭菜供应怎么样？”这样的问题就很不具体，很难达到想了解被访者对食堂的饭菜供应状况的总体印象的预期调研效果。应把这一类问题细化为具体询问关于产品的价格、外观、卫生、服务质量等方面的印象。

3）一个问题只能有一个问题点。一个问题如有若干问题点，不仅会使被访者难以作答，其结果的统计也会很不方便。在问卷中要特别注意“和”、“与”等连接性词语及符号的使用。例如，“你为何不在学校食堂吃饭而选择在校外吃饭”这个问题就包含了“你为何不在学校食堂吃饭”、“你为何选择在校外吃饭”和“什么原因使你改在校外吃饭”三个问题。防止出现这类问题的最好方法，就是分离语句，使得一个语句只问一个要点。

4）要避免设计带有倾向性或暗示性的问题。例如，“你是否和大多数人一样认为某某饭堂的饭菜口味最好”这一问题带有明显的暗示性和引导性。“大多数人认为”这种带有暗示性问题的提问会带来两种后果：一是被访者会不假思索地同意引导问题中暗示的结论；二是使被访者产生反感——“既然大多数人都这样认为，那么调研还有什么意义”，或是被访者拒答或是给予相反的答案。所以，在问句中要避免使用类似的语句，如“普遍认为”、“权威机构或人士认为”等。此外，在引导性提问下，被访者对于一些敏感性问题，可能会不敢表达其他想法等。因此，这种提问是调研的大忌。

5）先一般问题，后敏感性问题；先泛指问题，后特定问题；先封闭式问题，后开放式问题。

6）要考虑问题的相关性。同样性质的问题应集中在一起，以利于被访者集中思考，否则容易引起思路的混乱。此外，还要注意问题之间内在的逻辑性和分析性。

7）提问中使用的概念要明确，要避免使用有多种解释而没有明确界定的概念。问卷中不得有蓄意考倒被访者的问题。

8）避免提出断定性的问题。例如，“你一天用在自习上面的时间有多少”这个问题的潜在意思就是“你一定自习”。而对于不是每天都自习的人来说，这个问题就难以回答。因此，在这一个问题之前可加一个判断性问题，即“你有每天自习的习惯吗”，如果回答“是”，可继续提问，否则就可终止提问。

9）一些问题不要放在问卷之首，如关于被访者的私人资料、令人漠不关心的问题和有关访问对象的生活态度的问题等。

10）最后问背景资料问题，因为有时鉴于统计和分析的需要必须问被访者一些背景资料方面的问题。

5. 调查报告的结构

一般由标题和正文两部分组成。

（1）标题

标题可以有两种写法：一种是规范化的标题格式，即发文主题加文种，基本格式为“××关于×××的调查报告”、“关于×××的调查报告”、“×××调查”等；另一种是自由式标题，包括陈述式、提问式和正副题结合使用三种。陈述式如“×××大学硕士毕业生就业情况调查”；提问式如“为什么大学毕业生择业倾向沿海和京津地区”；正副标题结合式，正题陈述调查报告的主要结论或提出中心问题，副题标明调查的对象、范围和问题，这实际上类似于“发文主题”加“文种”的规范格式，如“高校发展重在学科建设——×××大学学科建设实践思考”等。作为公文，最好用规范化的标题格式或自由式中正副题结合式标题。

（2）正文

正文一般分前言、主体、结尾三部分。

1）前言。前言有以下几种写法：①写明调查的起因或目的、时间和地点、对象或范围、经过与方法，以及人员组成等调查本身的情况，从中引出中心问题或基本结论；②写明调查对象的历史背景、大致发展经过、现实状况、主要成绩、突出问题等基本情况，进而提出中心问题或主要观点；③开门见山，直接概括调查的结果，如肯定做法、指出问题、提出影响、说明中心内容等。前言起到画龙点睛的作用，要精练概括，直切主题。

2）主体。这是调查报告最主要的部分，这部分详述调查研究的基本情况、做法、经验，以及分析调查研究所得材料中得出的各种具体认识、观点和基本结论等。

3）结尾。结尾的写法也比较多，可以提出解决问题的方法、对策或下一步改进工作的建议；或总结全文的主要观点，进一步深化主题；或提出问题，引发人们的进一步思考；或展望前景，发出鼓舞和号召等。

四、实训步骤

1. 指导教师将全班学生分组。

2. 各组长与组员讨论确定本企业的网络市场调研任务，以小组为单位来完成本项调研任务。

3. 制订网络市场调研方案，包括要收集二手资料还是一手资料，确定相应的调查提纲和调查方法等。

4. 以小组为单位设计在线调研问卷。

5. 利用合适的在线问卷调查系统，设计在线问卷，开展各企业的网络市场调研。步骤如下：

1）启动 IE 浏览器，在地址栏内输入调研网的网址：http：//www. surveyservice. cn。

2）单击“免费使用”。

3）填写用户信息后单击“注册”。

4）创建新问卷，填写有关内容。

5）发布问卷。

6）收集并分析数据。

7）提交调查结果。

6. 资料的收集与整理。

7. 撰写调研报告，并由各组长进行汇报、组员补充说明。

五、效果评价

考核内容及标准：

1. 制作调查问卷

2. 拟订网络市场调研方案

3. 网上市场调研方法

1）利用本企业网站调研。

2）利用邮件发布调研问卷。

3）利用第三方平台调研。

实训四　网络商务信息整理与发布

Internet 上的信息资源非常丰富，是一个取之不尽、用之不竭的信息海洋。如果信息搜集的方法得当，你会在最短的时间内获得最有效的信息。

一、实训目的与要求

通过百度等搜索引擎工具及阿里巴巴等第三方网站，收集整理网络营销信息，帮助学生树立自主学习意识，提高信息收集与整理的能力，学会网络营销信息搜集的方法与技术，同时掌握网上商务信息的发布方法。

二、场景设计

小张前一阵一直忙忙碌碌，又是发广告，又是登录文件，还添加了其他知名网站的链接，希望能够让更多的顾客了解网络营销网站及产品信息，增加网站的流量，带来可观的销售额。而一般客户在网络上大多选择使用搜索引擎来查找自己感兴趣的网站或相关的产品或信息，于是小张采用搜索引擎收集先前发布的新闻、商品、文件和广告等。

同时，小张也想为公司发布相关的商务信息。

三、相关知识

1. 网络营销信息特点与分类

网络营销信息不仅是企业进行网络营销决策和计划的基础，而且对于企业的战略管理、市场研究以及新产品开发等都有极为重要的作用。与传统信息相比，网络信息主要有以下特点：①具有极强的实效性；②具有广泛的传播面；③是多媒体化的信息，具有视听效果的综合性，且信息之间的联系采用了非线性的超链接方式，信息容量大；④不断增强的交互性，双向的信息流动方式，信息投放准确；⑤具有灵活多变的传播模式。

网络营销信息可粗略地分为四个等级：①免费商务信息；②收取较低费用的信息；③收取标准信息费的信息；④优质优价的信息。

2. 网络商务信息的收集方法

互联网凭借其跨时空、低成本、效率高等优势，已经成为企业采集信息不可或缺的平台。世界各地数以亿计的网民、企业可以利用互联网进行信息交流和资源共享，从而有效地降低了信息收集成本，提高了信息搜集的质量与效率。

一般而言，企业可以通过以下四个途径收集商务信息：搜索引擎、综合网站、行业网站和网络社区。

（1）利用搜索引擎收集商务信息

搜索引擎是指根据一定的策略、运用特定的计算机程序搜集互联网上的信息，在对信息进行组织和处理后，为用户提供检索服务的系统。

搜索引擎主要分为以下类型：全文索引、目录索引和元搜索引擎。

搜索引擎能让您很方便地查找到您所需要的信息资源。网民在互联网上登录的站点大都为搜索引擎、门户站点及公共类网站。常见的搜索引擎有百度（www. baidu. com）、雅虎

（www. yahoo. com）、中国搜索（www. zhongsou. com）、搜狐（www. sohu. com）、搜狗（www. sougou. com）、网易搜索（www. 163. com）、3721 搜索（www. 3721. com）、北京大学天网（http：//e. pku. edu. cn）、中国经济信息网（www. cei. gov. cn）等。

合适的搜索引擎选择。现在全球范围内已经有几千个搜索引擎站点，而且这个数量还在不断地增加。在这些站点中，既有搜索引擎中的精品，也不乏一些质量不高的粗糙之作。一般来说，可以用以下标准来选择搜索引擎，即速度、返回的信息量、信息相关度、易用性和稳定性。下面对这五个标准进行详细说明。

1）速度。速度包括两个方面：一是信息查询的速度，当然是越快越好，否则等半天才看到结果，心里一定不会高兴；二是信息的更新速度，这反映了一个站点数据更新的频率，搜索引擎数据库中搜集的是最新的信息，因为互联网上的信息更新非常快，每天都有新站点产生，同时也有站点消失，所以对于搜索引擎网站来说，要及时更新数据库内容。

2）返回的信息量。这是衡量一个搜索引擎数据库内容大小的重要指标，如果它返回的有效信息量多，就说明这个站点收录的信息范围广、数据容量大，能给用户提供更多的信息资源。

3）信息相关度。一个搜索引擎站点不仅要对查询的信息数据返回量大，而且要求准确、与用户所要求的信息关联度高，否则返回一大堆垃圾信息，再多又有何用。

4）易用性。查询操作的方式是否简便易行、对查询结果我们能否实施控制和选择、改变显示的方式和数量等，这也是衡量一个搜索引擎站点的重要指标，因为互联网是面向大众的，只有操作简单，才能为大多数人所接受。

5）稳定性。一个好的搜索引擎站点，它的服务器和数据库应该非常稳定，这样才能保证为用户提供安全可靠的查询服务。

使用搜索引擎所用关键字的实用窍门：①只用产品名，去掉所有修饰词！如果您想找“铜铝复合暖气片”，您可以只用“暖气片”搜索，然后在找到的信息中再挑选，或者跟厂商联系后，再询问对方是否生产铜铝复合暖气片，这样就扩大了您的寻找范围；如果您想找很多产品，建议您分次搜索！如果您想找手提包和皮包，虽然用“手提包皮包”也能找到相应的信息，但是先找“手提包”，再找“皮包”，分次查找，有利于您更准确地寻找信息。②相关联的产品名都来找找看！想找塑料，可以用“PVC”、“塑料”都来找找看。③用行业目录来搜索！想找“火龙果”，除了用“火龙果”，还可以用“水果”来搜索，扩大搜索范围。

（2）利用综合网站收集商务信息

综合网站是指通向某类综合性互联网信息资源并提供有关信息服务的应用系统。目前门户网站的业务包罗万象，成为网络世界的“百货商场”或“网络超市”。我国著名的电子商务类综合网站包括阿里巴巴、慧聪网、中国环球资源网等。

大多数电子商务综合网站的主要内容包括：供应信息、需求信息、创业加盟、竞价排名、行业资讯和论坛等。

（3）利用行业网站收集商务信息

行业网站即所谓行业门户。根据行业的类型，行业网站可以细分为以下类型：汽车汽配、商务贸易、建筑建材、工业制品、机械电子、服装服饰、农林牧渔、交通物流、食品饮料、环保绿化、冶金矿产、纺织皮革、印刷出版、化工能源等。我国著名的行业网站有

“今日五金”、“中国化工网”、“中国服装网”、“中国纺织网”等。这些行业网站的主要内容是专门提供本行业产品与服务的供应信息与需求信息、企业信息、人才信息和论坛等。

（4）利用网络社区收集商务信息

1）电子公告栏。电子公告栏就是BBS，BBS的英文全称是“Bulletin Board System”，翻译为中文就是“电子公告板”。目前，很多ICP都提供免费的公告栏，你只需要申请使用即可。

2）电子邮件。首先获得客户的电子邮件地址，其次通过电子邮件向各客户发送资料，最后在自己的信箱中接收客户反馈信息和汇集反馈信件等。

3）QQ、ICQQ、MSN、博客等。

3. 网络信息平台选择方法

企业应根据自身业务特点来选择恰当的网络信息平台。在信息收集初期，企业需要获取大量的商务信息，此时可以通过搜索引擎网站来搜集面广、量多的信息。在此基础上，为了获取与本企业相关的大量精确信息，企业可以登录电子商务类综合网站，获取较为丰富的产品与服务的供求信息。如果企业需要获取专而精的行业信息，可以通过本行业的行业网站收集。

因此，企业在选择网络信息平台时，要考虑本企业的自身业务特点，也要考虑所需收集信息的质与量。

4. 网络商务信息整理分析

网络商务信息的下载和存储的方法包括：屏幕保存、网页保存、部分文本保存、图像保存和软件下载等。

网络商务信息的整理包括：明确信息来源、重新命名和信息分类（按主题分类，用不同的文件夹存放不同类别的文档；建立信息管理系统，使用数据库对信息进行有效的分类和管理）。

四、实训步骤

1. 网络商务信息收集

网络商务信息收集是指企业在网络上对商务信息的寻找和调取工作。这是一种有目的、有步骤地从各个网络站点查找和获取信息的行为。

网络营销对网络信息收集的要求是：及时、准确、适度、经济。

（1）利用搜索引擎收集商务信息

利用搜索引擎收集商务信息。其操作步骤如下：

1）在http：//www.baidu.com搜索引擎中，输入“手机”关键字，单击“搜索”按钮即可搜索与手机有关的信息。

2）在所示搜索结果页面底部的搜索栏内输入关键词“NOKIA”，单击“在结果中搜索”按钮，得到与NOKIA手机的有关信息。

（2）利用综合网站收集商务信息

我们以北京市一家企业准备求购暖气片为例来查询供应商数据，在阿里巴巴网站（http：//china.alibaba.com）学习收集供应信息的基本方法。其操作步骤如下：

1）启动IE浏览器，打开阿里巴巴网站。

2）单击供应商，在搜索栏中输入“暖气片”，单击搜索。

3）根据需要，企业可以按照路径选择，也可以按照类型选择所需信息。在此我们按照类型选择，在此种选择中又有“多款供选”、“串片”、“双肩书包”、“转动手柄”和“其他”几种类型。我们仍可根据需要进行选择，如选择“多款供选”。

如果想缩小选择范围，如该公司只想查看北京市暖气片生产企业的情况，那还可以在页面的左边继续进行选择。在省份栏选择“北京”，在公司经营模式中选择“生产型”，点击“筛选”，就会出现相应的结果。

至此，该公司找出了符合自己要求的供应商的列表，并通过对所获得的信息进行整理、加工和分析，从而找出最符合自己要求的供应商。

2. 网络商务信息发布

（1）通过网库（netkoo）企业黄页发布信息

通过本实例的学习，要求学生能够利用网库网络平台为企业发布广告信息。网库是“泊网天下”公司为全国近3000万中小企业提供的全行业网络服务平台，它可以为企业提供体系化的网络营销服务，其产品和服务涵盖企业建站、企业网站推广、企业网站应用三个层面。网库专注于交流，其应用囊括了人、企业和市场的商务逻辑关系，帮助中小企业低成本、自助式、便捷化地利用网络实现日常经营，创建基于供求关系的价值链。其服务内容包括企业导航、企业搜索、企业圈的交互式广告等。它将企业内部员工与企业信息进行“捆绑”，以个人网络行为推动企业网络营销，将企业繁杂的商务行为简化为一个企业内的人与另一个企业内的人的直接交流，而这种交流带来的必定是交易。通过网库企业黄页发布信息的步骤如下：

1）在地址栏内输入 http：//www. netkoo. net，按 Enter 键，就可打开网库首页。

2）单击左上方“注册”按钮进入注册页面，选择企业用户，同意注册协议后进入第三步，填写注册信息。

3）注册成功后会得到如下提示：由于网库属于营利性网站，所以部分功能必须付费后才能使用。

4）登录进入网库选择可免费使用的网库企业窗。

5）单击进入后的页面右上方的“编辑我的企业窗”按钮，进入编辑页面。在此页面中，企业可发布文章、产品信息和产品图片，填写公司档案，对访问者进行管理及进行个性化设置等。单击按钮进入相应的页面，填写内容。

6）填写完成信息后，单击右上角的“浏览我的企业窗”按钮即可看到已发布的企业信息、产品信息、新闻信息等。

网库能为企业提供企业导航、企业搜索、企业名片互换、企业互动等服务，便于企业开展横向的网络营销。

（2）企业网站发布信息

网站是企业或个人发布信息的载体，通过网站发布信息是网络营销的基本职能，也就是说，无论运用哪种营销方式，结果都是将一定的信息传递给目标人群（如顾客、媒体、合作伙伴、竞争者等）。所以，通过自建网站或服务商的网站发布信息这种途径不可小视，此种方式图文并茂、快速及时、成本较低，是推销新产品的重要渠道。

在阿里巴巴发布商品信息的操作步骤如下：

1）打开阿里巴巴中文网站：http：//www. alibaba. com. cn。

2）单击“免费注册”，注册为阿里巴巴中文站会员。

3）登录阿里巴巴中文网站，输入会员名及密码。

4）普通会员登录后，进入“阿里助手”页面，可以发布商品供求信息，但不能拥有企业店铺，必须是诚信通会员才能拥有企业店铺。如果是与阿里巴巴签约成为其电子商务证书考试培训中心的大专院校，可以使用阿里巴巴提供的免费账号进行网店的操作。

（3）电子邮件发布信息

在电子邮件中，企业可以用附件的方式，向客户发送产品说明、功能介绍和产品图片等信息；也可以用超链接方式，附上企业网址，使客户能够方便地访问本企业网站。利用电子邮件发布网络信息具有以下特点：可以有目的地选择发送对象，使信息发布更有针对性；以主动的方式发布信息，可以直接让邮件接收者了解信息的内容；成本低廉；操作简单等。

注意：在向客户发送带广告性质的电子邮件时，最好事先征得收件人的同意，以免由于滥发广告邮件（被称为SPAM）而引起客户的反感。

（4）网络社区

这种方式宣传效果较好，如在BBS、ICQ上发布信息。

五、效果评价

考核内容及标准：

1. 商务信息收集

2. 商务信息发布

1）利用企业网站发布、利用第三方平台发布。

2）利用邮件发布、利用网络社区发布。

3）掌握网上商店工作流程。

3. 掌握另存网页、图片、收藏夹等信息的整理技巧

实训五　网络广告文案策划

一、实训目的与要求

根据企业要求选择广告的形式、说明广告立意，并会策划网络广告文案。

二、场景设计

香港奥美公司为“和记传讯”所做的“城市双子星两用手提电话”的两则报纸广告文案标题如下：

第一则广告中，广告标题是：

正题：手提电话竟然可以四轮驱动

副题：崭新传讯科技　成果令人惊喜

第二则广告中，广告标题为：隆重介绍“城市双子星”两用手提电话

不同身份的人，看广告的目的不同，想得到的信息也不同，您作为企业的网络营销广告

专员，应该如何来策划网络广告文案呢？

三、相关知识

1. 撰写网络广告文案的原则

撰写网络广告文案应遵循以下原则：

1）主旨明确。专业的、有营销意识的网络广告，应该让访问者能马上了解这个网络广告及其业务是什么。

2）内容为王。是图像重要还是文本重要？图像传达的信息更重要！

3）照顾大多数。设计理念不能阳春白雪。

4）采用适当的技术，但不要技术至上。一个以营销为目的的广告，应采取适当的技术，突出文案的内容。

2. 网络广告标题的制作

广告标题是广告文案专家的看家本领，在制作网络广告标题时应注意以下问题：

1）选好网络广告文案的标题。网络广告的职能是点明广告的主题、吸引消费者的注意、引起消费者的兴趣和好奇心，从而诱导消费者阅读广告的正文。网络广告文案的标题一般有三种：①陈述式标题，也称新闻式标题，这种标题开门见山地将产品的主要情况直接告诉消费者，其最大特点是简明；②疑问式标题，这种标题不直接介绍产品的情况，目的是让消费者产生一种好奇感，诱导消费者去阅读广告的正文，其最大特点是趣味性，引发消费者的好奇心；③祈使性标题，其特点是礼貌地命令消费者做某事，常常利用规劝、叮咛等语气，要求消费者立即行动。

2）广告标题的创意。对于商业广告来说，标题是广告的生命线。对于广告的投放效果，有着举足轻重的影响。说“广告的质量全看标题的功夫”也不为过，因为很多企业、产品形象广告，没多少文字，全看标题的表现力。如“人头马一开，好事自然来”、“钻石恒久远，一颗永流传”等。

3. 撰写网络广告的正文

网络广告文案的写作技巧有：

1）提供免费享用的机会。比如，“快，租房子不花钱”、“有机会和冠军同游千岛湖”等。

2）设置悬念。比如，中国吉通国际出口带宽扩容的广告“22 + 45 = ?”，可使人们对吉通公司的通信能力印象深刻。

3）跟随流行。当大话西游在网上热火朝天时，有企业用“东游、西游、大话这里游”作为旅游网站的广告语；用“看大话西游、却不会梦游”作为床上用品的广告语等。

4）满足需求。比如，招聘网站的广告“寻寻寻，寻找工作；招招招，招聘人才”；太平洋保险公司的广告“平时注入一滴水，难时拥有太平洋。”

四、实训步骤

1. 定位网络广告目标

网络广告目标定位包括明确网络广告所要达到的目的和对网络广告目标受众进行需求特点分析。明确网络广告目标是为了指导网络广告的方向和进程，为广告评估提供标准和依据；进行网络广告目标受众分析是通过对网络广告目标受众的确定和分析，了解他们对网络广告的需求特点，为设计广告内容、选择广告形式提供依据。

2. 选择广告的具体形式

借助于网络和计算机技术，网络广告的形式丰富多样。在选择广告时，要分析各种广告形式的优缺点，以选择适合本企业的广告形式。例如，广告主选择了“旗帜广告”形式。“旗帜广告”一般发布在网站的主页面的显著位置，是当前网络中最常见的广告形式，其尺寸多为460像素×80像素。旗帜广告一般可以划分为链接型和非链接型两类。

1）链接型旗帜广告。链接型旗帜广告与广告主的主页或网站建立链接，浏览者点击后可以直接链接到企业的网站页面。

2）非链接型旗帜广告。非链接型旗帜广告不与广告主的主页或网站建立链接，浏览者点击后可以打开该广告，进一步了解具体详细的广告信息。

3. 说明广告立意，并加以解释

广告立意解释文主要说明广告作品或广告词所传达和代表的信息和含义。

例：Nike是希腊神话中的胜利女神，Nike（耐克）商标象征着希腊胜利女神翅膀的羽毛，代表着速度，同时也代表着动感和轻柔。Nike（耐克）商标，图案是个小钩子，造型简洁有力，急如闪电，一看就让人想到使用耐克体育用品后所产生的速度和爆发力。

4. 网络广告设计制作的要求

网络广告设计制作要符合以下要求：

1）突出主题内容。广告信息内容要突出企业的价值观、形象要素等。内容应真实可信，符合目标受众的信息量需求，并不断更新。

2）强调结构。信息展示时要做到层次清晰、找寻方便。

3）注重表现形式。根据广告信息设计和目标受众的特点确定运用不同的表现形式，网页界面应友好、易于导航。尽量用多媒体手段表现形式。

4）信息储存。信息设计要充分考虑目标受众查询和保存的方便性。

5）注意画面色彩的搭配。包括色彩的冷、暖搭配；色彩的相近搭配。

6）明确制作费用。

5. 展示讨论广告示意图或口号

将策划设计的广告示意图或口号，配上说明立意解释文，以幻灯片的形式在企业内部播放、展示，倾听董事会、监事会、经理层、销售部及广大员工的意见。在集思广益、分析讨论与反复修改后，经领导批准再在网络上发布。

五、效果评价

考核内容及标准：

1. 选择广告的形式

1）网络广告标题制作。

2）网络广告文案要求。

2. 网络广告文案策划

1）网络广告文案创意。

2）网络广告文案撰写。

实训六 网络广告发布

一、实训目的与要求

了解如何在百度推广上注册账户、创建百度推广计划，之后实现广告发布。掌握利用网络工具发布广告的工作流程，利用新闻组形式发布广告等方法。

二、场景设计

百度公司凭借其搜索引擎优势，推出自己的广告服务——百度推广，在百度推广上发布广告，能够控制广告预算、轻松制作和修改广告，可以全天候地查阅详细的效果报告。没有每月最低费用限制，也没有每月最低投放时间要求。因此，百度推广是中小企业理想的营销工具。网络广告是常用的网络营销策略之一，但需要与各种网络工具相结合才能更好地实现信息传递的功能。

三、相关知识

网络广告的发布途径。包括以下几种：

1）在自己创建的网站或页面上做广告。

2）在网络服务商 ICP 网站上做广告。

3）在专业类销售网站上做广告。

4）在服务商网站的黄页上做广告。

5）加入企业名录链接自己的广告。

6）在网络社区和 BBS 上做广告。

7）在新闻组平台上做广告。

8）通过电子邮件或邮件列表做广告。

四、实训步骤

1. 打开 OUTLOOK EXPRESS。
2. 单击“工具”、“账户”、“新闻”、“添加”、“新闻”选项。
3. 在出现的对话框中填入你的昵称（国外新闻组最好用英文昵称）。
4. 在“电子邮件地址”栏中填入你的电子邮件地址（最好是真实的）。
5. 在“新闻服务器”一栏中打入“news. newsfan. net”。
6. 之后开始登录，出来一堆组名，你可选中感兴趣的组，点一下右边的“订阅”按钮。

五、效果评价

考核内容及标准：

1. 在新闻组平台上做广告
2. 在网络社区做广告

实训七 搜索引擎营销

一、实训目的与要求

1. 掌握搜索引擎的类型及工作原理。
2. 掌握搜索引擎营销的主要模式。
3. 掌握搜索引擎的注册登记、广告投放方法、排名规则。

二、场景设计

某公司的网站准备投资5000元做网站的搜索引擎推广，请你帮助完成。

三、相关知识

1. 搜索引擎营销的基本原理

搜索引擎营销是根据用户使用搜索引擎的方式，利用用户检索信息的机会尽可能地将营销信息传递给目标用户。企业网站在被搜索引擎收录的基础上应尽可能获得好的排名，但仅仅做到被搜索引擎收录并且在搜索结果中排名靠前是不够的，这样并不一定能增加用户的点击率，更不能保证将访问者转化为顾客。若要实现访问量增加，需要从整体上进行网站优化设计，并充分利用关键词广告等有价值的搜索引擎营销专业服务来完成，而把访问量转化为收益是由企业网站的功能、服务、产品等多种因素共同决定的。

2. 搜索引擎营销的主要模式

搜索引擎营销的主要模式有：

1）免费登录分类目录。

2）搜索引擎优化。

3）付费登录分类目录。

4）固体排名。

5）关键词竞价排名。

3. 关键词广告的特点

关键词广告的特点是：

1）形式比较简单。

2）显示方式比较合理。

3）用户可以自行控制费用。

4）可以随时查看流量统计。

5）可以方便地进行关键词管理。

4. 影响搜索引擎营销效果的因素

影响搜索引擎营销效果的因素有：

1）网站设计的专业性。

2）被搜索引擎收录和检索的机会。

3）搜索结果对用户的吸引力。

四、实训步骤

1. 搜索引擎登录

以下是一些常用的搜索引擎网站：

- 百度搜索网站登录网址：http://www. Baidu. com/search/url_submit. htm
- 雅虎 http://search. help. cn. yahoo. com/h4_4. html
- 搜狗搜索引擎网站登录网址：http://www. sogou. com/feedback/urlfeedback. php
- 搜搜搜索引擎网站登录网址：http://www. soso. com/help/usb/urlsubmit. shtml

打开搜索引擎网站登录的页面，在输入框中输入完整的网址和验证码，点击“提交网站”即可。需要注意的是：在提交网站的网址时要输入完整的网址，包括 http://的前缀。如果是收费服务，则需另外缴纳相应的服务费用。

2. 竞价排名

百度竞价排名又称为百度推广，是一种按效果付费的网络推广方式。用少量的投入就可以给企业带来大量的潜在客户，有效提升企业的销售额和品牌知名度。每天有数亿人次在百度上查找信息，企业在百度注册与产品相关的关键词后，就会被查找这些产品的客户找到。

百度竞价排名操作步骤请参考本书第 3. 2 节的内容。

五、效果评价

考核内容及标准：

1. 搜索引擎登录
2. 竞价排名

1）在百度上注册账户。

2）确定目标客户。

3）关键词选择与定价。

4）完成百度推广方案。

实训八　邮件列表营销

邮件列表对于用户获取信息是比较理想的一种方式，因而邮件列表在网络营销中具有至关重要的地位。企业可以通过邮件列表直接将企业动态、产品信息、市场调查、售后服务、技术支持等一系列商业信息发送到目标用户手中，并由这些用户形成一个高效的回馈系统，从而最大程度地保证宣传促销等活动的效果和效率。然而，建立并经营好一个邮件列表并不是一件简单的事情，涉及多方面的问题。为了提高邮件列表订阅的成功率，为用户提供方便的加入/退出方式、一目了然的邮件列表名称以及信息简介等都是非常必要的。

一、实训目的与要求

要求学生了解什么是邮件列表，了解如何建立自己的邮件列表，掌握利用电子邮件列表进行市场营销的方法和技巧。通过对邮件列表信息进行分析，为实施邮件列表营销提供依据。

二、场景设计

李建是一位成功的民营企业家，在上海投资建立了一家化妆品生产企业——柔柔化妆品有限公司。该公司紧跟世界流行风向，牢牢抓住健康的生活理念，以生产由植物提炼而成的健康护肤品为主。产品投放市场后，销路不错，拥有一个比较固定的消费群体。同时，该公司不断地加大研发新产品的力度，不久前他们推出了柔柔清爽型爽肤水和柔柔护手霜，希望借此可以大幅度地提升公司的销售业绩。

在推出新产品的同时，李建也意识到，现代化的商业竞争离不开现代化的科技和思维。他着手计划将公司搬上互联网，借此扩大公司和消费者及合作伙伴之间的接触面，创造商机。

张玲是一个爱美的女孩子，很喜欢一些名牌化妆品，但是因为刚刚大学毕业，财力不够，所以常常到网上淘一些价廉物美的东西，这阵子又发现在网上做一些代销或直销的生意能有很可观的收入，所以就在网上建了一个小店，专门代销柔柔化妆品有限公司的化妆品。

为了能把牌子打出去，张玲还为小店做了不少推广活动，所以她想建立一个邮件列表时常联系自己的老顾客。

三、相关知识

1. 邮件列表

邮件列表实际上也是一种 E - mail 营销形式，用户自愿加入、自由退出，稍微不同的是，E - mail 营销是直接向用户发送促销信息，而邮件列表是通过为用户提供有价值的信息，在邮件内容中加入适量的促销信息，从而达到营销的目的。邮件列表起源于 1975 年，是互联网上信息传播的一种重要工具，用于各种群体之间的信息交流和信息发布。

邮件列表是网络营销最重要的手段之一。利用它可以实现邮件批量发送，即同时向许多拥有电子邮件地址的人发送预备好的邮件，邮件内可以是您需要发布的各种信息。因为信息的载体就是电子邮件，所以邮件列表具有信息量大、保存期长的特点，而且发送和传阅非常简单、方便。作为沟通工具，邮件列表的配置要比论坛、新闻组简单得多。

邮件列表可以实现电子杂志发送、新品发送、客户联系与服务、技术支持、网站更新通知、获得赞助或者出售广告等多种功能。

2. 邮件列表的形式

（1）企业开展的许可 E - mail 营销

按企业开展许可 E - mail 营销来分，有两种形式：专业的邮件列表服务商和建立自己的部件列表服务器。

专业的邮件列表服务商通常提供某些类型的电子杂志、新闻邮件、商业信息等吸引用户参与，然后在邮件内容中投放广告主的商业信息。广告主可借助邮件列表服务商的用户资源开展宣传、促销等活动。

它的好处主要体现在以下三个方面：①企业不需要配备专业的 E - mail 营销队伍；②可以利用比较丰富的潜在用户资料；③可以在最短的时间内将信息发送到用户的电子信箱中，而不像自己经营邮件列表那样需要长时间的积累过程。这种方式的不足之处有两点：①不可能完全了解潜在客户的资料，邮件接收者是否是公司期望的目标用户不能很好地把握，也就是说定向选择受众的程度有多高，事先很难准确判断；②要支付相应的广告费，邮件列表服务商拥有的用户数量越多，或者定位程度越高，通常收费也越高。目前，几乎所有的邮件列表服务商都承接邮件列表广告。希网（http：//www.cn99.com）是我国知名的邮件列表服务商。邮件列表的表现形式很多，常见的有新闻邮件、各种电子刊物、新产品通知、优惠促销信息、重要事件提醒服务等。

（2）建立自己的邮件列表

拥有自己的邮件列表始终是企业的追求，越来越多的传统企业意识到使用电子邮件和互联网来维系顾客关系的边际成本是相当低的，而且越来越多的人开始使用电子邮件，所以我们经常可以看到网站上充满了“请订阅本站 E－mail 通告”等要求访问者留下电子邮件地址的文字。一般而言，企业或者网站建立自己的邮件列表主要有以下作用：作为公司产品和服务的促销工具；方便和顾客交流，增进顾客关系；获得赞助或出售广告空间；提供收费信息服务。前两种是将邮件列表作为营销或公关工具，间接达到增加销售收入的目的。后两种则直接反映了网站希望通过邮件列表获得利润的愿望。就目前环境来看，大部分网站的邮件列表主要起到上述前两种作用，因为一般网站的邮件列表规模都比较小，靠出售广告空间获利的可能性较小，而收费信息服务的条件还不太成熟，但这些作用彼此也不是孤立的，有时可能是相互作用的。

按邮件列表的应用分类，邮件列表有公开、封闭、管制三种类型。公开邮件列表是指邮件列表公开在我们的目录中供所有人订阅。封闭邮件列表是指邮件列表不公开在我们的目录中，不被所有人订阅。管制邮件列表是指只有经过邮件列表管理者批准的信件才能发表。如产品信息发布、电子杂志等。

3. 获取邮件列表用户资源的基本方法

邮件列表中的用户数量是直接影响其效果的重要因素，而获取邮件列表用户资源的途径较多，主要有网站推广、现有用户资源挖掘、奖励措施、其他列表推荐、增加订阅渠道、请求邮件列表服务商推荐等方法。下面介绍几种常用的方法。

1）将邮件列表订阅页面注册到搜索引擎。如果你有一个专用的邮件列表订阅页面，请将该页面的标签进行优化，并将该网页提交给主要的搜索引擎。

2）其他网站或邮件列表的推荐。正如一本新书需要有人写一个书评一样，一份新的电子杂志如果能够得到相关内容的网站或者电子杂志的推荐，对增加新用户必定有效。

3）提供真正有价值的内容。一份邮件列表真正能够取得读者的认可，靠的是拥有自己独特的价值，为用户提供有价值的内容是最根本的要素，也是邮件列表取得成功的基础。

4）为邮件列表提供更多订阅渠道。如果你采用第三方平台，且该平台有各种电子刊物的分类目录，别忘记将自己的邮件列表加入到合适的分类中去，这样，除了在自己网站为用户提供订阅机会之外，用户还可以在电子发行服务商网站上发现你的邮件列表，从而增加订阅机会。

4. 邮件列表的应用范围

邮件列表的应用范围主要有：

1）志趣相投的网友可以加入某个邮件列表，就大家感兴趣的话题进行讨论和交流。

2）邮件列表的创建者或管理者及用户可以在该邮件列表中发布新闻、产品信息等。

3）创建商业邮件列表的用户可以通过电子邮件开展邮购、产品宣传和网络广告等方面的业务。

4）邮件列表的历史文档也有重要的参考价值，用户可以通过查询此邮件列表的历史文档求得有关问题的解答。

四、实训步骤

1. 创建企业邮件列表

创建企业邮件列表的操作步骤如下：

1）进入希网主页（http://www.cn99.com），选择“新用户注册”，选择“我还需要创建邮件列表”单选按钮。

2）系统会发给企业一个确认码，企业从注册的电子邮箱中取得该确认码后，根据系统的提示单击“我要确认”按钮就可以完成注册。

3）回主页登录，单击“我创办的邮件列表”。

4）按照要求填写相应内容。

5）获取邮件列表用户。

6）在线发信。

2. 订阅邮件

一个规范的邮件列表订阅过程要经历如下步骤：

1）用户来到一个提供免费订阅邮件列表的网站。

2）输入用户 E－mail 地址，点击确认（有些邮件列表还需要输入用户名称等其他信息）。

3）网站邮件列表系统收到用户加入信息后自动发送一封确认邮件到用户 E－mail 地址。

4）用户接收邮件并按照邮件中的说明确认订阅（通常为单击一个链接或者回复该邮件）。

5）网站邮件列表系统收到用户的确认信息后再次发送邮件通知。

3. 利用邮件列表收发电子邮件

1）发送电子邮件列表或群发邮件。选择“创建新邮件”后进入白板写邮件，完成后选择“发送”即可。

2）查看接收和发送信件的数量和内容。用户可以选择目标客户，然后点击查询。

4. 插入图片和附件

在电子邮件中可以插入来自文件中的图片、来自剪贴画中的图片、来自艺术字的内容、来自 Word 文档的附件、来自 Excel 文档的附件。

五、效果评价

考核内容及标准：

1. 申请邮件列表

1）搜索常用的免费邮件列表服务中文网站。

2）申请与订阅邮件。

2. 邮件列表营销策略

1）邮件列表管理。

2）邮件列表营销。

3）利用邮件群发机来发送邮件。

实训九　网络会员制营销

网络会员制营销是拓展网上销售渠道的一种有效方式，主要适用于有一定实力和品牌知名度的电子商务公司。

一、实训目的与要求

了解网络会员制营销的基本内容和营销过程，掌握如何利用会员制营销获得更多的收益。

二、场景设计

进入中国人力资源网（http：//www.zgrlzy.com），了解网络会员制营销的具体实施过程。

三、相关知识

会员制营销就是面向特定消费群体发送特殊需求信息的一种营销方式，也是一种深层次的关系营销，是维系会员的一种营销方式，也是一种能抓牢会员的心、提高会员忠诚度的有效方法。在国外，会员制营销模式被许多家电零售业所应用，在我国更是几乎覆盖了所有行业，单就钱包中的各种VIP卡就足以说明会员制的波及面之广。因此，会员制是最能培养客户忠诚度的有效营销手段之一。

一个网络会员制营销程序应该包含一个提供这种程序的商业网站和若干个会员网站，商业网站通过各种协议和计算机程序与各会员网站联系起来。因此，在采取会员制营销时存在一个双向选择的问题，即选择什么样的网站作为会员以及会员如何选择商业网站的问题。

1. 网络会员制营销的基本原理

如果说互联网是通过电缆或电话线将所有的计算机连接起来实现资源共享和物理距离的缩短，那么会员制营销则是通过利益关系和计算机程序将无数个网站连接起来，将商家的分销渠道扩展到各个角落，同时为会员网站提供一个简易的赚钱途径。

会员制营销听起来似乎很简单，但在实际操作中要复杂得多。因为一个成功的会员制营销涉及网站的技术支持、会员招募和资格审查、会员培训、佣金支付等多个环节。

2. 网络会员制营销的主要特征

网络会员制营销具有以下特征：

1）网络会员制营销可以帮助企业准确找到目标消费群，帮助企业判定消费者和目标消费者的消费标准，并准确定位。

2）网络会员制营销成本最小化、效益最大化，在最合适的时机以最合适的产品满足顾客需求，可以降低成本、提高效率。

3）网络会员制营销可以提高顾客终身价值的持续性。

4）一个特定的消费群对同一品牌或同一公司产品具有相同兴趣。因此，网络会员制营销有利于发展新的服务项目并促使购买过程简便化。

5）网络会员制营销提供了双向互动交流的机会，双向互动交流使买卖双方不仅满足了各自的利益需求，而且任何顾客的投诉或满意通过这种信息交流进入了公司顾客数据库，公司根据信息反馈可以改进产品或继续发扬产品优势。

3. 网络会员制营销的运作

1）建立会员数据库。

2）组建专门的组织部门，细化会员管理。

3）联合企业定期开展会员交流会、座谈会，了解会员心声，搭建好会员互动平台，提高会员对企业的信任和忠诚度。

4）尝试与企业内外客户联合运作，增强会员制的营销力度，以吸引更多会员，积累更多信息。

5）借用网络平台定期向会员发布有效信息。

6）设立专门的会员热线电话接受会员的咨询，受理会员的投诉，听取会员的意见。

4. 网络会员制营销的价值

网络会员制营销的价值并不仅仅限于销售，其实际价值可以从两个方面来分析：一方面，从开展会员制计划的公司（称为商业网站）来看，会员制营销已经被证明是网上营销战略的成功模式，从理论到实践都已经比较完善，因此，许多国际知名的公司都已经将会员制纳入到营销计划之中；另一方面，对于加盟的会员网站来说，其可能拥有大量的访问者，但自身不具备直接开展电子商务的条件，或者不希望自行开展商品买卖或者提供具体的服务，通过参与会员制计划，可以依附于一个或多个大型网站，将网站流量转化为收益，虽然获得的不是全部销售利润，而只是一定比例的佣金，但相对于自行建设一个电子商务网站的巨大投入和复杂的管理而言，无须面临很大的风险，这样的收入也是合理的。加盟会员制营销的网站实际上也并不限于小型网站或不具备自行开展电子商务的网站，即使正在开展电子商务的网站，甚至自己也在开展会员制计划的网站，也可以通过加入会员计划来扩充商品的种类，并获得额外的收入。事实上，电子商务网站加盟会员制计划获得成功的可能性会更大一些，因为相对于个人网站或没有电子商务经验的小型网站而言，它们具有更多的销售经验、更大的访问量和更合理的产品组合。

5. 网络会员制营销的成功之道

网络会员制营销的成功取决于网站和会员之间的关系以及各自的表现：

1）网站要提供完善的技术保证，至少应该包括方便的在线加盟程序、稳定的用户购买行为跟踪记录、可靠的在线销售统计资料查询等几个方面。

2）网站应加强对会员制计划的推广，推广力度与加盟会员的数量有直接关系，而会员数量在一定程度上决定了网站通过会员最终获得的收益。

3）网站应提供适当比例的佣金并按时支付给会员，佣金的比例也许并没有固定的标准，它取决于不同产品的利润状况和同行之间的平均佣金水平，但至少可以肯定，过低的佣金不会吸引会员参与。同时，一个不能按时支付佣金的网站同样会让会员失去信心。

4）网站应重点发展金牌会员。最好的会员是那些拥有比较专业的、有较大访问量的网站。但事实上，大部分会员是普普通通的网站。“二八”原理同样可以应用到会员制计划中，营业额的80%来源于20%的会员。

5）网站应正确处理和会员之间的关系。网站和会员之间的关系主要表现在网站对会员的培训、咨询、服务等方面，有时这种关系会成为制约整个计划发展的重要因素。比如，在线帮助系统不完善，而网站对会员的询问又不能提供及时、准确的回复。网站和会员之间的相互关系，在表面上看起来类似于传统销售渠道中厂商和代理商之间的关系，但在整个会员制计划当中，会员都处于绝对的弱势，和网站之间根本不是处于平等的地位，基本上受制于网站，如果是因为网站和会员的关系影响了会员制计划最终的成功，那么最主要的责任毫无疑问应该归于网站一方。

四、实训步骤

1. 打开中国人力资源网首页（http：//www.zgrlzy.com/），注册成为中国人力资源网的会员。

2. 进入虚拟后台模块，打开“系统设置”。

3. 选择用户管理，查询并显示用户数据，利用以上用户数据就可以进行会员制营销了。

4. 打开系统信息为会员发布有效信息，也可分类管理，给特定会员发布分类需求信息。

五、效果评价

考核内容及标准：

1. 搜索会员制营销的网站
2. 了解会员制营销的特点与功能
3. 掌握会员制营销的运作与原理
4. 以人力资源网为例熟练掌握会员制营销方法

实训十 博客营销

一、实训目的与要求

了解博客营销的目的，掌握建立个人博客空间和企业博客的方法，利用博客开展营销。

二、场景设计

小张是某化妆品公司营销部的一名营销经理，在多年的工作经历中积累了一定的化妆品常识、化妆品选购经验以及化妆技巧等，她很想把自己的积累与众多客户和朋友一起分享，所以想建立一个自己的博客，同时为公司注册一个企业博客。

三、相关知识

1. 博客营销

博客营销就是利用博客这种网络应用形式开展网络营销。博客的内容通常是公开的，可以发表自己的网络日记，也可以阅读别人的网络日记，因此可以理解为一种个人思想、观点、知识等在互联网上的共享。

博客具有知识性、自主性、共享性等基本特征，这也决定了博客营销是一种基于个人知识资源的网络信息传递形式。开展博客营销就是对某个领域知识的掌握、学习和有效利用，并通过对知识的传播达到营销信息传递的目的。

博客营销的目的有：

1）以营销自己为目的。这类博客，博主的目的是通过博客的写作，给自己带来人气、名气，最终能为自己带来名利。当然，这类博主刚开始写博客的时候并没有目的性，只是随着时间的推移，发现博客有营销自己的功能，也就有心为之了。

2）以营销公司文化、品牌，建立沟通平台，更好地为公司销售服务为目的。这类博主基本上是公司的老板或者高层管理人员，主要看好博客这种营销手段。这类博客营销要做好，最关键的不是博客文章，而是整体的管理策划和引导。

3）以营销产品为目的。这类博客目的很简单，就是通过博客文章的写作，达到销售产品和拿到订单的目的。由于这类博主的目的简单明了，博客文章的写作对他们是非常实用的。

2. 企业博客

企业博客是独创性地将博客与电子商务、企业发展有机地结合在一起，为企业构建一个真正意义上的网上商务与工作平台，企业可以用此发布产品信息、供求信息、合作信息，开设网上销售与采购的窗口，宣传企业诚信形象，建立客户信任，开辟高效、直接的客户互动交流渠道，开展高效的网上协同商务和协同办公等。

企业博客的内容主要有产品评测、企业文化生活、人物聚焦、各界评论、新闻爆料、投资者关系、经营管理等。其中，新闻软文（即新闻报料）的比重最大，各界评论和企业文化生活（即企业杂谈）、人物聚焦的比重次之。

企业博客营销主要表现为三种基本形式：利用第三方博客平台开展网络营销活动；企业网站自建博客频道，鼓励公司内部有写作能力的人员发布博客文章以吸引更多的潜在用户；有能力运营、维护独立博客网站的个人，可以通过个人博客网站达到企业博客营销的目的。

3. 企业博客的运用

企业博客的运用主要有以下五点：

1）自建博客网站或者选择博客托管网站、开设博客账号。对于在国际范围内营销的企业，一般来说，应选择访问量比较大以及知名度较高的博客托管网站，这些资料可以根据Alex(www.alexa.com)全球网站排名系统等进行分析判断，对于某一领域的专业博客网站，则应在考虑其访问量的同时，还要考虑其在该领域的影响力。影响力较高的网站，其博客内容的可信度也相应较高。如有必要，也可选择在多个博客托管网站进行注册。

2）制订一个中长期博客营销计划。这一计划的主要内容包括从事博客写作的人员、写作领域选择、博客文章的发布周期等。由于博客写作内容有较大的灵活性和随意性，因此博客营销计划实际上并不是一个严格的“企业营销文章发布时刻表”，而是从一个较长时期来评价博客营销工作的参考。

如果某个企业的一两个博主偶尔发表几篇企业新闻或者博客文章，很难发挥长久的价值，则可以利用多种发布渠道，发布尽可能多的企业信息，长期坚持才能发挥其应有的作用。通过对一些博客网站的浏览可以发现，虽然注册的博客用户数量很多，但真正能坚持每天或定时发表文章的人并不多。如何能促使企业的博主有持续的创造力和写作热情，也是企业博客营销策略的重要环节。因此，引入适当的激励机制，建立一个合适的博客环境是博客营销良性发展的必要条件，这样有利于激发企业员工的写作热情，并将个人兴趣与工作相结合，让博客文章成为工作内容的延伸，经过一段时间的积累，企业博客才会有比较丰富的信息，企业在网上的记录多了，被用户发现的机会也会大大增加，因此利用博客进行企业信息传播需要一个循序渐进的过程。

3）将博客营销纳入企业营销战略体系中。企业博客纳入营销领域，其行为便归属了集体，但从事博客写作的却是个人，那么做到个人观点与企业营销策略之间的协调就被提上了日程。如果所有的文章都代表公司的官方观点，类似于企业新闻或者公关文章，那么博客文章显然失去了其个性特色，这样也很难获得读者的关注，从而失去了信息传播的意义。反之，如果博客文章只是代表个人观点，与企业立场不一致，那么也就无法将企业的信息或者观点正确、恰当、适时地传递给消费者。因此，企业应该培养一些有思想和表现欲强的员工进行写作，文章写完以后先在企业内部进行交流，然后再发布在一些博客社区中。同时，他们所写的东西是反映和代表企业的，绝对不能泄露企业机密信息。

4）综合利用博客资源与其他营销资源。博客营销并非独立的，只是企业营销活动的一个组成部分，为使博客营销的资源发挥更多的作用，将企业网站的内容以及其他媒体资源上的内容合理利用起来，就成为博客营销不可缺少的工作。在很多企业的网站中载入的大都是些严肃的企业简介和产品信息等，而博客文章的内容、题材、形式多样，因而更容易受到用户的欢迎。通过在企业网站上增加博客内容，以个人的角度从不同层面介绍与企业业务相关的问题，既丰富了企业网站的内容，又为用户提供了更多的信息资源，在增进顾客关系和提高顾客忠诚方面具有一定价值，尤其对于拥有众多消费群体的企业网站更加有效，如化妆品、服装、运动健身、金融保险等企业的网站，因此，企业的博客营销思想有必要与企业网站内容相结合，与企业网站相辅相成，产生良好的互动反应。而将产品在博客上进行营销，除了找到对产品感兴趣的人之外，还要找到这个产品的切入点，从而用来和博客上的消费者进行沟通。

5）对博客营销的效果进行评估。与其他营销策略一样，对博客营销的效果也有必要进行跟踪评价，并根据发现的问题不断完善博客营销计划，让博客营销在企业营销战略体系中发挥应有的作用。博客营销的效果评价方法，可参考网络营销其他方法的评价方式来进行。无论哪种形式的博客营销，都存在如何将个人知识、思想与企业营销目标和策略相结合的问题，这也是现阶段博客营销中最为突出的问题之一。

4. 企业博客给企业带来的好处

企业博客是以第三方形式全面、客观展示企业形象的场所。对于企业来说，这是一种全新的网络行销手段，它给企业带来的好处包括：

1）企业通过这个平台可以实现危机公关、企业文化建设、品牌/产品调研等。

2）企业通过这个平台可以实现信息的公开、流通，从而实现与员工以及外界更好的交流。

3）有助于企业更好地正视存在的问题并进行自我改进和提高。

4）高人气的企业博客能快速提高企业知名度。

5）有助于推广企业产品和服务。

四、实训步骤

1. 个人博客空间的创建

进入新浪等门户网站，创建自己的个人博客空间，编辑与管理个人博客空间。

2. 企业博客的创建

1）进入企博网（http：//www.bokee.net/）注册页面。

2）创建企业博客，填写相关企业信息后单击"创建"按钮。

3）进行企业博客编辑与管理。

五、效果评价

考核内容及标准：

1. 搜索博客营销的网站
2. 了解博客营销的特点与功能
3. 掌握博客的建立过程
4. 熟练利用博客开展营销

实训十一 RSS 营销

一、实训目的与要求

了解企业应用 RSS 营销的具体方法，以及 RSS 营销计划的制订。

二、场景设计

赵明同学非常喜欢了解新人、新事、新产品、新信息，每天都要上网打开多个门户网站进行搜索，既费时又费力。他想，有没有一种既能免除上述麻烦，又能毫不费力地在第一时间了解新人、新事、新产品、新信息，信息内容还由用户自主配置，从而保证信息的"无垃圾"和"个性化"，而且可以在不上网时也能浏览相关内容的技术呢？有着像赵明同学这样想法的人其实很多，那么这种想法是否可以梦想成真呢？

三、相关知识

1. RSS 营销的概念

目前，RSS 营销还处于初步应用阶段，RSS 为 Rich Site Summary（网站内容摘要）或 Really Simple Syndication（简易供稿）的缩写，也称为聚合内容。RSS，原意是把网站内容如标题、链接、部分内容甚至全文转换为可延伸标识语言（XML）格式，以向其他网站供稿。

RSS 是站点用来和其他站点之间共享内容的一种简易方式，通常被用于新闻和其他按顺序排列的网站，如博客。一段项目的介绍可能包含新闻的全部介绍，也可能仅仅是额外的内容或者简短的介绍，这些项目通常都能链接到全部的内容。例如，我们可以来到人民网 RSS（http://rss.people.com.cn/），从页面右侧的"人民网 RSS 频道列表"中感受到 RSS 新闻的功能。

另外，网络用户还可以下载常用的RSS阅读器，在客户端借助于支持RSS的新闻聚合工具软件，在不打开网站内容页面的情况下阅读支持RSS输出的网站内容。例如，我们可以下载人民网看天下阅读器或周博通阅读器，进行相关动态信息的阅读。

RSS营销是指通过利用RSS技术向用户传递有价值的信息来实现网络营销目的的活动。在网络营销活动中，企业利用RSS技术可以及时地把最有价值的信息“推”向用户，使用户不必每天去访问众多网站，就可以获取这些网站最新的信息，从而使企业更为有效地开展网络营销活动。目前，西方发达国家已有许多企业开展了RSS营销活动。尤其在美国，RSS技术的应用已经达到了相当大的规模。

2. 博客营销、E-mail营销和RSS营销的关系与比较

博客营销是指运用博客宣传自己或宣传企业。这里所讨论的博客营销指的是发表原创博客帖子，树立权威性，进而影响用户购买。RSS是Web 2.0网站的特征之一，现在很多网站都有RSS订阅按钮，但RSS订阅被使用最多的还是博客。博客的特点之一是RSS种子订阅，读者可以使用自己喜欢的RSS阅读器订阅博客，而不必到博客网站上来看帖子。E-mail营销是网络营销常用的方法之一，这是许多人都熟悉的。RSS应用问世以来，营销人员发现P&S营销几乎解决了许可性E-mail营销所带来的种种不足和麻烦，如一直困扰E-mail营销的两大难题：邮件送达率低和被误作垃圾邮件，这对RSS营销来说，都完全不成问题。从某种角度来说，RSS营销和E-mail营销是互补应用。这需要从两方面来看：其一，RSS与E-mail相比在传送信息上的优点是RSS的送达率几乎是100%，可以完全杜绝未经许可发送垃圾邮件；RSS也没有图片被邮箱系统阻止显示等问题；从信息的点击率来看，RSS信息的点击率也比E-mail高；从营销成本来看，购买每千次RSS广告展示的成本比购买每千次E-mail展示的CPM广告的成本低。其二，RSS与E-mail相比在传送信息上的不足是RSS营销的定位性不如E-mail营销强，RSS很难实现个性化营销；RSS营销不容易达到像E-mail营销那样的跟踪营销效果；RSS信息成功显示还需要接收者下载RSS阅读器，仅多做此一项，就会阻挡大批用户订阅RSS信息。

3. 在网站或博客上查看RSS

在我国，许多门户网站上都建立了自己的RSS专区，如人民网、天极网、新浪、网易、搜狐等都建立了自己的RSS订阅中心。一些门户网站也都有自己的阅读器，如人民网的看天下、新浪的点点通等，也有的RSS阅读器是单独的，如周博通、小蜜蜂等，可以直接点击下载或者搜索下载使用。

在查看这些门户网站RSS订阅中心的时候，可以归纳出它们的共同点及各自的特色。另外，了解一些博客网站的RSS功能，看看它们与门户网站的RSS有什么区别。

四、实训步骤

1）下载RSS阅读器。在搜索引擎上键入关键字“RSS阅读器”就可以查找到许多类型的RSS阅读器，我们以周博通阅读器为例。搜索之后可以找到http://www.potu.com/index/download/PotuRss.exe。

2）安装与运行。按照页面提示安装之后，点击桌面上的周博通阅读器快捷方式，之后就会出现阅读器页面。

3）新增 RSS 频道。例如，如果我们需要增加阿里巴巴的“价格行情”→“塑料价格”→“ABS 出厂价格”频道信息，可以首先点击“频道设置”下的“新增 RSS 频道”，然后通过“远程服务器推荐 RSS 列表”层层选择“ABS 出厂价格”。

4）查看订阅的内容。打开 RSS 阅读器，就可以查看订阅的内容了。但需要注意的是，不同的 RSS 阅读器的使用方法略有差异，详细了解一下菜单功能就可以自由使用了。

五、效果评价

考核内容及标准：

1. 了解 RSS 营销的特点与功能
2. 下载并安装 RSS 阅读器
3. 熟练运用 RSS 阅读器

实训十二　网络公关与管理

一、实训目的与要求

了解、掌握网络公共关系的特点、手段与营销策略。通过撰写签名的公关 E - mail，实现企业开展网络公关的基本方法。

二、场景设计

在我国四川省汶川地震中，某集团董事长捐款事件在互联网上闹得满城风雨，在强大的舆论压力下和连续的股价下跌后，董事长低头了，加捐 1 亿元！这个事件的背后，存在着网络公关问题。在应对网络声音的时候，企业或者组织应该有相应且恰当的公关处理措施。

微软通过 MSN 发起的“I’m”计划，以慈善的名义成功推广了 MSN 的最新 8.1 版本，提升品牌形象的同时又得到了社会的积极回馈。那么，现今的中小企业如何利用网络来提升企业的品牌形象呢?

三、相关知识

公共关系作为企业形象建设的重要手段而因此成为企业营销策略中不可或缺的要素。美国营销之父菲利普·科特勒将公共关系称为“营销组合 4P”之外的第 5 个“P”。

1. 公共关系的定义与职能

“公共关系”一词最早出现于美国，它是英文“Public Relations”的直译。通常认为公共关系的定义可表述为：公共关系是社会组织运用传播沟通手段在公众中树立良好形象以实现组织目标的一门科学与艺术。具体来说，公共关系包括两方面的基本内容：

（1）塑造组织形象。公共关系活动的核心内容就是塑造良好的组织形象，组织形象是公共关系理论的核心概念，是贯穿公共关系理论与实务的一条主线。社会组织拥有良好的组织形象，就会处于被公众支持和信赖的状态，这是社会组织存在和发展的环境基础，是社会组织无形的财富。

（2）传播沟通公众。公共关系活动是社会组织通过传播手段争取公众支持的活动，通过传播沟通，社会组织得以改善与公众的关系，获取公众的了解、信任、支持和合作。以上两者有机结合、相互作用、相互协调，才能有良好正常的公共关系，才能有效地实现组织目标，在公众中树立起良好的组织形象。

公共关系应具备以下五方面的职能：①宣传引导、传播推广；②收集信息、监测环境；③咨询建议、形象管理；④沟通交际、协调关系；⑤解决矛盾、处理危机。

2. 网络公关的含义

网络公关是指企业、组织或个人，以互联网为传播载体，以网络公众为传播对象，以焦点事件为传播手段，以潜移默化为传播特征，以增加网络知名度、扩大网络影响力、提升品牌美誉度、为企业改善自身形象、提升市场知名度、创造更多商机为传播目的的一系列传播活动。

美国营销大师菲利普·科特勒说："过去，企业提高竞争力靠的是高科技、高质量，而现在则要靠高服务和高关系。"信息化的高速发展使产品的科技含量日益趋同，生产管理的规范化和程序化则导致同类产品在质量上难分高下。"高服务、高关系"主要是指公共关系，是社会组织建设和公关的主要方向，企业的竞争已由有形资产的竞争转变为品牌、形象、商誉等无形资产的竞争。因此，公共关系的作用可上升到"企业核心竞争力"的高度。另外，一直处于营销优势地位的广告的影响力正在下滑。据统计，"世界上约有近80%的人口对广告开始失去信任甚至产生反感，只有大约不到20%的人口还对广告存在着不同程度的信任"。而与此同时，公关业受到更多的垂青，各企业、机构甚至政府都开始开展公关。因此，公关业的发展势在必行。据悉，在"财富100强"之中，13%的公司都有自己的网上新闻发布中心，而93%的公司将非IT类记者的新闻稿件投入网站上发表。可见，网络公关已走到时代的前沿。

3. 网络公关的特点

网络公关除了具有传统媒体所具有的公关作用之外，还具有以下优势：

1）全球性。一天24小时、一周7天在线，网络无时不在的优势可以保证网络公关的不间断运作，而不必受到传统公关朝九晚五的限制。网络浏览者职业、习惯各异，上网时间也不尽相同，全天在线可以确保浏览者随时参与公关活动。在网络媒体上，信息的易获得性使每个公关事件的时效性大幅度地被延续，所以每一个公关传播对于从业者来说都必须非常慎重。

2）交互性。企业通过在网站上以E－mail、网上广告等形式吸引顾客参与公关活动。庞大的数据库可以实现企业与顾客"一对一"对话的要求，而E－mail还可以实现企业与顾客的双向沟通，并通过网络公关活动继续补充数据库内容。再如，论坛，因为匿名性排除了现实中利益等因素的干扰，从而也使言论更加接近于真实。

3）高效率。在传统公关活动中，公关人员需要面对顾客所提出的诸多类似的问题。而网络公关则可以把常见的问题汇总解答，专门为之设立一个FAQ网页，并将其导航按钮放在显眼的位置，使顾客可以自主解决问题。

4）即时性。比如，SARS肆虐的时候，新浪网开设了SARS专栏，及时向受众通报最新的疫情发展情况。当时卫生部门很好地抓住了这种公关传播的手段，及时把最新的信息传递给公众，让公众了解到国家在采取哪些措施、达到了什么效果，从而稳定了人们的情绪，让大家看到政府的举措和这些举措的有效性，坚定了人们战胜病魔的信心，克服了疫情带来的集体恐慌，为全社会在灾难面前保持稳定起到了重要的作用，这个事件可以说是我国政府公关活动的一个成功典范。对于厂商来说，网络公共关系也是一个越来越重要的公关手段。比如，哪个厂商发布了新产品、哪个上市公司的股票价格发生了变化等，都会在第一时间让公众了解。当然，这也对公关带来了挑战，网络公关事件处理不及时或措施不当，其负面效应也会立刻显现出来。

4. 网络公关的手段

目前，进行网络公关的主要手段是利用搜索引擎、各大门户网站、论坛及SNS等网站，以网民、博主的身份发布软文、广告等。例如，根据《中国互联网络发展状况统计报告》(2008年7月)，利用博客进行公关传播的用户规模已经突破1亿人关口，达到1.07亿人。

例如，一个“高考前最重要的八句话”的帖子，则有广告暗含其中。逐字阅读才会发现，“保持良好精神状态，少喝碳酸饮料，常备一些像×××一样的能迅速补充能量的饮料”其实是某功能饮料在做网络广告。

“如果是考生或者考生家长的话，会很细致地读这种文章。”策划这次营销的网络公关者很满意。

5. 网络公共关系策略

网络公共关系策略包括：①网络新闻公告；②利用网络造舆论；③通过网络传真情；④开展网上公益活动；⑤通过网络化解危机；⑥通过网络开展消费者教育；⑦扩大产品品牌宣传范围，提升企业品牌形象。

6. 网络礼仪

网络公关就是一个工具，其目的是帮助企业更好地生存。无论是公关、广告促销，还是面向用户的销售和服务，在网络营销的各个环节，企业都在同用户进行各种信息的交流。网络信息交流的过程会逐步形成人们约定俗成的行为规范。这种在网上交流信息的过程中被公众嘉许的行为规范称为网络礼仪。网络礼仪与一般的商务礼仪基本原则大体一致，但也会表现出自己的特色。网络礼仪的基本原则是遵守国家法律、遵守职业道德，强调诚实守信、尊重他人。网络公共关系材料的制作，强调内容言简意赅、形式灵活多样，应充分发挥网络电子文档的优势。

中国国际公共关系协会常务副会长郑砚农认为，很多企业通过新技术下的网络公关扭转了被动局面，提高了知名度。但是，如果不诚实，最终会搬起石头砸自己的脚。林肯说过，“你可以在某些时候欺骗所有人，也可以在所有时候欺骗某些人，但是你无法在所有的时候欺骗所有的人。”

四、实训步骤

1. 制作签名的公关电子邮件

1）准备签名资料。为方便对方联系，企业发出去的每一封邮件都应该带有尽可能详细的联系信息。

2）在Outlook Express中制作“签名”。具体步骤为：启动Outlook Express，选择菜单“工具”→“选项”→“签名”选项，在“编辑签名”的文本框中输入“×××公司”的联系信息，选择“在所有待发邮件中添加签名”复选框和“不在回复和转发的邮件中添加签名”复选框，单击“确定”按钮，完成设置，之后发送的每封邮件，都将在其末尾自动添加“签名”信息。

2. 撰写公关电子邮件正文

例如，×××公司为华北区客户发送的新春问候邮件正文，内容如下。

尊敬的×××公司华北区客户：

您好！请接受采自×××公司的诚挚问候。

×××蓄电池制造有限公司是中国铅酸蓄电池的主要生产厂家之一，积累二十多年的蓄电池生产和销售经验，可以提供起动型、牵引型、固定型等多种用途、多种系列的铅酸蓄电池。多年来，在各位客户的大力支持下，×××蓄电池产品已销往英国、加拿大、澳大利亚、俄罗斯和欧洲等多个国家或地区，并得到广大用户的好评。

一年一度的春节是中华民族的重大节日，值此新春佳节之际，请接受来自×××公司的衷心祝福！同时，我们为各位客户精心准备了一份精美的贺年礼物，并已用特快专递方式邮寄。我们盼望各位客户能早日收到礼物，并衷心祝愿各位客户新年新气象，事业更发达！

3. 发送邮件到组

通过创建邮件组，可以将邮件发送给组中的所有成员，具体操作步骤如下：

1）在 Outlook Express 主页面，单击工具栏上的“新邮件”按钮，打开“新邮件”窗口。

2）单击“收件人”按钮，在之后打开的“选择收件人”窗口中，选择“华北区客户”为“邮件收件人”。

3）在“主题”文本框中输入“来自×××的新春祝福”。

4）在“正文”区，输入已准备好的邮件正文如上。你会看到，在邮件正文的末尾系统会自动加入签名信息。

5）单击“发送”按钮，即可成功发送邮件到指定组。

五、效果评价

考核内容及标准：

1. 搜索网络公关和品牌的含义及相关知识
2. 了解网络公关的特点与功能
3. 熟练运用电子邮件开展网络公关

实训十三 搜索引擎优化分析

一、实验目的

了解搜索引擎营销对网络营销信息传递的作用，通过对部分选定网站搜索引擎进行友好性分析，包括栏目结构优化分析、内容优化分析、测试外部链接数量、查询网站流量及网站排名等指标，深入研究网站建设的专业性对搜索引擎营销的影响，对于发现的问题，提出相应的改进建议。

二、操作步骤

1. 网站优化情况分析

（1）网站被各搜索引擎收录的页面数

在搜索引擎搜索框中输入“site：网站的域名”。如要测试联想中国站被收录的页面数，则输入“site:www.lenovo.com.cn”，按Enter键后结果页面则出现网站被收录的页面数以及详细的收录页面。

（2）网站栏目结构分析

1）通过主页可以到达任何一个一级栏目首页、二级栏目首页及最终内容页面。

2）每个页面有个辅助导航，即列出当前页的路径。

3）设计了一个表明站内各个栏目和页面链接关系的网站地图。

4）通过任何一个网页，经过最多三次点击可以进入任何一个内容页面。

5）通过任何一个网页，可以进入任何一个一级栏目首页。

6）通过网站首页一次点击，可以直接到达某些最重要内容页面（如核心产品、用户帮助、网站介绍等）。

（3）网站内容优化

网站要有完整的页面标题和Meta标签、高质量的文案和及时更新的内容。站内每个页面都应该有独立的反映网页内容的标题和Meta标签。

例如，阿里巴巴首页的页面标题和Meta标签设计：

<meta name="description" content=" 阿里巴巴（china.alibaba.com）是全球企业间（B2B）电子商务的著名品牌，汇集海量供求信息，是全球领先的网上交易市场和商人社区。首家拥有超过1 400万网商的电子商务网站，遍布220个国家和地区，成为全球商人销售产品、拓展市场及网络推广的首选网站" />

<meta name="keywords"content=" 阿里巴巴，行业门户，网上贸易，B2B，电子商务，内贸，外贸，批发，行业资讯，网上贸易，网上交易，交易市场，在线交易，买卖信息，贸易机会，商业信息，供求信息，采购，求购信息，供应信息，加工合作，代理，商机，行业资讯，商务服务，商务网，商人社区，网商" />

（4）测试网站外部链接数量

第一种方法：在搜索引擎搜索框中输入“link：网站的域名”。

如要测试联想中国站的外部链接数，则输入“link:www.lenovo.com.cn”，按Enter键后结果页面则出现网站外部链接数以及详细的链接页面。

注：在Yahoo查询外部链接数时要在网站域名前加上“http://”，如“link:http://www.lenovo.com.cn”。

第二种方法：使用LinkSurvey工具，具体操作请查看第5.5.3节“反向链接及查询工具”。

（5）URL层次

网站的URL层次不能太深，最好不要超过3层，如果超过4层，搜索引擎就很难去搜索它了，所以网站首页的URL一定要简短，如www.haier.com，而像首页URL为http://www.hilton.com/en_US/hi/index.asp就不太利于搜索引擎搜索。

2. PR值的测试

PR值的查询可利用有关的站长工具，如 http://pr.chinaz.com/等。

PR值总分为10分，一般在6分以下都为正常，请查阅第7.4.2节“竞争对手调查”。

3. 网站排名和访问量查询

www.alexa.com是一个专门提供世界网站排名的一个统计组织。通常是通过Alexa工具条来采集网民访问网站的资料，从而为世界上的网站做排名。Alexa是以发布世界网站排名而引人注目的一个网站，URL地址为 http://www.alexa.com/。

1）获取网站的世界排名情况。访问Alexa中文官方网站（http://cn.alexa.com/），在查询框内输入要查询网站的网址，如输入联想中国的网址：www.lenovo.com.cn，可以获得联想网站的世界排名。

2）网站流量统计指标的查询。点击“具体信息”，Alexa还提供了全球用户访问比率，网站排名变化情况及人均页面浏览数等指标。

3）对不同公司的网站进行直观的比较。Alexa还可以对不同公司的网站进行直观的比较。在比较框中输入要进行比较的公司网站网址，点击“比较”按钮，即呈现相比较的各网站流量图。对以下几个网站进行统计分析：

www.wahaha.com.cn、www.yeshu.com、www.hongdou.com.cn、www.shuanghui.com.cn.

主要统计指标包括：日访问量（百分比）、访问量排名、该月页面浏览总数、平均每个访问者浏览的页数、独立用户总数、每个用户平均页面浏览数、每天平均独立用户数量和页面浏览数量。

4）全球排行500强。全球排行500强的网址是 http://www.alexa.com/topsites/global；

中国排行100强的网址是 http://www.alexa.com/topsites/countries/cn.

请查阅第7.4.2节“竞争对手调查”。

三、效果评价

考核内容及标准：

1. 查询网站被搜索引擎收录的页面数
2. 网站PR值查询
3. Alexa排名和访问量查询

实训十四 制订网站推广计划

网络推广是企业整体营销战略的一个重要组成部分，是借助互联网的特性来实现一定营销目标的一种营销手段。随着网络科技发展的日新月异，网络推广手段也层出不穷。根据网络营销实践经验，当前企业应用较为普遍的推广方式主要有以下几类：搜索引擎免费登录、搜索引擎广告投放、门户网站网络广告投放、第三方电子商务平台推广、E-mail营销推广等。

一、实训目的与要求

通过制订网站推广计划，规划网站推广的主要内容，分析竞争对手的网站推广特点，确定网站推广的目标与市场定位，选择恰当的网站推广方式来更好地完成网络推广服务。

二、场景设计

李某在一家大型建材企业的电子商务部工作。有一天，部门经理告知李某，本企业的网站已经建立了半年左右的时间，但访问的人数很不理想，没有达到宣传企业产品和最终实现在线交易的初衷，要求李某尽快提出一套网站推广方案。请根据该企业的有关情况，帮助李某提出网站推广途径和推广要点。

三、相关知识

1. 网站推广计划内容

网站推广是在网站正式发布之前就已经开始进行的工作，要保证推广效果好，就必须先做推广计划，网站推广计划相对于网络营销计划来讲比较简单，但至少要包括以下内容：

1）确定网站推广的阶段性目标。网站推广的阶段性目标可以分解成很多指标，如发布后1年内需实现的每天独立访问用户数量、与竞争者相比的相对排名、在主要搜索引擎的表现、网站被链接的数量、注册用户数量等。

2）在网站发布运营的不同阶段所采取的网站推广方法和费用。如果可能，最好详细列出各个阶段具体的网站推广方法和费用，如登录搜索引擎的名称、网络广告的主要形式和媒体选择、需要投入的费用等。

3）网站推广策略的控制和效果评价。对网站推广计划的控制和评价是为了及时发现网络营销过程中的问题，保证网络营销活动的顺利进行。

2. 关于网站推广的评价

网站推广的效果在一定程度上说明了网络营销人员为之付出劳动的多少，而且可以进行量化，这些指标主要有：

1）登记搜索引擎的数量和排名。一般来说，登记的搜索引擎越多，对增加访问量越有效果，同时，搜索引擎的排名也很重要，一些网站虽然在搜索引擎注册了，但排名在几百名之后，同样起不到多大作用。

2）被其他网站链接的数量。被其他网站链接的数量越多，对搜索结果排名越有利，而且访问者还可以直接从链接的网页进入你的网站。实践证明，在其他网站作链接对网站推广起到重要作用。

3）用户数量。用户数量是一个网站价值的重要体现，在一定程度上反映了网站内容的价值大小，而且用户就是潜在的顾客，用户数量直接反映了一个网站的潜在价值。

4）独立访问者数量。独立访问者数量是指在一定时期内访问网站的人数，访问者越多，说明网站推广越有成效，也意味着网络营销的效果卓有成效，虽然访问量与最终收益之间并没有固定的比例关系。

5）页面浏览数。页面浏览数是指在一定时期内所有访问者浏览的页面数量，页面浏览数说明了网站受关注的程度，是评价一个网站受欢迎程度的主要指标之一。

6）访问者的平均页面浏览数。访问者的平均页面浏览数是指在一定时间内全部页面浏览数与所有访问者相除的平均数。这一指标表明了访问者对网站内容或者产品信息感兴趣的程度。如果大多数访问者的页面浏览数仅为一个网页，表明用户对网站内容或者产品显然没有多大兴趣。

7）用户在每个页面的平均时间。用户在每个页面的平均时间是指访问者在网站停留的总时间与网站页面总数之比，这个指标的水平高低说明了网站内容对访问者的有效程度的大小。

尽管可以监测到网站的流量、页面浏览数等指标，但这些本身并不直接代表网站有多成功或者失败，也不能表明与收益之间有什么直接关系，只能作为相对指标，而且指标本身有时很难做到精确。

四、实训步骤

1）制定网站推广目标。计划在网站发布 1 年后达到每天独立访问用户 1000 人，注册用户 5000 人。

2）网站策划建设阶段的推广。网站正式发布前就要做好推广的准备，如在网站建设过程中从网站结构、内容等方面进行优化设计。

3）网站发布初期的基本推广手段。登录 10 个主要搜索引擎和分类目录、购买 2～3 个网络实名/通用网址、与部分合作伙伴建立网站链接。另外，也可以配合公司其他营销活动；在部分媒体和行业网站发布企业新闻。在网站推广的不同阶段需要采用不同的方法，也就是说，网站推广方法具有阶段性特征。

4）网站增长期的推广。当网站有一定访问量之后，为继续保持网站访问量的增长、销售量的增长和提升品牌，可以在相关行业网站投放网络广告（包括计划投放广告的网站及栏目选择、广告形式等），在若干相关专业电子刊物投放广告，或者与部分合作伙伴进行资源互换。

网站推广的基本方法对于大部分网站都是适用的，但是有些网站推广方法可能长期有效，有些则仅适用于某个阶段，或者临时性有用，各种网站推广方法往往是结合使用效果更好。

5）网站稳定期的推广。处于稳定期的网站推广，可以结合公司新产品促销，不定期发送在线优惠券，或者参与行业内的排行评比等活动，以期获得新闻价值。在条件成熟的情况下，成立一个中立的与企业核心产品相关的行业信息类网站来进行辅助推广也是不错的做法。网站进入稳定期之后，推广工作不应停止，但由于进一步提高访问量有较大难度，需要采用一些超乎常规的推广策略。

6）推广效果的评价。对主要网站推广措施的效果进行跟踪，定期进行网站流量统计分析（可通过计数器/流量监测软件完成），必要时与专业网络顾问机构合作进行网络营销诊断，改进或者取消效果不佳的推广手段，在效果明显的推广策略方面加大投入比重。

网站推广不能盲目进行，需要进行效果跟踪和控制。在网站推广评价指标中，最为重要的一项指标是网站的访问量，访问量的变化情况基本上反映了网站推广的成效，因此网站访问统计分析报告对网站推广的成功具有至关重要的作用。

五、效果评价

考核内容及标准：

1. 网站推广目标

2. 网站推广方法

3. 网站推广计划书

实训十五　营销导向的企业网站规划

一个网站的成功与否与建站前的网站规划有着极为重要的关系。在建立网站前应明确建设网站的目的，确定网站的功能，确定网站规模、投入费用，进行必要的市场分析等。只有详细的规划，才能避免在网站建设中出现的很多问题，使网站建设能顺利进行。

网站规划是指在网站建设前对市场进行分析、确定网站的目的和功能，并根据需要对网站建设中的技术、内容、费用、测试、维护等作出规划。网站规划对网站建设起到计划和指导作用，对网站的内容和维护起到定位作用。

网站规划书应该尽可能涵盖网站规划中的各个方面，网站规划书的写作要科学、认真、实事求是。

一、实训目的

通过规划与设计以营销为导向的网站，加强对网络营销导向的企业网站的认识，掌握营销导向网站的规划与设计方法，学会撰写网站规划书，从而达到学以致用的目的。

二、实训要求

1. 明确网站的主题、整体风格，目标浏览人群。
2. 绘制网站结构示意图、确定网站的各级页面及内容。
3. 绘制各个页面的布局示意图，对页面进行初步规划。
4. 提交网站规划书。

三、场景设计

W 是一家经营音像制品，集音像生产、加工、编辑、制作、销售、工业开发于一体的企业，现欲开发建设自己的营销型网站，请为该企业制作一份网站规划书。

四、实训内容

1）网站选题。营销导向的企业网站。

2）网站名称。根据网站的选题，为网站命名。

3）网站结构。写出网站各个一级页面名称、二级页面名称。包含如下页面：首页、一级页面（企业简介、产品展示、关于我们、网上订单、留言本）、二级页面（产品介绍、新闻内容）。

4）网站内容。写出各页面的基本内容，如企业网站中的产品展示，主要介绍本公司的产品类别以及链接至每类产品的介绍。

5）标准色彩。设计网站的标准色彩。网站给人的第一印象来自视觉冲击，确定网站的标准色彩是相当重要的一步。不同的色彩搭配产生不同的效果，并可能影响到访问者的情绪。

“标准色彩”是指能体现网站形象和延伸内涵的色彩。举个实际的例子就明白了：IBM的深蓝色，肯德基的红色条型，Windows视窗标志上的红蓝黄绿色块，都使我们觉得很贴切、很和谐。

一般来说，一个网站的标准色彩不超过3种，太多则让人眼花缭乱。标准色彩要用于网站的标志、标题、主菜单和主色块。给人以整体统一的感觉。至于其他色彩也可以使用，只是作为点缀和衬托，绝不能喧宾夺主。

一般来说，适合于网页标准色的颜色有：蓝色、黄/橙色、黑/灰/白色三大系列色。

6）标准字体。设计网站的标准字体。和标准色彩一样，标准字体是指用于标志、标题、主菜单的特有字体。一般网页默认的字体是宋体。为了体现站点的“与众不同”和特有风格，我们可以根据需要选择一些特别字体。例如，为了体现专业可以使用粗仿宋体，体现设计精美可以用广告体，体现亲切随意可以用手写体等。当然，你也可以根据自己网站所表达的内涵，选择更贴切的字体。目前，常见的中文字体有二三十种，常见的英文字体有近百种，网络上还有许多专用英文艺术字体下载，要寻找一款满意的字体并不算困难。需要说明的是：使用非默认字体只能用图片的形式。

7）宣传标语。设计网站的宣传标语，也可以说是网站的精神、网站的目标。用一句话甚至一个词来高度概括。类似实际生活中的广告金句。例如，雀巢的“味道好极了”；麦斯威尔的“好东西和好朋友一起分享”；Intel的“给你一个奔腾的心”等。

五、效果评价

考核内容及标准：提交网站规划书。

附：网站规划书格式

一、建设网站前的市场分析

1. 相关行业的市场是怎样的，市场有什么样的特点，是否能够在互联网上开展公司业务。

2. 市场主要竞争者分析，竞争对手上网情况及其网站规划、功能作用。

3. 公司自身条件分析、公司概况、市场优势，可以利用网站提升哪些竞争力，建设网站的能力（费用、技术、人力等）。

二、建设网站的目的及功能定位

1. 为什么要建立网站，是为了宣传产品，进行电子商务，还是建立行业性网站？是企业的需要，还是市场开拓的延伸？

2. 整合公司资源，确定网站功能。根据公司的需要和计划，确定网站的功能，包括产品宣传型、网上营销型、客户服务型、电子商务型等。

3. 根据网站功能，确定网站应达到的目的和作用。

4. 企业内部网（Intranet）的建设情况和网站的可扩展性。

三、网站技术解决方案

根据网站的功能确定网站技术解决方案。

1. 采用自建服务器，还是租用虚拟主机。

2. 选择操作系统，用UNIX、Linux，还是Window 2000/NT。分析投入成本、功能、开发、稳定性和安全性等。

3. 采用系统性的解决方案（如IBM、HP）等公司提供的企业上网方案、电子商务解决方案？还是自己开发。

4. 网站安全性措施，防黑、防病毒方案。

5. 相关程序开发。如网页程序ASP、JSP、CGI、数据库程序等。

四、网站内容规划

1. 根据网站的目的和功能规划网站内容，一般企业网站应包括：公司简介、产品介绍、服务内容、价格信息、联系方式、网上订单等基本内容。

2. 电子商务类网站要提供会员注册、详细的商品服务信息、信息搜索查询、订单确认、付款、个人信息保密措施、相关帮助等。

3. 网站内容是网站吸引浏览者最重要的因素，无内容或不实用的信息不会吸引匆匆浏览的访客。可事先对人们希望阅读的信息进行调查，并在网站发布后调查人们对网站内容的满意度，以及时调整网站内容。

五、网页设计

1. 网页美术设计要求。网页美术设计一般要与企业整体形象一致，要符合CI规范。要注意网页色彩、图片的应用及版面规划，保持网页的整体一致性。

2. 在新技术的采用上要考虑主要目标访问群体的分布地域、年龄阶层、网络速度、阅读习惯等。

3. 制订网页改版计划，如半年到一年时间进行较大规模改版等。

六、网站维护

1. 服务器及相关软硬件的维护，对可能出现的问题进行评估，制定响应时间。

2. 数据库维护，有效地利用数据是网站维护的重要内容，因此数据库的维护要受到重视。

3. 内容的更新、调整等。

4. 制定相关网站维护的规定，将网站维护制度化、规范化。

七、网站测试

网站发布前要进行细致周密的测试，以保证正常浏览和使用。主要测试内容：

1. 服务器稳定性、安全性。

2. 程序及数据库测试。

3. 网页兼容性测试，如浏览器、显示器。

4. 根据需要的其他测试。

八、网站发布与推广

1. 网站测试后进行发布的公关、广告活动。

2. 搜索引擎登记等。

九、网站建设日程表

各项规划任务的开始完成时间、负责人等。

十、费用明细

各项事宜所需费用清单。

以上为网站规划书中应该体现的主要内容，根据不同的需求和建站目的，内容也会增加或减少。在建设网站之初一定要进行细致的规划，才能达到预期建站目的。

参考文献

[1] 冯英健．网络营销基础与实践［M］．3 版．北京：清华大学出版社，2007.

[2] 瞿彭志．网络营销［M］．2 版．北京：高等教育出版社，2004.

[3] 昝辉．网络营销实战密码［M］．北京：电子工业出版社，2009.

[4] 方成民，李玉清．网络营销实训［M］．大连：东北财经大学出版社，2009.

[5] 邓平．网络营销实训［M］．上海．上海交通大学出版社，2009.

[6] 斯特劳斯，等．网络营销［M］．时启亮，金玲慧，译．4 版．北京：中国人民大学出版社，2007.

[7] 杨帆．SEO 攻略：搜索引擎优化策略与实战案例详解［M］．北京：人民邮电出版社，2009.

[8] 黄敏学．网络营销［M］．2 版．武汉：武汉大学出版社，2007.

[9] 赵秋梅．网络市场营销与策划［M］．北京：机械工业出版社，2008.

[10] 拉菲·默罕默德，等．网络营销［M］．王刊良，译．2 版．北京：中国财政经济出版社，2005.

[11] 刘喜敏．网络营销［M］．2 版．大连：大连理工大学出版，2007.

[12] 丁薇，等．网络营销实用教程［M］．北京：人民邮电出版社，2005.

[13] 赵晓鸿．网络营销技术［M］．北京：中国人民大学出版社，2006.

[14] 孔伟成，等．网络营销［M］．2 版．北京：高等教育出版社，2002.

[15] 欧朝晖．解密 SEO——搜索引擎优化与网站成功战略［M］．北京：电子工业出版社，2007.

[16] 莱特．博客营销［M］．洪慧芳，译．北京：中国财政经济出版社，2007.

[17] 冯英健．Email 营销［M］．北京：机械工业出版社，2003.

[18] 宋文官．网络营销案例与分析［M］．北京：高等教育出版社，2004.

[19] 杨坚争．电子商务基础与应用［M］．5 版．西安：西安电子科技大学出版社，2006.

[20] 王宇川．电子商务网站规划与建设［M］．北京：机械工业出版社，2007.

主要参考网站

[1] 网络营销手册 http：//www. tomx. com/

[2] 网上营销新观察 http：//www. marketingman. net/

[3] 网络营销教学网站 http：//www. wm23. com/

[4] 网络营销实战 http：//cybermarketing. cn/

[5] 中国网络营销网 http：//www. tinlu. com/

[6] 营销网 http：//www. yingxiao. net/